“十三五”国家重点出版物出版规划项目
可靠性新技术丛书

加速退化试验
——不确定性量化与控制

Accelerated Degradation Testing: Quantification and Control of Uncertainties

李晓阳　著
康　锐　审

国防工業出版社
·北京·

内容简介

本书基于可靠性科学原理，以认知产品性能退化规律为目标，围绕加速退化试验中的各种不确定性，从不确定性的量化和控制两方面，系统地介绍了加速性能退化建模和试验设计的方法论。

本书主要内容包括提炼了加速退化试验中不确定性的三维度——时间维度、样品维度和应力维度，两类型-——随机不确定性和认知不确定性，两特征——静态特征和动态特征；从物理视角和概率视角分别辩证地构建了加速退化试验中确定性和不确定性的数学关系；建立了加速退化试验的核心方程。在此基础上给出的加速退化试验不确定性量化方法，包括动态随机不确定性的量化方法，双维度随机不确定性的量化方法，双维度混合不确定性的量化方法以及三维度随机不确定性的量化方法；加速退化试验的不确定性控制方法包括加速退化试验的不确定性控制目标，模型不确定性的控制方法以及目标不确定性的控制方法。

本书可作为普通高等院校相关专业硕士、博士研究生学习和研究加速退化试验的理论参考，也可供广大工程技术人员在加速退化试验的建模和试验设计中应用参考。

图书在版编目(CIP)数据

加速退化试验：不确定性量化与控制／李晓阳著．
—北京：国防工业出版社，2022.7(2022.10 重印)
(可靠性新技术丛书)
ISBN 978-7-118-12518-4

Ⅰ．①加…　Ⅱ．①李…　Ⅲ．①系统可靠性　Ⅳ．
①N945.17

中国版本图书馆 CIP 数据核字(2022)第 118324 号

※

国防工業出版社 出版发行
(北京市海淀区紫竹院南路 23 号　邮政编码 100048)
北京龙世杰印刷有限公司印刷
新华书店经售

*

开本 710×1000　1/16　**印张** 13½　**字数** 225 千字
2022 年 10 月第 1 版第 2 次印刷　**印数** 1001—2500 册　**定价** 88.00 元

国防书店：(010)88540777　　书店传真：(010)88540776
发行业务：(010)88540717　　发行传真：(010)88540762

谨以此书献给我的家人。

我爱你们！

可靠性新技术丛书

编审委员会

主任委员：康　锐

副主任委员：周东华　左明健　王少萍　林　京

委　　员（按姓氏笔画排序）：

朱晓燕　任占勇　任立明　李　想

李大庆　李建军　李彦夫　杨立兴

宋笔锋　苗　强　胡昌华　姜　潮

陶春虎　姬广振　翟国富　魏发远

丛书序

可靠性理论与技术发源于20世纪50年代，在西方工业化先进国家得到了学术界、工业界广泛持续的关注，在理论、技术和实践上均取得了显著的成就。20世纪60年代，我国开始在学术界和电子、航天等工业领域关注可靠性理论研究和技术应用，但是由于众所周知的原因，这一时期进展并不顺利。直到20世纪80年代，国内才开始系统化地研究和应用可靠性理论与技术，但在发展初期，主要以引进吸收国外的成熟理论与技术进行转化应用为主，原创性的研究成果不多，这一局面直到20世纪90年代才开始逐渐转变。1995年以来，在航空航天及国防工业领域开始设立可靠性技术的国家级专项研究计划，标志着国内可靠性理论与技术研究的起步；2005年，以国家863计划为代表，开始在非军工领域设立可靠性技术专项研究计划；2010年以来，在国家自然科学基金的资助项目中，各领域的可靠性基础研究项目数量也大幅增加。同时，进入21世纪以来，在国内若干单位先后建立了国家级、省部级的可靠性技术重点实验室。上述工作全方位地推动了国内可靠性理论与技术研究工作。当然，在这一进程中，随着中国制造业的快速发展，特别是《中国制造2025》的颁布，中国正从制造大国向制造强国的目标迈进，在这一进程中，中国工业界对可靠性理论与技术的迫切需求也越来越强烈。工业界的需求与学术界的研究相互促进，使得国内可靠性理论与技术自主成果层出不穷，极大地丰富和充实了已有的可靠性理论与技术体系。

在上述背景下，我们组织编著了这套可靠性新技术丛书，以集中展示近5年国内可靠性技术领域最新的原创性研究和应用成果。在组织编著丛书过程中，坚持了以下几个原则：

一是**坚持原创**。丛书选题的征集，要求每一本图书反映的成果都要依托国家级科研项目或重大工程实践，确保图书内容反映理论、技术和应用创新成果，力求做到每一本图书达到专著或编著水平。

二是**体现科学**。丛书框架的设计，按照可靠性系统工程管理、可靠性设计与试验、故障诊断预测与维修决策、可靠性物理与失效分析4个板块组织丛书的选题，基本上反映了可靠性技术作为一门新兴交叉学科的主要内容，也能在一定时期内保证本套丛书的开放性。

三是**保证权威**。丛书作者的遴选，汇聚了一支由国内可靠性技术领域长江学者特聘教授、千人计划专家、国家杰出青年基金获得者、973项目首席科学家、国家级奖获得者、大型企业质量总师、首席可靠性专家等领衔的高水平作者队伍,这些高层次专家的加盟奠定了丛书的权威性地位。

四是**覆盖全面**。丛书选题内容不仅覆盖了航空航天、国防军工行业,还涉及了轨道交通、装备制造、通信网络等非军工行业。

这套丛书成功入选“十三五”国家重点出版物出版规划项目,主要著作同时获得国家科学技术学术著作出版基金、国防科技图书出版基金以及其他专项基金等的资助。为了保证这套丛书的出版质量,国防工业出版社专门成立了由总编辑挂帅的丛书出版工作领导小组和由可靠性领域权威专家组成的丛书编审委员会,从选题征集、大纲审定、初稿协调、终稿审查等若干环节设置评审点,依托领域专家逐一对入选丛书的创新性、实用性、协调性进行审查把关。

我们相信,本套丛书的出版将推动我国可靠性理论与技术的学术研究跃上一个新台阶,引领我国工业界可靠性技术应用的新方向,并最终为“中国制造2025”目标的实现做出积极的贡献。

康锐

2018年5月20日

序
——传承

在工业界,标志可靠性成为一个工程专业的历史事件是美国国防部于 1957 年发布的 AGREE 报告,这是世界首创;在学术界,标志可靠性成为一个学科专业的历史事件是中国北京航空学院(现北京航空航天大学)于 1985 年建立的可靠性工程本科专业,这也是世界首创。做出这个高屋建瓴决策的就是国防科技界、教育界著名专家杨为民教授。

从 1985 年至今,经过近 40 年的发展,北航已经形成了完整的可靠性工程专业本-硕-博人才培养体系,北航的可靠性工程专业已经成为国家级一流本科专业。在“软科”最新发布的中国大学专业排名中,北京航空航天大学可靠性工程专业以 $5A^+$ 的成绩名列前 100 名,也是北京航空航天大学仅有的 6 个 $5A^+$ 本科专业之一。

本书作者李晓阳教授从 1998 年起本科就读于北京航空航天大学可靠性工程专业,2007 年在这个专业获得博士学位后留校任教,至今已经有 20 余年可靠性工程专业学习、研究和教学经历。她攻读博士学位期间师从姜同敏教授,研究方向就是加速退化试验(ADT),至今也没有中断。这也是我作为本套丛书的主编邀请她撰写本专著的初衷。本书的第 1 章~第 10 章汇集了李晓阳教授过去十余年在加速退化试验方向的研究成果。

李晓阳教授是我们学院确信可靠性理论研究团队的核心成员。确信可靠性理论提出了“裕量可靠、退化永恒和不确定性”等三个可靠性科学原理,构建了“学科方程、退化方程、裕量方程和度量方程”等四个方程组成的可靠性数学表达式,建立了可靠域实验和退化律实验等两类可靠性科学实验方法。这些新概念、新原理、新方法的提出,必然要面临这样的问题:新在哪里?与旧的关系?

对这一问题的思考与回答就是本书的第 11 章批判和第 12 章新生。所以这是一部结构奇特的学术专著!本书作者先是花大量篇幅把自己十余年来在加速退化试验方向的研究成果编撰成书,然后又勇敢地、深刻地剖析和批判了自己已经取得的学术成果,甚至将剖析的范围扩大到了其他种类可靠性工程试验,论证得出了现有的可靠性工程试验不过是可靠域实验和退化律实验的特例。要全面准确地认识产品可靠不可靠的规律,必须从工程试验走向科学实验！

李晓阳教授把本书初稿交我审阅时，十分忐忑地问我：这样的结构行吗？我回答说：当然行！这是可靠性从工程走向科学的必由之路！完全符合毛泽东同志在《实践论》中提出的“实践—理论—实践”的认识论模式！可靠性从工业界的工程专业走向学术界的学科专业，就是这一认识论模式的生动体现。我们的确信可靠性理论也来源于工程实践的提炼和升华，再反过来更深入地指导工程实践！这是一个螺旋上升的过程。

这本专著是作者对自己科研成果的全面总结，更是对未来研究方向的全景展望。其实我更期待作者正在构思的下一部专著：《可靠性科学实验》，我相信这部书将为构建可靠性科学的大厦打下坚实的基础。

2020 年初夏的一天，李晓阳教授在与我交流确信可靠性理论过程中，问起我是如何想到可靠性实验这个概念的，我说哪是我想到的，你去看看杨为民先生在创立可靠性系统工程理论时，如何给可靠性系统工程下的定义。我把这段定义摘抄如下：

可靠性系统工程从产品的整体性及其同外界环境的辩证关系出发，用实验研究、现场调查、故障或维修活动分析等方法，研究产品寿命和可靠性与外界环境的相互关系，研究产品故障的发生、发展及其预防和维修保障的规律，以及增进可靠性、延长寿命和提高效能的一系列技术与管理活动。

当年我看到“实验研究”时就很困惑，因为在工程上都在说可靠性试验！这个困惑到我们建立了可靠性科学原理时，就豁然开朗了！

30 年前，杨为民先生在可靠性系统工程的定义中就埋下了可靠性科学的种子，30 年后这颗种子开始发芽了！

北京航空航天大学可靠性与系统工程学院

康锐

2021 年 10 月 15 日于成都至北京 CA1452 航班飞行中

前言

加速退化试验从 1981 年 Wayne B. Nelson 基于加速寿命试验中的性能退化数据评价产品可靠性与寿命，继而提出加速退化试验，至今已有 40 多年了。从 21 世纪初真正开始蓬勃的研究至今不到 20 年，从中航工业集团标准《加速性能退化试验》2019 年发布至今恰好 2 年。很幸运，我全程见证也参与了加速退化试验的蓬勃研究，提到的这部标准也是由我主编的。

2015 年在参加一次国际学术会议时，我和一位在国际上颇有影响力的可靠性专家进行了短暂的交流。在得知我的研究方向是加速退化试验时，他对我提出了灵魂的拷问："加速退化试验还能研究什么？"加速退化试验是我的老本行，2015 年之前，我针对它完成了我的博士论文、1 个国家自然科学基金、1 个 973 计划子课题以及一些企业合作项目等，还发表了 20 来篇学术论文。但是面对这个问题，我无言以对。因为我深知，彼时的加速退化试验研究，其实是不同的概率分布、随机过程和贝叶斯理论的排列组合，我自己都觉得研究起来索然无味。惶恐中，我把这个问题转述给了康锐教授。很意外的是，他斩钉截铁地说："加速退化试验当然有研究了！太有什么值得研究了！"虽然，我依然不知道要研究什么，但是康锐教授的肯定给了我极大的信心和鼓励。

过了一段时间，康锐教授又给我推荐了一本小书，意大利物理学家卡洛·罗伟利的《七堂极简物理课》(这本书的翻译真正达到了"信、达、雅"，是我心中科普翻译书的前三)。这本小书正文只有 98 页，第一课看完，一句"无论欣赏艺术，还是领悟科学，我们最终得到的将是美的享受和看待世界的全新视角"让我心潮澎湃。不知道这和我研究的加速退化试验有什么关系，但是我如获至宝，如饥似渴地开始阅读，并总是随身携带，连出差候机时也捧在手中翻看、思考、琢磨。有一天，我忽然意识到我应该站在物理的角度看待加速退化试验，因为这个试验其实能告诉我们很多产品的"秘密"。而如果只是从尝试各类数学工具的角度对待加速退化试验，无异于暴殄天物。于是，我个人的加速退化试验研究终于得以拨云见日。

此后，康锐教授总会经常给我推荐各类见解独到且内涵深刻的由科学界大家所著的科普书和科学哲学书。每每读完我都会向他及时汇报我的读后感，他也会欣然给我很多另一个视角的回复和指点迷津的点拨。这些积累和思考，让我更加笃定地坚信可靠性是一门科学。而加速退化试验在可靠性从工程到科学的发展历史中，绝不仅仅只是一种可靠性试验技术，它的出现是可靠性学科新发展的历史转折点，它的发展也是学科发展的助推手。正是站在这样新的高度和角度，我把我和我的学生们在2016—2018年的加速退化试验研究成果，重新进行了梳理，遂使得今天展现在读者面前的是一套系统性的加速退化试验研究理论与方法。

本书第1章以历史发展为脉络，从可靠性科学的角度，对从可靠性发展之初到加速退化试验研究的今天进行综述。第2章是基于可靠性科学原理的加速退化试验建模研究方法论。第3章介绍加速退化试验中最基本且最常用的动态随机不确定性量化方法。第4章~第6章分别介绍时间、样品和应力维度分别或同时存在不同类型不同特征的不确定性的不确定性量化方法和加速退化建模方法。第7章特别探讨加速退化试验中不确定性量化模型的不确定性量化意义及其量化方法。第8章~第10章针对加速退化试验中的不确定性控制目标、模型不确定性控制以及目标不确定性控制等方法进行详述。第11章和第12章是对已有研究的思考和展望。

本书全文由李晓阳构思和主笔。博士生陈文彬整理并校对了全书，博士生陈大宇整理了第6章、陶昭整理了第7章。博士生刘乐、吴纪鹏，硕士生李人擎、胡雨晴、郭作辰、张枫博、张湘霄和姜凯歌对本书亦有贡献。

显然，本书的全部内容得到了康锐教授多年来的指导和鼓励，他犹如我科研路上的一盏明灯，时刻指引着我、激励着我向可靠性科学的高峰攀登。在此我想对康锐教授表达最深的谢意！同时，我也要感谢我的博士导师姜同敏教授，是他的高瞻远瞩，才让我迈进了加速退化试验的研究领域。此外，感谢北京化工大学李想教授对本书在认知不确定量化和控制方法方面的指导和帮助。

诚然，从可靠性科学的角度看待加速退化试验，还是我粗浅的思考，定存在诸多不足和疏漏。此外，对认知不确定性的量化和控制，本书也只是初步的尝试。对此，恳请广大读者对本书提出宝贵意见和建议，以推进加速退化试验理论更深入的发展和完善，并成为工程上行之有效的可靠性与寿命验证方法。

本书是在科学挑战专题（编号：TZ2018007）和国家自然科学基金（编号：51775020）的资助下完成的。

李晓阳

2021年7月26日

于北京航空航天大学为民楼

目录

图目录

图 1.1　失效、退化与不确定性之间的关系 ······ 7
图 1.2　不确定性的静态变化和动态变化 ······ 10
图 1.3　数据量与数据价值 ······ 16
图 1.4　本书的基本内容及结构 ······ 23
图 2.1　疲劳裂纹扩展过程 ······ 29
图 2.2　加速退化试验 3 个维度的推断和外推 ······ 32
图 4.1　3 个候选模型的 Q-Q 图(根据 $n=10$ 下仿真的 SSADT 数据) ······ 58
图 4.2　模型 $M_{\mathrm{II}}^{\mathrm{R}}$、$M_{\mathrm{II_2}}^{\mathrm{R}}$和实际值的首穿时分布比较($n=10$) ······ 60
图 4.3　模型 $M_{\mathrm{II}}^{\mathrm{R}}$的 CV 与 AE 之间的相关性 ······ 63
图 4.4　LED 案例:CSADT 中 24 个 LED 的退化数据 ······ 64
图 4.5　LED 案例:3 个候选模型的 Q-Q 图 ······ 65
图 4.6　LED 案例:3 个候选模型的首穿时概率密度函数 ······ 66
图 4.7　电阻退化数据($T_1=3.5, U_1=10$) ······ 68
图 4.8　电阻器案例:3 个候选模型的 Q-Q 图 ······ 69
图 4.9　电阻器案例:3 个候选模型的首穿时分布 ······ 70
图 5.1　“三步法”随机模糊统计分析流程图 ······ 78
图 5.2　ANR26650M1B 锂离子电池 ······ 82
图 5.3　锂离子电池 ADT 测试平台 ······ 83
图 5.4　锂离子电池 SSADT 数据 ······ 84
图 5.5　正常应力下锂离子电池的可靠度评估结果 ······ 86
图 5.6　$\mu_{\mathrm{Ratio}}^{N}(M_{\mathrm{II}}^{\mathrm{H}})$和$\mu_{\mathrm{Ratio}}^{N}(M_{\mathrm{II_1}}^{\mathrm{R}})$随样本量的变化 ······ 88
图 5.7　$\sigma_{\mathrm{Ratio}}^{N}(M_{\mathrm{II}}^{\mathrm{H}})$和$\sigma_{\mathrm{Ratio}}^{N}(M_{\mathrm{II_1}}^{\mathrm{R}})$随样本量的变化 ······ 88
图 5.8　仿真案例的寿命评估结果统计分析 ······ 89
图 6.1　微波案例:加速性能退化数据 ······ 94
图 6.2　正常应力水平下的微波电子产品的可靠度(25℃) ······ 94
图 6.3　微波案例:模型 $M_{\mathrm{I}}^{\mathrm{R}}$、$M_{\mathrm{II}}^{\mathrm{R}}$和 $M_{\mathrm{III}}^{\mathrm{R}}$的不确定性量化 ······ 95
图 7.1　疲劳裂纹扩展试验样品的几何尺寸 ······ 104
图 7.2　疲劳裂纹扩展数据 ······ 104
图 7.3　疲劳裂纹扩展案例的可靠度评估结果 ······ 105

表目录

第1章

绪　　论

这篇绪论有点长,但是鼓励大家看完。因为,本章将与第11章和第12章并称为本书的MVP(the most valuable parts,最有价值的部分)。

1.1 从失效到退化的历史观

可靠性学科的发展历史中,加速退化试验绝不仅仅只是一种新的可靠性试验技术,它的出现甚至可以认为是可靠性学科新发展的历史转折点。

可靠性,它的英文"reliability"是由一名英国诗人Samuel Taylor Coleridge在1816年提出的,20世纪初期才被应用于工程技术中。第二次世界大战之前,可靠性的含义主要是指"可重复性",一方面体现在试验结果的可重复性,如果试验结果可重复,那么这个试验就是可靠的[1];另一方面体现在生产过程的质量控制上[2],这一点尤为重要。工业革命之前人们使用的产品几乎都是手工制造,并且由于没有成本和时间的限制,因此产品质量很多时候是靠"过设计"和"精心打造"来保障。然而第二次工业革命以后,人类进入电气时代,内燃机、飞机、汽车等产品进入了大众的日常生活,为了满足这些产品量产的需求,机械化大规模生产提出了标准件和可互换件的要求。因此,20世纪20、30年代出现了与生产不一致性(误差)作斗争的统计质量控制。正是由于生产不一致性的存在,瑞典人Waloddi Weibull在1939年通过大量的试验研究发现,材料的极限强度根本不是经典理论说的那样,是一个确定性的常数。因为每次测试的同样材料、同样几何尺寸的不同样件,它们的极限强度根本不一样。为此他首次基于概率论研究了材料的极限强度和疲劳寿命,并且提出了著名的威布尔(Weibull)分布[3]。

到了20世纪40年代,第二次世界大战加速了第二次工业革命的进程,催生了第三次工业革命的开始,即真空电子管的大量使用,使得电气时代逐渐向电子信息时代迈进。而这个关键的"管子"却特别不可靠,据说第二次世界大战时期安装了真空电子管的航空电子装备，有 50%都是坏的。第二次世界大战结束后，美国与苏联迅速进入了长期冷战时期，军备竞赛拉开帷幕。然而，由于一方面元部件可靠性差，另一方面愈加复杂的产品也不断问世，这导致 20 世纪 40、50 年代，美国的军用装备总是故障频出，一直处于可靠性异常糟糕的状态。这使得人们不得不开始对这些故障进行研究，而那时摆在人们面前最直接的客观现象就是产品的故障/失效①。人们通过进一步分析，发现这些故障/失效出现的时间各不相同。这时，在质量控制中积累的研究"不一致性"的概率统计分析方法则进入了人们的视野——可以用这类统计方法来分析故障/失效出现时间的"不一致性"。至此，概率统计分析方法正式进入可靠性领域。并且在 1948 年，美国电气与电子工程师协会（Institute of Electrical and Electronics Engineers，IEEE）成立了可靠性分会。

1952 年，Davis 写了一篇将指数分布作为失效数据分布的颇有影响性的文章，此后又有 Epstein、Sobel 等几位学者针对截尾数据和非截尾数据研究提出了相应的统计分析方法[4]。随后，历史上著名的成立于 1950 年的美国电子设备可靠性咨询小组（Advisory Group on the Reliability of Electronic Equipment，AGREE），给出了可靠性经典定义，即可靠性是产品在规定时间内和规定条件下完成规定功能的能力。与此同时，鉴于指数分布相对简单，且与其相关的统计方法研究较为全面，AGREE 小组迅速基于指数分布给出了可靠性设计建模、分析、试验和评价的技术方法，编制了 AGREE 报告并于 1957 年发布[4]。该报告指出，产品要在极限温度条件和振动条件下开展以搜集失效数据为目标的可靠性验证试验，并基于指数分布给出了相关统计分析方法。一方面，这些试验方法是美国军用标准 MIL-STD-781 的前身；另一方面更重要的是，这个报告的发布意味着可靠性工程作为一门专业的正式诞生[5-6]。

回顾概率统计方法进入可靠性领域的初衷即可知，AGREE 小组从概率统计的角度，基于指数分布给出的一系列可靠性方法，本质上是围绕"失效时间如何不同"来展开的，与产品自身设计、生产、使用没有任何关系。因此，人们很快发现，基于这些方法得到的统计结果和真实使用反馈差别非常大。而且，在当时的美苏冷战背景下，研发周期越来越短，科技发展越来越快，产品的可靠性越来越高、寿命越来越长，因此搜集失效数据越来越难。然而，AGREE 小组方法的核心是失效数据，这使得 AGREE 小组的系列方法刚出生就遇到各类难题。

值得一提的是，德国火箭专家 Robert Lusser——世界上第一款巡航导弹 V1 火箭的设计者，在 20 世纪 50 年代末期提出了 Lusser 乘积定理。即，如果一个

① 英文"failure"翻译成中文时既可以是"故障"，也可以是"失效"。具体根据上下文场景决定。此处意指故障或失效数据均需搜集分析。

串联系统中各组成单元的失效模式相互独立,则此串联系统的可靠度等于各组成单元可靠度的乘积。这个定理可以从两个角度来进行理解,一是从组成系统的元部件的角度来看,它告诉我们系统的可靠性与元部件息息相关,要提高系统可靠性就需要提高组成单元的可靠性。因此当时,Lusser 乘积定理仿佛隐约在告诉可靠性人:大家应该关注组成单元的失效原因和机理,而不仅仅是可靠性统计。但从系统的角度来看,结果就颇具讽刺意味了。正是基于这个定理,Robert Lusser 断定 Wernher von Braun 登月计划和火星计划都不会成功,因为登月的火箭组成过于复杂,其可靠度一定非常低。而由 Braun 担任 NASA 马歇尔太空飞行中心总指挥,研发的当时世界上最大的火箭——土星 5 号,在 1969 年 7 月首次成功将人类送上月球。

无论怎样,Lusser 乘积定理让人们对产品失效的关注再次回到了那个不靠谱的“管子”上。只是当年的真空电子管变成了晶体管,制备成了半导体元器件和集成电路,但是可靠性一如既往地不太高,是引发电子装备失效的关键原因。因此,人们发出了新的疑问[7]:①元器件失效的根原因和机理到底是什么?②如何提高元器件的可靠性?③如何以最少的试验量精确预测半导体的元器件?为了回答这 3 个问题,20 世纪 60 年代人们围绕失效开展的可靠性工作得到了深化,即从围绕“失效时间如何不同”的概率统计分析,深入到了“为什么会失效”的物理机制上。人们转变思想后的热烈的可靠性研究工作也取得了丰硕的成绩,可靠性专业有了巨大的发展。然而,尽管人们从物理和化学的角度,发现并认识到了很多新的失效机理,比如砷化镓的失效机理、电迁移、晶体管二次击穿、半导体器件的沟道效应等[4],但最终这些“规律”都被当作影响“失效时间的不一致性”的系统性因素,变成统计分析中的协变量出现在概率分布中。因为这样的认知和处理方式,美国空军罗姆发展中心(Rome Air Development Center,RADC)在 1962 年创建的是“电子设备失效物理论坛”,于 1967 年由此更名为“可靠性物理论坛”,1974 年更名为“国际可靠性物理论坛”,并且每年举办至今。为什么从“失效物理”更名为“可靠性物理”,在笔者看来,此处的“可靠性”实际上指的就是“概率统计”。或者可以这么理解,那时的人们认定可靠性问题本质上是概率统计问题。

应该说,可靠性物理的概念和研究范式在这个时期得到了形成和发展,并对随后 50 多年的可靠性发展产生了巨大而深远的影响。比如,1961 年,贝尔实验室的工程师发现描述反应速率与温度关系的 Arrhenius 模型可以用于半导体器件的寿命评价,并且由于 Arrhenius 模型表明温度升高会带来反应速率加快,进而使得器件寿命缩短,由此开启了加速寿命试验的研究先河[7]。而诸如 Arrhenius 模型之类描述的可靠性物理模型,在加速寿命试验中也被更名为加速模型。由 MIL-STD-781 规定的可靠性试验便开始向加速寿命试验(accelerated life testing,ALT)转变。1969 年,Birnbaum 教授和他的合作者 Saunders 首次指出了工程中的小样本问题,即失效数据太少会导致无法判决哪种寿命概率分布更适合,因此开创性地提出了从失效过程——疲劳裂纹的扩展过程来推导和建立产品寿命概率分布的思想[8],从而建立了描述寿命统计分布规律的 Birnbaum-Saunders 分布[8]。虽然这篇文章最终还是从失效的角度来讨论和评价可靠性,但是这种开始注重"变化"过程的思想,对随后人们开始从退化角度开展可靠性建模、分析、试验、评价以及故障预测与健康管理,提供了一种新思路。

事实上,自 20 世纪 60 年代开始,不同学者针对不同类型器件的不同故障机理提出了越来越多的可靠性物理模型(也就是用于加速寿命试验的加速模型),同时基于不同概率分布的可靠性统计分析方法也不断推陈出新。因此加速寿命试验方法也得到了越来越多深入且广泛的研究。这个领域取得的丰硕成果,本书就不再一一列举,相关的方法可以参考可靠性统计领域的著名专家 William Q. Meeker 的著作《Statistical Methods for Reliability Data》[9] 以及加速试验统计分析领域的鼻祖 Wayne B. Nelson 的著作《Accelerated Testing: Statistical Models, Test Plans, and Data Analyses》[10]。

到了 20 世纪 70 年代末期,一方面,原先不可靠的元器件经过多年的技术革新与发展,寿命变得越来越长,可靠性也变得越来越高;但另一方面,产品在系统层却还是会出各类问题。因此,可靠性的研究对象由元器件逐步转变到了系统。此时,实际工程中再次凸显了 Birnbaum 教授和他的合作者 Saunders 在 1969 年发现的小样本问题。然而这一次,人们不再只是重蹈 Birnbaum 教授的路了,即他从失效过程推导寿命分布的研究进路,而是关注到了"失效过程"。1981 年,Wayne B. Nelson 首次提出了基于加速寿命试验中的性能退化数据评价产品可靠性与寿命的方法[11],由此加速退化试验(accelerated degradation testing,ADT)正式诞生。然而这个方法和 12 年前 Birnbaum 教授的研究一样,在当时并未产生广泛影响。直到 1991 年,贝尔实验室对集成逻辑电路开展的加速退化试验才逐渐获得工业界和学术界的关注[12]。

在加速退化试验中,人们不再只搜集失效数据了,而是针对关注的产品功能的性能表征搜集数据。应用上,由于不必观测到产品的实质性失效,所以可大大节省试验时间和成本,这种试验方法较加速寿命试验方法的优势也就显而易见。科学上,则意味着可靠性中最显著的客观事实不再只是"失效",而是失效的过程——性能退化。并且,多年来关于可靠性物理的研究证实了产品功能从完好到丧失具有一个过程,并且这个过程与产品自身物理属性和历经的外界条件相关。比如,Arrhenius 模型表明产品状态的变化速率与其激活能(物理属性）和历经的热应力（外界条件）相关。因此，人们开始从退化过程本身建立可靠性模型，评价产品可靠性与寿命。

当人们看到可靠性中这类新的客观事实，即退化时，摆在面前的不再是杂乱无章、长短不一的失效时间数据，而是在每个给定的加速试验应力水平下，在时间轴上排列有序，显然具有一定确定性规律的时间序列数据。于是，人们探讨这类问题的方式有了新的变化。传统以失效数据分析为己任的可靠性人，依然选择从自身领域知识来解决这类退化数据建模问题，他们采用的就是统计回归方法。在分析中，时间是回归模型的自变量，性能是回归模型的因变量。由于人们大多数情况下都假设性能随时间是线性退化（或者可线性化处理的非线性退化），因此描述加速应力影响的可靠性物理模型（加速模型）主要作用在性能退化速率上。基于各类回归分析方法，则可以建立考虑加速应力影响的加速性能退化模型。

另一类方法就是物理类建模。针对不同研究对象的退化过程，人们基于相应的专门学科理论，细致深入地分析退化过程，从最基本的物理现象出发，一步步由理论推导出产品的性能退化方程，然后通过试验数据对模型进行完善和验证，并最终得到性能退化模型。由于基于物理规律的建模，一定会考虑到研究对象的受力方式，比如热应力、电应力、电磁力和机械力等，因此加速应力通过一种最自然而然的方式构建进了模型中。实际上，加速试验中的加速应力也只有可能是这些力的某一种或某几种，所以这些模型也就是原先被用于加速寿命试验的加速模型。典型的这类模型包括基于反应速率论的 Arrhenius 模型、描述疲劳裂纹扩展的 Paris 模型、描述磨粒磨损的 Archard 模型等。由于通过物理方法构建性能退化模型并不仅仅只适用于“加速”之后的应力，而是适用于整个应力变化的有效范围，所以这类模型应叫作“性能退化模型”。

尽管每个给定的加速试验应力水平下的退化数据具有一定确定性规律，然而试验中观测到的每个产品的加速性能退化过程具有波动性特点，而且不同产品的加速性能退化趋势也不一致。因此必须要在上述建立的确定性的退化模型中，添加对这些不一致性的描述。这意味着，最初人们发现的“失效时间的不一致性”，在性能退化上同样存在。其实，无论是失效数据中的不一致性还是退化数据中的波动性和退化趋势的不一致性，其根源都是无处不在的不确定性。通过热力学第二定律的熵增表达可知，如果将地球看作一个孤立系统，那么这个世界的确定性来源于微观中大量的不确定性。海森堡测不准原理表明，人们永远无法同时精准测到物体的位移和速度。所以，从某种意义上来看，这两个物理学的基本原理向我们表明了不确定性存在的必然性和不可消除性。

随着人们对不一致性有了更深刻的理解，针对加速性能退化过程中不一致性的描述则有了更多的发展。最初人们只是在构建的确定性(加速)性能退化模型中添加一个服从均值为零、方差为常数的正态概率分布的误差项。但这类模型并不能很好地描述不同产品退化趋势间的差异,于是人们又假设主导退化趋势的退化速率是一个服从某种概率分布的随机变量,从而构成了统计上的混合效应模型。以上这些方法在有的文献中被称为退化轨迹模型。然而人们进一步意识到,退化数据是一组在时间轴上排列有序的时间序列,给定时间间隔内观测到的性能退化增量是一个服从某种概率分布的随机变量,而这个随机变量随着时间在变化。因此,那些所谓的退化轨迹模型就不能描述性能退化中的这种动态随机性了。这样一来,随机过程浓墨重彩地登上了加速退化试验建模的舞台。

进一步分析可知,性能退化中的动态随机性具有时间和状态空间上的连续性特征,因此最直观而又简单的基于随机过程的加速退化试验建模方法是,将退化轨迹模型中服从均值为零、方差为常数的正态概率分布的误差项,变成一个均值为零、方差为与时间相关的函数的正态概率分布的随机过程。"很巧"的是,这个随机过程就是描述物理现象——布朗运动的维纳过程。于是围绕维纳过程及其泛函,加速退化试验领域有了各类基于维纳过程的模型,并且成为目前应用最为广泛的加速退化模型。回顾这类模型的建模过程可发现,其建模的视角和立足点是确定性的加速退化规律(即物理视角),然后以此为基础,分析不确定性的来源并将之加入确定性规律中。

由于服从维纳过程的随机变量是在全实数范围内取值,因此这种维纳过程误差项的取值可能有正有负,从而使得它能够对具有波动性的退化轨迹进行建模。然而,随着加速退化试验研究和应用的推广和深入,人们发现有的加速退化试验中观测到的加速性能退化过程并不具有波动性,而是单调的。再结合维纳过程的特点分析,则认为维纳过程并不适用于这类单调退化过程的建模。尽管这些加速性能退化轨迹具有单调性,但其本质上的动态随机性仍然存在。这样,人们又聚焦到了可靠性的又一个客观事实上——单调性性能退化的不一致性。如当年人们看到失效时间的不一致性后,**采用概率统计分析方法描述这种不一致性一样,概率统计视角下的加速退化建模方法出现了。**

为了从不确定性的角度描述具有单调性的加速性能退化轨迹,在维纳过程的启发下,人们就需要一种在时间和状态空间上具有连续性特征,且描述非负随机变量取值规律的连续型随机过程。于是有了基于伽马过程和逆高斯过程的性能退化模型。然而,这类过程只能描述性能随时间的退化,不能刻画加速应力对性能退化的影响。于是,人们借鉴当年将失效物理规律当作影响"失效时间不一致性"的系统性因素,从而变成统计分析中的协变量的思想,再次将基于物理规律建立的性能退化模型作为伽马过程和逆高斯过程中的协变量,以此描述加速应力对退化过程的影响。

总的说来,物理视角下的加速退化试验建模和概率视角下的加速退化试验建模,实际上是对加速退化试验中性能退化规律的确定性和不确定性之间辩证关系的不同处理方法。从失效到退化,是从结果走向过程,是从现象走到原因。于思考不过换了一个角度,于方法不过换了一种模型,然而于可靠性却意味着进了一大步,因为这代表着可靠性从最初的“唯象”进入了事物为什么会失效的物理本质。

1.2 为什么要处理不确定性

现在,摆在可靠性人面前的客观事实包括失效、退化和不确定性。并且从退化可以到失效,它们之间的关系是,当产品性能超越其阈值(即功能要求或称为失效判据)则产品功能丧失,失效发生(它们之间的关系如图1.1所示)。

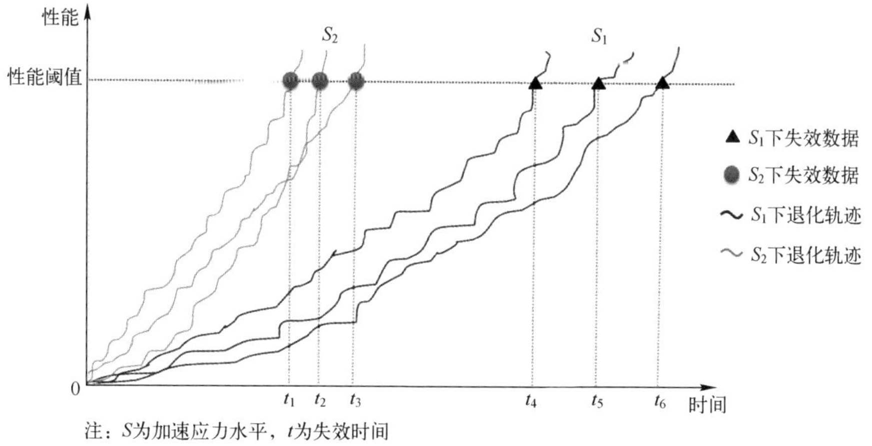

图1.1 失效、退化与不确定性之间的关系

可靠性的定义表明,可靠性是“产品完成规定功能的能力”。因此可靠性与功能紧密相连。脱离功能,可靠性也就无从谈起。而在加速退化试验中,为了节省试验时间和试验成本,通常试验并不做到产品性能超越阈值,而是只做到性能出现明显退化即可结束试验。由此可见,加速退化试验中只有性能并无功能。因此,为了利用加速退化试验中搜集的性能退化数据评估产品的可靠性和寿命,人们则利用试验中已观测到的性能退化数据辨识性能退化趋势并量化不确定性,将之作为性能退化的规律,结合不确定性的量化结果,外推性能超越阈

值的时间，实现由性能到功能的转化，从而评价产品的可靠性与寿命。

因此，基于加速退化试验的产品可靠性与寿命评估结果的准确性，取决于性能退化规律辨识得是否准确、不确定性量化是否合理。性能退化规律的辨识一方面取决于从物理视角的推导演绎得是否正确，另一方面也取决于对不确定性的处理是否科学。**这样一来，如何处理不确定性变成了加速退化试验中的核心问题**。但是，我们为什么要处理不确定性？不确定性到底如何影响我们对产品可靠性与寿命的认知呢？

我们先来分析：如果某个加速退化试验中不存在不确定性意味着什么。①人们在给定加速应力水平下观测到的性能退化轨迹，将不是粗糙且波动的，而是一条光滑的曲线。②每个试验样品的性能退化曲线将完全重合为一条曲线。③在有限的试验时间内得到的性能退化曲线将能完全代表整个性能从良好到穿越阈值的规律。若如此，人们只需在加速退化试验中放置一个试验样品，并且适时观测记录样品性能的取值，即可实现样品性能变化规律的认知，并且与试验样品同批次的产品的性能退化都服从该规律。那么，当我们给定产品性能的阈值（即失效判据）后，则可以得到性能穿越阈值的确切时间，即失效时间。进一步地，我们可以百分之百确认在该失效时间之前，产品一定是百分之百可靠的，即可靠度为1。实际上这种场景就是崇拜牛顿的拉普拉斯极力推崇的决定论。

然而可惜的是，上面假设的场景与实际是相悖的，当然了科学事实也证明牛顿力学的决定论也是不完善的，因为实际中处处存在不确定性。那么，在不确定性的影响下，上述3个场景则变为：①人们在给定加速应力水平下观测到的性能退化轨迹是粗糙的；②每个试验样品的性能退化曲线，完全不会重合，而是相互各异；③在有限的试验时间内得到的性能退化曲线，不能完全代表整个性能从良好到穿越阈值的规律。面对这样的事实，人们朴素的想法就是：①让粗糙且波动的性能退化轨迹尽可能地光滑些，并且量化这些“粗糙度”，从而提高对性能退化规律认知的清晰度；②减小每个试验样品的性能退化曲线互异性，并且量化这些“互异性”，从而能够将试验中得到的性能退化规律用到同批次的其他产品中去；③尽可能在有限的试验时间内得到更多的性能退化信息，提高试验认知的性能退化规律对整个性能从良好到穿越阈值的规律的“代表性”，同时应量化和表征不确定性在“预测未来”的过程中的变化。

这些关于加速退化试验中“不确定性处理”的朴素愿望，通过抽象提炼后可以归纳为两方面的诉求：①基于某种数学理论量化不确定性；②如何控制进而消减不确定性。显然，我们需要量化和控制的不确定性就包括上面提到的“粗糙度”“互异性”“代表性”和随时间变化的不确定性。下面我们进一步来分析这些不确定性的来源和特征。

性能退化轨迹的粗糙性是性能退化数据的测量不确定性以及产品自身状态变化的随机性的综合表现,并且这两种不确定性显然都有随着时间增大的特点。比如,我们都有这样的经验,用来对产品性能进行测量的测量设备,由于其精度会随着时间增加而降低,其偏差会随着时间增加而增加,因此人们总会定期对这些测量设备进行标定。而产品自身状态变化的随机性,我们可以从维纳过程的数学表达知道,这种随机性本身就随着时间的增大而增大。所以,性能退化轨迹的粗糙性同时具有随时间变化的特征。为了叙述方便,本节将这类来源的不确定性暂命名为“来源一”。

性能退化轨迹的互异性主要来源于产品的生产过程,由生产过程中的制造误差、装配误差等所导致。本节将这类来源的不确定性暂命名为“来源二”。

性能退化规律的代表性主要取决于人们基于加速退化试验数据对(加速)性能退化规律的认知准确性。在1.1节中,我们讨论过(加速)性能退化模型的构建包括基于概率视角和基于物理视角两种方法。概率视角的建模关键是基于试验数据采用统计回归建立加速性能退化模型。该过程涉及我们究竟采用什么数学模型,包括线性模型、指数模型、对数模型和多项式模型等进行回归分析并建模。显然,选择不同的回归模型代表的是不同的性能退化规律,但是由于来源一和来源二的不确定性影响,试验数据有可能表明有多种模型都可用。此时,人们对任何一种模型的取舍就会影响“性能退化规律的代表性”,本质上来说,这就是模型不确定性,而这种情况同样也会类似地存在于物理视角的建模中。因为在基于原理的理论推导过程中,人们总会给出这样那样的简化和假设,这使得基于物理视角建立的模型也存在模型不确定性。本节将这类来源的不确定性暂命名为“来源三”。

1.3 不确定性的量化方法

如何对1.2节中谈及的3种来源的不确定性进行量化,首要问题是用什么数学理论来度量不确定性,这就像人们用“米”度量长度,用“克”度量质量是一个道理。早在1957年,AGREE在给出可靠性定义的同时,也给出了可靠性度量,即可靠度的定义:可靠度是指产品在规定的条件下和规定的时间内,完成规定功能的概率。在1.1节从失效到退化的历史观分析中,我们说过,那个时期人们对可靠性的认知,实际上是为了描述“失效时间的不一致性”。读者们此刻也知道了,这个“不一致性”实际上就是不确定性。所以,在可靠性领域中人们理所当然地使用概率度量不确定性。而接下来的问题就是,用概率如何量化前述的 3 种来源的不确定性。此时的“量化”实则是基于概率对不确定性的建模，比如，若采用威布尔分布描述不确定性的统计规律，那么不确定性的量化模型就是威布尔分布。

要量化不确定性，不仅需要区分不同的来源，更重要的是取决于不确定性本身的类型和变化特征。从类型上，可分为随机不确定性和认知不确定性[5-6]。随机不确定性是事物的固有属性，不可避免和消除，并且具有客观大样本特征，应采用概率度量。认知不确定性则由于人的知识不完备导致的不确定性，随着获得的知识越来越丰富，这类不确定性能够被降低、消除或者转化为随机不确定性。从变化特征上，可分为静态不确定性和动态不确定性。静态不确定性是指不确定性不会随着某些变量的变化而变化，相反动态不确定性则会随着某些变量的变化而变化。比如，失效时间的不一致性在时间维度上就是静态的，然而性能的不一致性在时间维度上就是动态变化的。它们之间的区别见图 1.2。

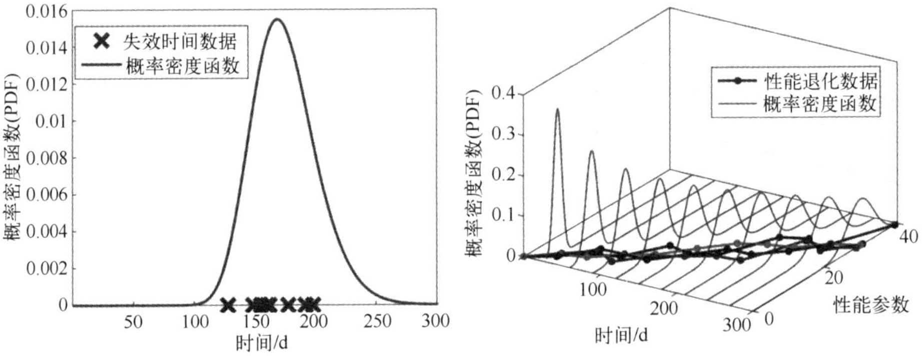

(a) 静态不确定性　(b) 动态不确定性

图 1.2　不确定性的静态变化和动态变化

由于在可靠性领域中，人们理所当然地使用概率来度量不确定性，下面我们来分析一下如何在概率论的框架下通过统计分析对不确定性进行量化。

1.3.1　客观试验中为什么会出现认知不确定性？

首先需要强调的是，不确定性的量化模型，即概率分布，必须得到试验数据的支持。如果我们只是直接假设某具有不确定性的变量服从某概率分布，而没有使用试验数据进行检验，这样的模型一定是错误的，没有任何意义。而试验数据支持模型检验的办法就是，基于概率统计分析得到概率分布的数学结构和分布参数。显然，试验数据越多，假设的概率分布就被检验得越加充分，相应的数学结构和分布参数也越准确。具体而言，1.2 节中的不确定性来源一，为了量化由测量不确定性和产品自身状态变化随机性带来的产品性能轨迹“粗糙度”，那么就需要在加速退化试验中测量足够多的性能数据，这样就能准确地量化“粗糙度”。对于不确定性来源二，为了准确量化产品的“互异性”，那么就需要在加速退化试验中投入足够多的试验样品。对于不确定性来源三，为了提高（加速）性能退化模型的“代表性”，同样需要在足够长的时间段中测量足够多的性能数据，才能得到更准确的（加速）性能退化模型，降低模型不确定性。

然而事与愿违，现实中很难满足数据“足够多”的要求。对于来源一的要求，若试验的测控条件良好，则可保证能够测量到足够多的性能数据。而随着当今信息时代的发展，测控条件一般情况下均可保证。对于来源二，有的产品由于自身造价不贵、性能测试成本不高（比如对测试条件和设备要求不高），在加速退化试验中可以投入足够多的试验样品。然而很多时候却是相反情况，即只能投入少量几个样品，从而也就不能让我们准确量化产品的“互异性”。换句话说，基于少量的样品数据，依然采用传统的概率统计分析方法，则不能支持我们准确地描述产品“互异性”的概率分布，甚至可能是一个错误的概率分布。再看来源三，实际中虽然可以保证测量到足够多的性能数据，但是却很难满足时间足够长，因为从1.1节的历史观介绍可知，加速退化试验发展的历史背景就是人们希望进一步缩短试验时间。同样，这带来的问题还是因为数据有限（因为时间不够长）不能支持人们得到精准的、正确的（加速）性能退化模型。

总的来说，试验数据少则会导致人们基于数据得不到精准的、正确的模型。而此时则出现了前述的“认知不确定性”。读者此时可能会问：明明在加速退化试验中搜集到的是客观观测数据，如何出现了和人们主观认知相关的“认知不确定性”？从不确定性量化的角度来看，回到前面强调的不确定性量化模型前提即可知，客观数据是用来支持不确定性量化模型构建的。基于构建的模型，人们会认为该模型描述的就是不确定性的统计规律。但当客观数据较少时，建立的则是不准确的不确定性量化模型，进而人们将认为各种不确定性服从这些不准确的模型。从（加速）性能退化规律来看，显然数据越有限（加速）性能退化模型越不准。这样一来，试验数据少就会给人们带来不准确的甚至错误的认知，即产生了认知不确定性。更严谨地，我们称之为小样本认知不确定性。

其实还有一个问题是，为什么客观数据较少时，建立的是不准确的不确定性量化模型？这个问题的本质在于，人们需要采用概率统计分析方法，基于数据构建不确定性量化模型。而在传统的概率统计分析过程中，方方面面都会使用到概率论的基础——“大数定律”。比如各类点估计优良性、渐近正态性等都是建立在样本量趋近于无穷的基础上推导出来的。因此，当实际中只有少量数据时，再用传统概率统计分析显然只能得到不准确甚至错误的结果。

所以，我们只能依靠加速退化试验中的少量客观数据来量化上述3个来源的不确定性，从而认知产品的(加速)性能退化规律吗？显然不是的。在产品的研发使用过程中，人们有可能积攒了大量的历史数据和专家主观经验，这些数据和经验对人们量化不确定性，认知产品的(加速)性能退化规律，进而评估产品可靠性与寿命大有裨益。然而，如何才能将它们考虑到基于概率构建的量化模型中？

1.3.2 如何在概率模型中考虑认知不确定性？

为了回答这个问题，需要再来分析数据少的情况下，概率统计分析到底如何影响不确定性量化建模的。由前述分析可知，不确定性量化建模的第一步是基于数据对可能的量化模型进行检验。根据概率统计分析的假设检验理论可知，当数据有限时，待检验的模型的显著性会降低。此时若有多个备选模型，每个模型的显著性可能都不高，并彼此类似，那么人们就会很难抉择到底选择其中的哪一个。但是由于人们量化的对象就是不确定性本身，因此在有限数据情形下到底选择哪种模型，此时就显得并不是很重要了。因为描述的对象是不确定性，本质上就不会存在精准量化这类不确定性的模型。

当模型选择完毕后，建模的第二步是基于数据开展概率统计评估，给出模型参数的点估计和区间估计结果。常用的点估计方法有极大似然法、最小二乘法和最佳线性无偏估计等。而在区间估计时，虽然直接的方法是通过寻找待估参数的枢轴量，并通过推导枢轴量服从的概率分布来反推得到待估参数的区间估计，但遗憾的是，绝大多数情况下人们很难甚至几乎找不到枢轴量及其服从的概率分布，因此这种方法行不通。常用的区间估计方法是利用极大似然估计量的渐近正态性来得到待估参数的置信区间。由于概率统计的基础是大数定律，因此少数据情形下得到的就是非常不准确的点估计和置信区间非常宽的区间估计结果。

数据少的情况下，人们虽然无法决策哪种模型更适合描述不确定性，但是对选定模型的参数却能够判断其统计评估结果是否合理。举个例子，我们采用概率密度函数为$f(t)=\lambda\exp(-\lambda t)$的指数分布描述产品寿命分布，其中$t$为产品寿命；$\lambda$为指数分布参数，在工程中也称为失效率，且与平均寿命η的关系为$\eta=1/\lambda$。根据历史数据和专家经验，我们预先能够判断平均寿命在1000~2000h之间。然而基于有限的少量数据，采用概率统计评估可能得到η的置信区间是[500,3000]h。显然，此时的历史数据和专家经验能够进一步提高我们对客观事物的认知。而一个很朴素且又直观的解决思路就是，如果我们首先利用历史数据和专家经验，将平均寿命限定在1000~2000h之间，再结合少量客观试验数据，这样应该能够得到更准确的结果。正是基于这样的思路，**人们提出**

了一类处理小样本认知不确定性的方法——非精确概率方法，而原先不考虑基于历史数据和专家经验给出参数取值范围的概率方法，称为精确概率方法。回到上面的例子（为了简便直观，将指数分布参数 λ 转化为 η 来讨论），我们认为 $f(t)=\frac{1}{\eta}\exp\left(-\frac{1}{\eta}t\right)$ 为精确概率模型；若进一步对 η 给定取值区间，即 $\eta\in[\underline{\eta},\overline{\eta}]$ 时，则精确概率模型转变为非精确概率模型，其中，$\underline{\eta}$ 和 $\overline{\eta}$ 分别表示 η 的区间取值下限和上限。此刻，又一个问题出现了，η 在 $[\underline{\eta},\overline{\eta}]$ 中到底如何取值的。换句话说，η 在 $[\underline{\eta},\overline{\eta}]$ 的取值规律是什么？由于 η 的取值区间 $[\underline{\eta},\overline{\eta}]$ 本质上是 η 认知不确定性的描述，并且基于历史数据和/或专家经验来确定，因此解决该问题的理论工具就聚焦在了能够处理认知不确定性的数学理论中。

最现成的理论就是贝叶斯理论。在贝叶斯理论中，认知不确定性被称为主观概率，是人根据自身知识对不确定性做出的主观认知的描述，人们可以采用历史数据和专家经验等先验信息并结合试验信息，根据贝叶斯理论进行更新，从而获得后验信息[13-17]。因此使用贝叶斯理论时，人们采用概率先验分布描述 η 在 $[\underline{\eta},\overline{\eta}]$ 的取值规律。Liu[18]基于贝叶斯理论建立了考虑性能退化机理的混合效应模型。Shi 等[19-20]针对具有破坏件测试特点的加速退化试验中获得的性能退化数据，提出了基于贝叶斯理论的参数估计方法。Jin 等[21]针对蓄电池的加速退化试验数据，结合贝叶斯理论建立了一个集离线总体加速退化建模、在线个体加速退化建模和剩余寿命预测于一体的随机效应维纳过程模型。Guan 等[22]提出一种在恒定应力加速退化试验下基于贝叶斯理论采用多种无信息先验分布进行参数估计的随机效应维纳过程模型。Pan 和 Balakrishnan[23]建立了基于维纳过程和伽马过程的加速性能退化模型，并应用贝叶斯理论对模型参数进行估计。Peng 等基于逆高斯过程模型，在贝叶斯理论的框架下，提出了一种性能退化分析和参数估计方法[24]，他们还提出了基于贝叶斯理论的，分别考虑恒定退化速率、单调退化速率以及 S 形退化速率的随机效应逆高斯过程模型[25]。这方面的研究还有很多，本书不再一一列举。

贝叶斯理论虽然在理念上不同于经典概率，但是其数学运算仍在柯尔莫哥洛夫构建的概率论框架下。因此有人认为贝叶斯并不是真正处理认知不确定性的方法。于是由美国数学家、计算机科学家 Lotfi A. Zadeh 在 1965 年提出用于量化认知不确定性的模糊理论，被引入来描述 η 在 $[\underline{\eta},\overline{\eta}]$ 的取值规律。模糊理论中的模糊集采用隶属函数来描述具有认知不确定性的变量在取值区间内的取值规律，这种变量在模糊数学中也称为模糊变量[26]。Zadeh 还在模糊理论的框架下提出了度量模糊变量的数学测度，称之为可能性测度[27]。模糊-概率模型就是结合模糊理论和概率理论来研究随机和认知不确定性共存的情况，通过在不同隶属度上定义参数边界并构造参数在边界范围内的概率分布或通过概率测度和可能性测度来分别度量随机和认知不确定性。Gonzalez 等[28]采用非线性的模糊回归模型来建立加速退化模型,其中考虑参数的不确定性来选取参数的置信区间从而构建模糊隶属度函数。Gonzalez-Gonzalez 等[29]还提出了一种非线性回归模型对含有认知不确定性的性能退化过程进行建模,该模型采用回归校正的方法对预测误差进行处理,并选择梯形隶属函数来量化认知不确定性。Liu 等[30]针对旋转机械在加速退化试验中获得的振动信号以及在振动信号特征提取过程中存在的认知不确定性,提出了一种加速应力水平下的综合高斯混合模型和模糊回归模型的加速退化模型。这方面的研究不如贝叶斯理论丰富,但感兴趣的读者可以自行查阅相关文献,继续深入了解。

除了模糊理论,还有一种脱离概率论框架描述认知不确定性的理论,即区间分析理论。它是美国数学家 Moore 在 1966 年提出的,其思想是采用区间变量来代替点变量,并通过区间数学的方法得到模型输出的最大值和最小值[31]。基于区间分析理论和概率论建立区间-概率模型,采用随机变量量化随机不确定性并采用区间变量来量化认知不确定性,其输出为概率分布的区间,即概率盒[32]。Ferson 等[33]对区间型性能退化数据进行了详细的介绍,并给出了异常值检测和退化路径模型。Jiang 等[34]针对结构裂纹扩展过程,引入区间分析解决由于样品数量有限带来的认知不确定性问题,提出了基于传统一阶可靠性分析方法的综合考虑随机及认知不确定性的混合可靠性分析模型。刘乐等[35]针对含有认知不确定性的加速退化试验数据,基于区间分析理论和维纳过程建立了加速退化模型。和模糊数学相比,区间分析理论其实并不是一个真正的数学分支,很多时候它也只是被称为区间算法。并且,很多人认为区间分析中的“区间”概念,实际上类似于贝叶斯理论中均匀先验分布,并且由于算法存在急剧的区间扩张问题,因此研究并不多见。

所有上述非精确概率建模方法的基本思想和研究现状,读者们可以参考北京航空航天大学康锐教授的著作《确信可靠性理论与方法》[5-6]。

1.3.3 加速退化试验中不确定性的“静”与“动”

前面我们说过,可靠性领域中人们理所当然地使用概率度量不确定性,并且不确定性从变化特征上,可以分为静态不确定性和动态不确定性。当我们回顾 1.2 节提到的不确定性来源一、二和三时,很容易知道来源一中的性能退化轨迹的“粗糙度”随着时间变化,因此具有动态特性;来源二中的性能退化轨迹的“互异性”来自生产制造,一般说来则具有静态特性;来源三中的性能退化规律的“代表性”会随着试验时间的加长、测量到的性能退化数据的增多而提高,从而可以降低(加速)性能退化模型的不确定性,因此这类不确定性也具有随时间变化的动态特性。

对于静态不确定性,可直接采用概率分布来描述,比如文献[36-39]都采用概率分布来量化来源二的不确定性。对于动态不确定性,应该采用随机过程来描述,1.1 节介绍的加速退化试验建模的历史发展对此也是印证。具体来说,如何用随机过程量化来源一和来源三的不确定性呢?实际上,来源一和来源三的不确定性都是针对性能退化数据的,只是前者关注每个性能退化数据本身,而后者关注给定产品的性能在时间轴上所有观测到的退化数据所展现的动态变化规律。这两者虽本质不同,却彼此息息相关,并且无法割裂开来单独量化,因此人们通常用一个随机过程来综合表征来源一和来源三体现的动态不确定性,这也是 1.1 节介绍的基于维纳过程、伽马过程和逆高斯过程的加速退化模型对动态不确定性处理的本质。

1.4 不确定性的控制手段

1.4.1 控制哪些不确定性?

现实中很难满足数据“足够多”的要求,但是数据越“多”是否意味着一定能够支持我们认知更准确?为了回答上面的问题,我们来看下面的例子。

图 1.3 基于观测数据对线性规律的辨识中,通过左上和右上两图的对比可知,尽管数据量很少,但是通过合理的规划,少量数据依然能够支持对退化规律正确的认知。然而图 1.3 基于观测数据对非线性规律的辨识中,尽管数据量增加了,但是通过左下和右下两图的对比可知,数据观测时间的安排不合理,却会导致对退化规律认知不正确。这是因为,对于线性规律我们知道“两点成一直线”,因此最少 2 个观测数据就能满足线性规律的辨识,并且只要数据覆盖的变化区域够宽,则 2 个数据足矣(图 1.3 右上图)。对于非线性性能退化规律,显然 2 个数据无论如何不能支持我们认知到正确的变化规律。但即使我们能够获得一定量的数据,可这些数据是在时间维度平均分配测量得到,那么对趋势变化的拐点就“抓得”不准,甚至抓不到,就会导致退化规律认知错误(图 1.3 左下图中黑色虚线)。反之,如果是有针对性地在趋势变化的拐点处密集安排测量,那么同样数据量下,则能够大大提高对性能退化趋势的把握和认知,从而降低规律认知的不确定性(图 1.3(b)中右图)。

为什么有这样的结果?究其原因,主要在于数据量“多”并不意味着数据价值“大”、携带的信息“多”!既然实际中不能保证数据足够多,而人们仍然希望

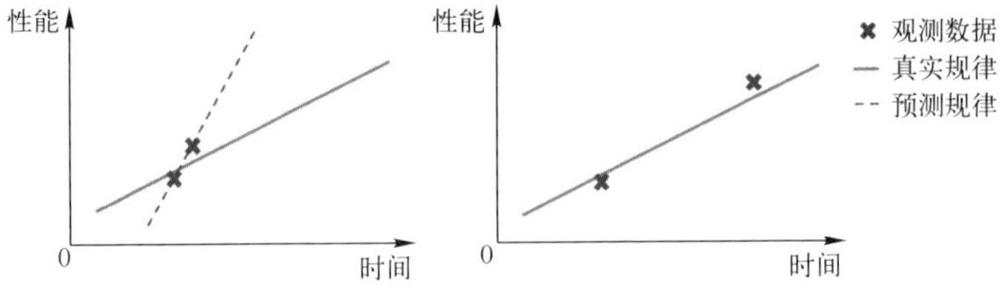

(a) 线性规律

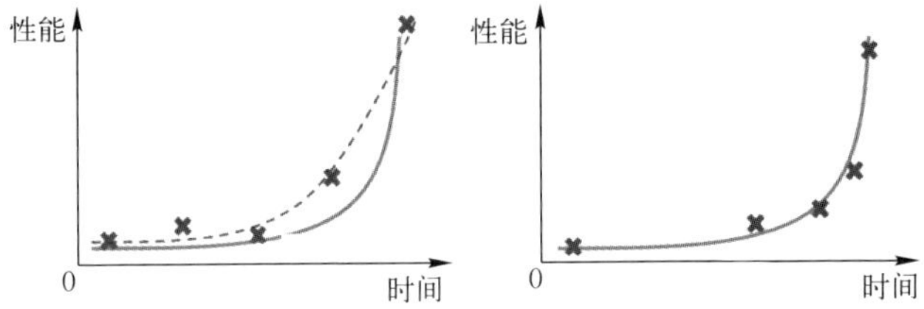

(b) 非线性规律

图 1.3　数据量与数据价值

对客观事实认知更加准确，那么我们在数据量有限的情况下，则可以在制订试验方案时，通过设计来合理安排观测以提高数据的价值，丰富数据的信息，从而降低规律认知的不确定性。**而这就是加速退化试验中的不确定性控制，**通过加速退化试验设计来实现。

接下来的问题是，为什么数据量多并不意味着数据价值大？继续回看图 1.3 的示例可知，对于线性规律，导致图 1.3(a) 中左图所示的认知不准确的主要原因有两方面：①受到来源一和来源二的不确定性的影响，性能数据展现出分散性；②由于时间短，产生了来源三的不确定性。对于非线性规律，导致图 1.3(b) 中左图所示的认知不准确的主要原因也有两方面：①由于来源一和来源二的不确定性带来的数据分散性；②因为人们事先对非线性规律把握得不准。如果事先对非线性规律了解准确，显然人们就能在趋势变化的拐点处安排密集的观测，从而准确“抓”住非线性变化规律。

根据以上分析可知，进行加速退化试验设计时，我们应该对来源一、二、三的不确定性进行控制。

- 来源一的不确定性包括性能观测时的测量不确定性以及产品自身状态随时间的随机变化。显然，产品自身的随机变化是不受控的，而测量不确定性是可以通过试验过程中，选择高精度测试设备来实现受控的。

- 来源二的不确定性是产品的生产制造过程所带来的，我们可以通过选择不同的生产加工工艺来控制制造误差、装配误差从而降低这类不确定性，但是当对具体产品实施加速退化试验时，试验活动本身不能控制这类不确定性。

• 来源三的模型认知不确定性却让人们陷入了一个"矛盾"中:首先,人们是希望通过加速退化试验认知产品性能退化规律,但是为了准确认知这个退化规律,由图1.3所示的例子可知,在试验观测有限的情况下,人们却需要根据这个规律来合理安排性能的观测。回顾1.1节的历史观可知,物理视角下的加速退化试验建模是化解这个矛盾的重要手段。即先基于产品功能原理和退化原理,建立确定性的性能退化模型,然后通过加速退化试验改进、完善和验证,从而逐步降低模型认知不确定性。

1.4.2 不确定性怎么控制?

在加速退化试验方案设计研究的初期,人们并没有深刻意识到加速退化试验中的各类不确定性来源。只是笼统地认为性能退化的不一致性带来了产品功能失效的不一致性,而加速退化试验发展的初衷是为了快速准确地评估产品可靠性,因此试验设计的目的就是为了得到更加准确的可靠性评估结果。这也成为了各类加速退化试验方案设计的目标。

比如早在1994年,Boulanger和Escobar[40]两位学者就以可靠寿命的估计方差最小为设计目标,研究了加速退化试验的优化设计方法。Yu等[41-43]针对退化率服从倒数威布尔分布和对数正态分布的产品,以试验费用为约束,研究了以正常使用条件下分位寿命评估均方误差最小为目标的优化设计方法。此外,大多数加速退化试验设计的研究,基本都围绕正常使用条件下分位寿命评估渐近误差最小来开展研究,比如文献[19,44-48]等。这些方法都直接假设了产品的加速性能退化模型,包括模型结构和模型参数的具体取值,并未考虑模型假设存在的不确定性对试验设计带来的"矛盾"。但凡模型假设偏差较大,那么所谓的"优化"方案可能是"劣化"方案,优化设计不再是"优化"设计。

如前所述,预先构建"靠谱"的加速退化模型是化解这个矛盾的唯一办法。而预先建模有两个手段:①前述的物理视角建模;②通过历史信息和专家经验建模。然而,可靠性发展到了21世纪10年代,"数理统计"依然是笼罩在可靠性领域的一朵远看五彩斑斓、近看迷雾茫茫的云,因此人们依旧选择基于历史信息和专家经验,通过概率统计建模来预先构建"靠谱"的加速退化模型。类似于1.3节介绍的非精确概率模型,人们开始告别传统加速退化试验优化设计方法,转而广泛研究基于贝叶斯推断的加速退化试验优化设计。

贝叶斯试验设计是以不确定条件下的最优决策理论为基础,是一种决策论,是统计理论一个重要分支,其目的是最大化试验的期望效用。常见的期望效用,即试验设计的优化目标包括相对熵、二次损失函数和贝叶斯字母优化。相对熵(relative entropy)[49]在贝叶斯设计理论中,表示通过试验获得的信息增益。因此,研究人员常以相对熵最大为试验优化目标,旨在基于试验获得最大的信息量。Terejanu 等[50]针对石墨氮化速率测定试验采用最大期望信息增益作为优化目标,开展了贝叶斯试验设计。Li 等[51]提出了一种贝叶斯步进应力加速退化试验设计方法,以相对熵为优化目标,假设退化模型遵循漂移布朗运动,加速模型遵循 Arrhenius 方程,采用马尔可夫链蒙特卡罗算法和曲面拟合法求解最优问题。二次损失在贝叶斯优化设计理论中是指可靠性或者可靠寿命指标的预后验渐近方差,是常用的贝叶斯效用函数[52]。二次损失函数的优化设计在于选择能使可靠性或者寿命指标评估最准确的试验方案。Peng 等[53]以最小化可靠度预后验方差期望(即二次损失)作为优化目标开展了退化试验的贝叶斯优化设计,采用曲面拟合的方法进行最优方案求解。Liu 和 Tang[54]对产品建立了幂律统计退化模型,将最小化使用条件下的寿命指标的预后验方差期望作为优化目标,利用蒙特卡罗仿真方法进行求解,采用曲面拟合的方法获得最优试验方案,通过与传统的优化设计方法进行对比,得出贝叶斯试验设计方法能够提高试验方案的健壮性的结论。贝叶斯字母优化是一种基于信息的优化方法,关注模型未知参数的评估精度,以模型参数估计误差最小为目标[55-56],常见的优化目标主要包括 D 优化[57-60]和 A 优化[57]。Zhao 等[57]采用维纳过程对产品退化过程进行建模,推导了 D 优化和 A 优化等优化准则下的渐近贝叶斯效用函数,同时优化了步进应力加速退化试验的应力水平和每个应力水平下的性能检测次数。Omshi 和 Shemehsavar[60]基于退化路径为逆高斯过程的恒定应力加速退化试验,采用 D 优化准则,证明了多重应力水平下的最优方案为仅使用模型假设下的最小和最大应力水平的双应力水平测试方案,得到了各应力水平的最优样本分配比例。在加速退化试验设计方面,加速退化试验的开创者 Wayne Nelson 做过两次非常全面的综述,感兴趣的读者可以参见文献[61-63]。

回顾来看,传统加速退化试验设计在认可所有模型假设基础上,以可靠寿命估计精准度为目标开展设计。其认可的所有模型假设包括确定性的加速性能退化模型及其不确定性量化模型(即概率分布形式及其分布参数),由于试验方案是基于默认正确的模型优化得到的,本质上来说,其中不存在对任何不确定性来源的控制。在贝叶斯加速退化试验中,人们意识到了模型的不确定性,因此针对加速性能退化模型及其不确定性量化模型的模型参数,将其假设为随机变量并引入先验概率分布对其不确定性进行量化,并通过试验设计更新模型参数的概率分布,提升了人们对加速性能退化模型及其不确定性量化模型的认知,从而降低了不确定性,真正实现了不确定性的控制。进一步分析,由于试验使用的测试仪器的测量误差直接体现产品性能退化轨迹的“粗糙度”,因此可以在预先的加速退化建模过程中被量化考虑,从而可以通过以指标评估精度最高为目标的贝叶斯试验设计针对测量精度,指导我们选择加速退化试验中的测试仪器,从而实现对来源一的测量不确定性的控制。

1.4.3　控制本身会带来不确定性吗?

实际上,加速退化试验中需要控制的不确定性不仅有上述的来源一和来源三。通过前述试验设计的研究现状可知,人们有多种方式刻画设计的目标。从可靠性评估结果的精准度来看,无论传统概率设计还是贝叶斯设计都有 D 优化、A 优化和渐近方差等;从试验获取信息的角度来看,贝叶斯优化中有相对熵。比如 D 优化代表 Fisher 信息矩阵的行列式值,行列式值越大则加速退化模型参数的估计精度越高;可靠寿命的渐近方差为优化目标时,则渐近方差越小代表基于加速退化模型计算得到的可靠寿命估计精度越高;而以贝叶斯优化中的相对熵为优化目标时,相对熵越大代表试验提供的信息量越大。显然,这些目标从不同的方面描述了试验的“优良性”,到底哪个作为我们控制加速退化试验不确定性的目标呢? 人们在做此抉择时,就会带来相应的认知不确定性。而这是我们在做加速退化试验不确定性控制时,需要特殊考虑控制的不确定性来源。

1.5　加速退化试验与可靠性科学原理

说到这里,我们似乎需要呼应一下这个超长绪论的开篇之语“可靠性学科的发展历史中,加速退化试验绝不仅仅只是一种新的可靠性试验技术,它的出现甚至可以认为是可靠性学科新发展的历史转折点。”

在 1.1 节的历史观中,我们知道加速退化试验来源于人们在可靠性工程实践中,期望在保证获得高精度的可靠性与寿命评估结果的同时,进一步缩短试验时间、节省试验成本。这个需求非常的“工程”,也很“势利”甚至“贪婪”。然而在“可靠性即概率统计”的思维模式下,这个问题几乎不可能被解决。因为,在不确定性的影响下我们要了解事物,自然需要不断地反复尝试,以此获取更多描述事物的信息。此处最为贴切的例子就是盲人摸象,盲人起初对大象的形象和体态完全未知,如果要清晰地描述大象,显然需要反复细致地触摸大象的所有部位,盲人才能清晰地勾勒出大象的外形。否则一定会出现,摸到大象的腿即认为大象形如一棵粗壮的树,摸到大象的身体则认为大象形如一堵墙,摸到大象的鼻子则认为大象形如一根管子等。此时,如果想降低盲人摸象的工作量,又想让他们对大象形象和体态的认识更加清晰、准确且全面,唯一行之有效的办法就是事先告诉他们大象的大概轮廓和突出特点,即大象有四条粗壮的腿、身形很大、两只扇子似的大耳朵、一条长长的鼻子和两颗光滑且长的牙齿伸出嘴巴等。有了这些轮廓描述,盲人们再通过触摸,就能知道大象的腿究竟有多粗、身体有多大、鼻子有多长等。同样道理,解决可靠性领域中快速高精度的可靠性与寿命评估问题,也只有在知道产品失效规律的“大概轮廓和突出特点”的基础上才能实现。而产品失效规律的“大概轮廓和突出特点”就是产品的性能退化规律。于是人们从失效的现象走进了退化的本质,并开始利用这个规律来评估产品可靠性与寿命。这是加速退化试验推动可靠性学科新发展的第一步也是最重要的一步。

尽管产品的性能退化规律能够在较大限度内帮助人们实现快速高精度的可靠性与寿命评估,然而人们意识到加速退化试验毕竟没有做到产品真正的失效,即并不知道性能退化在什么条件、什么时间下以什么退化规律穿越性能阈值的,这便带来了新的不确定性。而这也引起了可靠性人们对不确定性来源的关注,人们也才意识到影响产品可靠性的不确定性是多种不同来源贡献的,并且这些不确定性除了来源不同,还有类型之分和变化特征之分。有了这些新的发现和对不确定性更加深刻的认识,加速退化试验中发展了各种不确定性量化方法。这是加速退化试验推动可靠性学科新发展的第二步。

对不确定性的各种精细化处理,确实让人们对不确定性的本质有了更加深刻的认识和理解,然而在实际工程中,却是“成也萧何,败也萧何”。因为不确定性的“不确定”,各种量化方法和模型并不能被实证,这就给科学计算带来了可以玩“数学游戏”的机会。不确定性模型中的参数稍加修改,由于不能被实证为错误,因此依然可用,然而结果却是可靠度被快速“提升了”。产品设计师们遂不再相信“可靠度”,他们只想问一个最朴素的问题:我设计的产品究竟能活多久?这个问题让产品可靠度变成了一个其实不那么重要的数值了,而背后那个操控着产品“生死”的规律显得无与伦比地重要了。于是人们开始重新认识性能退化规律的重要性,并且逐步转变观念认为:加速退化试验最重要的目的不是评估可靠度,而是认知产品的性能退化规律。这样,可靠性从简单武断的可靠性评估走向了严谨缜密的事物退化规律的发现。这是加速退化试验推动可靠性学科新发展的第三步。

“三步走”之后,可靠性学科迎来了新的发展里程碑:2018 年,北京航空航天大学康锐教授从哲学层面提出并证明了可靠性科学原理及其哲学合法性[64],这标志着可靠性学科从工程走向了科学。可靠性科学原理具体表述为[5-6]

原理一 退化永恒原理:产品的性能随着时间进行不可逆的退化。其相应的可靠性理论话语为退化方程:

$$\boldsymbol{Y}=F(\boldsymbol{X},\boldsymbol{S},\vec{t}) \tag{1.1}$$

式中：$\boldsymbol{Y}$为性能向量；$\boldsymbol{X}$为产品的内在属性向量（包括尺寸、材料等）；$\boldsymbol{S}$为产品的外界应力向量（如工作应力、环境应力等）；$\vec{t}$为退化时矢，$\vec{t}$上的箭头表示退化时间具有方向性，因此性能退化是一个不可逆的过程；$F(\cdot)$为某种函数。

原理二 裕量可靠原理：产品的性能裕量决定着产品是否可靠。其相应的可靠性理论话语为裕量方程：

$$\boldsymbol{M}=G(\boldsymbol{Y},\boldsymbol{Y}_{\mathrm{th}})>0 \tag{1.2}$$

式中：$\boldsymbol{M}$为产品的性能裕量向量；$G(\cdot)$为某种距离函数；$\boldsymbol{Y}_{\mathrm{th}}$为性能阈值向量。当$\boldsymbol{M}>0$时产品是可靠的。

原理三 不确定原理：产品的性能裕量和退化过程是不确定的。其相应的可靠性理论话语为度量方程：

$$R=Y(\widetilde{\boldsymbol{M}}>0) \tag{1.3}$$

式中：R为产品的可靠度；Y为某种数学测度；$\widetilde{\boldsymbol{M}}$为考虑了产品裕量方程和退化方程中不确定性的性能裕量向量，并且不确定性来源于产品的内在属性、外界应力和性能阈值，同时分为随机不确定性和认知不确定性。

对照上述三个原理来看加速退化试验，可知：

(1) 退化原理表明，产品的性能是内在属性、外界条件以及退化时间的函数。要对产品可靠性有全面的认知，则需要在产品可行的内在属性、外界条件以及退化时间的变化范围内，认识到式(1.1)所示的规律。而加速退化试验只针对具体产品开展，并且基于工程应用的“势利”需求，试验主要在能够加速产品性能退化过程的严酷应力范围内进行，同时试验并不做到性能穿越阈值的时间。因此严格来说，基于加速退化试验认知的规律是给定产品内在属性条件下给定时间内的加速性能退化规律。

(2) 由于加速退化试验并没有探寻产品功能失效的边界，即性能阈值，因此根据裕量可靠原理可知，加速退化试验不能给出可信的可靠度评估。读者可能会问：性能阈值需要探寻吗，不是给定的吗？确实，工程中有的情况下产品的性能阈值（或故障判据）是给定的，比如：电机的输出功率、扭矩；信号传输设备的信噪比；桥梁的承重等。这些都是对具体产品设计提出的功能要求。然而还有更多的情况下，我们对产品的失效边界并不清晰。比如，5号电池可用于电动牙刷，也可用于遥控器，这些不同的应用场景对5号电池的功能要求显然不同。生产5号电池的企业只能回答5号电池的加速性能退化规律，却无法给出其具体的可靠度。

(3) 不确定原理表明，产品的不确定性有不同来源之分、类型之分和变化特征之分，加速退化试验对不确定性的处理目前与该原理是相符的。

因此从可靠性科学的角度看待加速退化试验,它是一种有科学原理作为理论支撑,解决工程问题的试验技术。而相比之下,1957 年由 AGREE 提出的可靠性试验以及 1961 年由贝尔实验室工程师提出的加速寿命试验,仅是采用了概率统计分析工具,而缺乏科学原理支撑的工程尝试性活动而已。

1.6 本书的基本结构及内容

本书将站在可靠性科学原理的高度,以认知加速性能退化规律为目标,围绕加速退化试验中的各种不确定性,从不确定性的量化和控制两方面,系统性介绍加速性能退化建模和试验设计的方法。其中,第 2 章介绍基于可靠性科学原理的加速退化试验建模研究的方法论,针对不同的科学问题,形成了后续章节,第 3 章~第 7 章介绍加速退化试验的不确定性量化方法,第 8 章~第 10 章介绍加速退化试验的不确定性控制方法,第 11 章~第 12 章是对现有研究的回顾和对未来发展的展望。基本内容及结构如图 1.4 所示,具体如下:

第 2 章　加速退化试验建模研究的方法论。基于可靠性科学原理给出了加速退化试验中的退化方程、裕量方程和度量方程,详细阐述了加速退化试验中的确定性和不确定性,进一步提出了加速退化试验的核心方程。

第 3 章　加速性能退化中的动态随机不确定性量化。针对产品性能退化过程中表现出的动态随机性特征,主要介绍在加速退化建模领域中常用的 3 种随机过程模型:维纳过程、伽马过程和逆高斯过程。

第 4 章　双维度随机不确定性的量化。在性能退化过程的动态随机性的基础上,进一步考虑在实际的产品生产和制造过程中不可避免的样本差异性,在第 3 章的基础上,提出一种基于维纳过程的二维随机加速退化建模和统计分析方法,用以描述样本差异性和退化过程的动态随机性。

第 5 章　双维度混合不确定性的量化。针对实际的加速退化试验中,经常会出现的样品数量十分有限导致的小样本认知不确定性问题,在第 4 章的基础上,提出了二维随机模糊加速退化建模和统计分析方法,以处理性能退化的动态随机性、样本差异性以及小样本带来的认知不确定性同时存在的情况。

第 6 章　三维度随机不确定性的量化。考虑外界应力对产品性能退化具有不确定性的影响,而且应力维度的不确定性具有随应力变化的动态随机性的特征,在第 4 章的基础上,提出了三维随机加速退化建模和统计分析方法,用以描述时间维度、样品维度和应力维度三维度的随机不确定性。

第 7 章　加速退化模型的不确定性量化。针对加速退化建模中的模型不确定性问题,引入贝叶斯模型平均方法,针对维纳过程、伽马过程和逆高斯过程

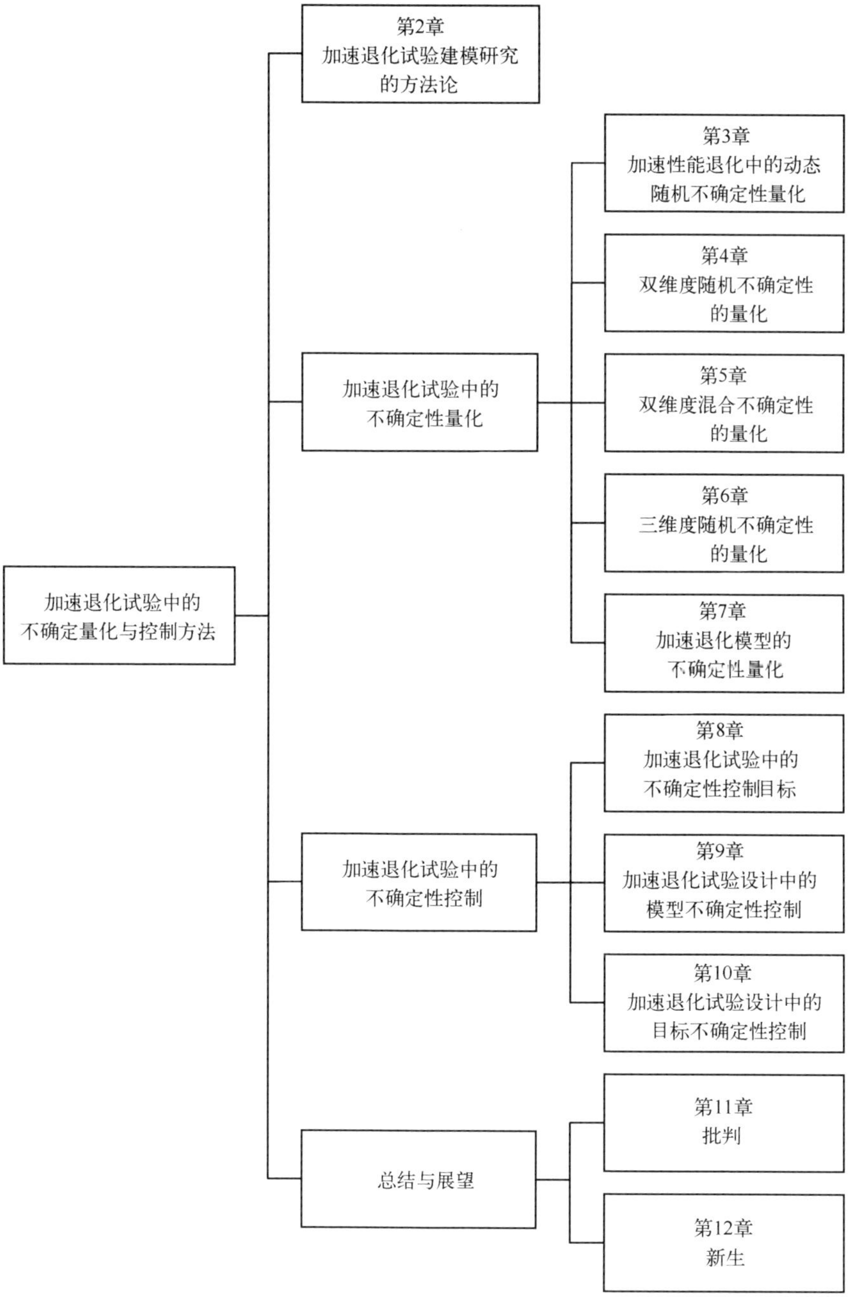

图 1.4　本书的基本内容及结构

这 3 种最常用的随机过程模型，研究加速退化模型的不确定性量化问题，通过贝叶斯模型平均方法对这3个随机过程模型进行融合,开展可靠性评估。

第8章　加速退化试验中的不确定性控制目标。从贝叶斯优化设计的角度出发,阐述加速退化试验中对不确定性的控制方法,介绍贝叶斯加速退化试验优化设计理论,以及基于相对熵、二次损失和D优化的3种常用贝叶斯优化准则。

第9章　加速退化试验设计中的模型不确定性控制。针对静态加速退化试验设计方法得到的最优方案可能会导致试验资源消耗过大或采集的加速退化试验数据不足等问题,提出序贯步降加速退化试验框架以及贝叶斯优化设计方法,基于试验信息对后续试验方案进行动态调整,降低模型中存在的不确定性对试验设计的影响,从而高效地利用试验资源,提供更准确的可靠性和寿命评估结果。

第10章　加速退化试验设计中的目标不确定性控制。针对加速退化试验优化设计中优化目标选择中的不确定性问题,基于贝叶斯理论,以相对熵、二次损失函数和试验成本为试验优化目标提出多目标加速退化试验方案优化设计,并提出多目标优化算法(贪婪NSGA-Ⅱ+数据包络分析),实现了对优化目标不确定性的控制,获得加速退化试验的最优方案。

第11章　批判。针对当前加速退化试验的研究现状以及传统可靠性统计试验,从可靠性科学原理、概率理论、统计抽样理论等方面进行深入分析,指出存在的问题。

第12章　新生。探讨并拓展了可靠性科学原理的量化方程,从科学的角度提出了可靠性实验,细致分析了可靠性实验与现有工程试验的区别和联系,展望了可靠性实验的未来研究以及可能的工程转化。

第 2 章

加速退化试验建模研究的方法论

加速退化试验(ADT)采用严酷于产品正常使用的应力条件,在保持失效机理不变的情况下,加速产品性能随时间和应力的退化过程,并基于搜集到的产品加速退化数据,通过统计推断和外推,实现对产品可靠性与寿命的评价。

本章将从可靠性科学原理出发,分析加速退化试验中确定性的退化规律,以及试验中存在的不确定性,给出加速退化试验建模研究的方法论。

2.1 加速退化试验中的退化方程、裕量方程和度量方程

基于可靠性科学原理,结合加速退化试验的特点,首先给出加速退化试验中的退化方程、裕量方程和度量方程的一般表达式。

1. 退化方程

一般来说,产品某性能参数的退化是由性能初值和性能退化量两部分来表示的。性能初值描述了产品的“出生状态”,是指每个产品初始时刻的性能值;性能退化量描述了产品在试验或使用过程中的“累积损伤”,因此产品性能的退化方程的一般表达式为

$$Y(\boldsymbol{S},\vec{t}\mid \boldsymbol{X})=Y_0+I_Y\times F_{\mathrm{D}}(\boldsymbol{S},\vec{t}\mid \boldsymbol{X}) \tag{2.1}$$

式中:Y 为产品的性能退化过程;$\boldsymbol{S}$ 为外界应力向量,影响产品性能退化过程的外界应力包括工作应力和环境应力,为简化叙述,本书的后续部分简称之为应力;$\vec{t}$ 为退化时矢,表明退化具有方向性,且退化是不可逆的,在不产生歧义时,可以将箭头省略,本书的后续部分即省略该箭头;$\boldsymbol{X}$ 为内在属性向量,针对设计方案确定的产品而言是已知的;Y_0 为性能初值;$F_{\mathrm{D}}(\cdot)$ 为产品的性能退化量函数,表征性能累积损伤规律,因此 $F_{\mathrm{D}}(\cdot)$ 是一个恒正的递增过程。虽然损伤在时间维度的累积是一个递增过程,但其在产品性能层面的表征可能是性能随时间呈现递增(如电连接器应力松弛)或递减(如锂离子电池容量降低)的特性,

因此我们在式(2.1)中引入示性函数 I_Y,其取值与性能随时间递增或递减有关,如下式所示:

$$\begin{cases} I_Y=1 & \text{(若产品性能随时间递增)} \\ I_Y=-1 & \text{(若产品性能随时间递减)} \end{cases} \tag{2.2}$$

2. 裕量方程

产品的性能裕量代表性能当前状态与性能阈值之间的某种距离。根据性能的退化随时间的递增或递减关系,裕量方程为

$$\begin{cases} M(\boldsymbol{S},t\mid\boldsymbol{X})=Y_{\mathrm{th}}-Y(\boldsymbol{S},t\mid\boldsymbol{X}) & \text{(若产品性能随时间递增)} \\ M(\boldsymbol{S},t\mid\boldsymbol{X})=Y(\boldsymbol{S},t\mid\boldsymbol{X})-Y_{\mathrm{th}} & \text{(若产品性能随时间递减)} \end{cases} \tag{2.3}$$

式中:M 为产品的性能裕量;Y_{th}为产品的性能阈值;Y 与式(2.1)相同。式(2.3)同样可以写成:

$$M(\boldsymbol{S},t\mid\boldsymbol{X})=I_Y\times[Y_{\mathrm{th}}-Y(\boldsymbol{S},t\mid\boldsymbol{X})] \tag{2.4}$$

性能裕量大于 0 表征产品的性能参数未超出其性能阈值,产品能够正常工作,即产品可靠;性能裕量小于 0 表征产品失效;性能裕量等于 0 表征产品处于不稳定的临界状态。

3. 度量方程

根据可靠性科学原理[5-6],可靠度描述的是产品的性能裕量大于 0 的可能性,因此本书中产品可靠度度量方程的一般表达式为

$$R(\boldsymbol{S},t\mid\boldsymbol{X})=\Upsilon\{\widetilde{M}(\boldsymbol{S},t\mid\boldsymbol{X})>0\} \tag{2.5}$$

式中:R 为产品的可靠度;Υ 为某种数学测度,根据加速退化试验中存在的不确定性的类型,可能是概率测度或机会测度等;$\widetilde{M}$为考虑了不确定性的性能裕量。

2.2 加速退化试验中的确定性

产品性能退化的过程,从本质上来说就是产品中与性能相关的某种物质/能量变化的过程。在统计物理中,这样的物质/能量变化过程称为输运过程,如动量的输运过程、热量的输运过程、粒子的输运过程和电荷量的输运过程等,而且这一物质/能量的变化量可以表述为单位时间内的变化量(即变化速率)乘以时间的单增函数,其中变化速率会受到应力的影响[65-66]。

据此,可以将退化方程(2.1)中表示产品性能累积损伤规律的 $F(\boldsymbol{S},t\mid\boldsymbol{X})$ 解耦为受内在属性和应力影响的性能退化速率函数 $e(\boldsymbol{S}\mid\boldsymbol{X}_1)$ 和受内在属性影响的单调递增时间尺度函数 $\Lambda(t\mid\boldsymbol{X}_2)$,即

$$\begin{aligned} Y(\boldsymbol{S},t\mid\boldsymbol{X}) &= Y_0+I_Y\times F(\boldsymbol{S},t\mid\boldsymbol{X}) \\ &= Y_0+I_Y\times[e(\boldsymbol{S}\mid\boldsymbol{X}_1)\times\Lambda(t\mid\boldsymbol{X}_2)] \end{aligned} \tag{2.6}$$

式中：$\boldsymbol{X}_1$ 为影响性能退化速率的产品内在属性的向量；$\boldsymbol{X}_2$ 为影响时间尺度函数的产品内在属性的向量，且 $(\boldsymbol{X}_1,\boldsymbol{X}_2)=\boldsymbol{X}$。对于表征时间单调递增函数的 $\Lambda(t\mid\boldsymbol{X}_2)$，在实际中通常采用幂律的形式[67-70]，即 $\Lambda(t\mid\boldsymbol{X}_2)=t^{\beta}$，$\beta>0$；当 $\beta=1$ 时，表示线性退化过程，否则表示非线性退化过程。易知，$\boldsymbol{X}_2$ 中仅包含 β，为简单起见，后文将时间尺度函数简写为 $\Lambda(t\mid\beta)$。对于性能退化速率函数 $e(\boldsymbol{S}\mid\boldsymbol{X}_1)$，根据 2.1 节的分析可知，由于 $F(\boldsymbol{S},t\mid\boldsymbol{X})$ 描述的性能累积损伤是一个恒正的递增过程，因此 $e(\boldsymbol{S}\mid\boldsymbol{X}_1)$ 的取值总是大于零，并且由于在实际的工程应用中，当应力水平升高时，产品的性能退化速率增大，即加速了产品的性能退化过程，因而又常被称为加速模型。

上述确定性的物质/能量变化过程在宏观上表现为产品某性能参数的退化现象，例如受到温度应力影响的化学反应速率和材料老化过程、受循环载荷影响的疲劳裂纹扩展，以及受机械应力影响的磨损过程等。很多学者为了描述宏观条件下不同的性能退化现象中的确定性规律，对其中的性能退化速率函数 $e(\boldsymbol{S}\mid\boldsymbol{X}_1)$ 开展研究，给出了不同情况下的具体表达形式，这些具体的表达形式都可以转化为式(2.6)的形式。

2.2.1　基于反应速率的退化过程

温度应力是影响产品性能退化过程的常见应力，在研究温度应力对性能退化过程的影响中，从反应速率角度提出的 Arrhenius 模型和 Eyring 模型是两种最常用的模型。

1. Arrhenius 模型

Arrhenius 在受温度影响的化学反应的研究中，总结出 Arrhenius 模型来描述化学反应速率与温度的关系，提出了 Arrhenius 模型[71]。Arrhenius 模型是一种经验模型，在碰撞理论中，通过指前因子 A_1 表示沿引发反应的方向粒子碰撞的频率，通过 $\exp\left(-\dfrac{E_{\mathrm{a}}}{k_{\mathrm{B}}T}\right)$ 表示达到激活能的粒子碰撞引发反应的概率。

如果产品性能退化的机理与化学过程有关，例如化学反应、扩散和材料老化等，性能退化速率 $e(\boldsymbol{S}\mid\boldsymbol{X}_1)$ 与温度的关系就可以表征为相应的化学反应速率与温度的关系，并以 Arrhenius 模型来描述。例如，将 Arrhenius 模型用于 PMOS 负偏压温度不稳定(NBTI)的建模[72]，由于材料出现温度引起的形态变化以及电缺陷(例如陷阱)而造成电池退化的建模[73]，氧化效应下橡胶热老化的建模[74]，以及电连接器应力松弛的建模等[75]。

根据 Arrhenius 模型表示的性能退化速率 $e(\boldsymbol{S}\mid\boldsymbol{X}_1)$ 为

$$e(\boldsymbol{S}\mid\boldsymbol{X}_1)=A_1\exp\left(-\frac{E_{\mathrm{a}}}{k_{\mathrm{B}}T}\right)\tag{2.7}$$

式中：性能退化速率 $e(\boldsymbol{S}\mid\boldsymbol{X}_1)$ 中应力向量 $\boldsymbol{S}$ 只包含温度应力 T，即 $\boldsymbol{S}=(T)$，T 为

绝对温度(K);内在属性向量 $\boldsymbol{X}_1=(A_1,E_a)$,$A_1$为常数,$E_a$为激活能(eV);$k_B$为玻尔兹曼常数。

2. Eyring 模型

Eyring 在量子力学和统计力学的理论基础上,发展了过渡态理论来解释化学反应,并提出了 Eyring 模型用于描述化学反应速率与温度的关系[76]。同样,当某种化学过程引起性能退化失效时,性能退化速率 $e(\boldsymbol{S}\mid\boldsymbol{X}_1)$ 随温度的变化可以用 Eyring 模型来描述:

$$
\begin{aligned}
e(\boldsymbol{S}\mid\boldsymbol{X}_1) &= \frac{k_B T}{h}\exp\left(-\frac{\Delta G}{RT}\right) \\
&= \frac{k_B T}{h}\exp\left(\frac{\Delta S}{R}\right)\exp\left(-\frac{\Delta H}{RT}\right) \\
&= A_2 T\exp\left(-\frac{E_a}{k_B T}\right)
\end{aligned}
\tag{2.8}
$$

式中:性能退化速率 $e(\boldsymbol{S}\mid\boldsymbol{X}_1)$ 中应力向量 $\boldsymbol{S}$ 只包含温度应力 T,即 $\boldsymbol{S}=(T)$,T 为绝对温度(K);内在属性向量 $\boldsymbol{X}_1=(A_2,E_a)$,$A_2$为常数,$E_a$为激活能(eV);$h$ 为普朗克常数;R 为气体常数;ΔG 为吉布斯激活能;ΔH 为激活焓,ΔS 为激活熵,且 $\Delta G=\Delta H-T\Delta S$。

除了温度,性能退化过程还受到多种应力的影响,比如电应力、机械应力和湿度应力等,因此 Mcpherson 提出广义 Eyring 模型来描述包括温度在内的多种应力影响下的退化机理[77]。例如,广义 Eyring 模型用于描述温度和电应力影响下的介电击穿[78],温度和电流密度影响下的电迁移[79],温度和相对湿度影响下的环氧树脂封装失效[80],温度和拉伸应力影响下的固体断裂等[81]。广义 Eyring 模型描述的性能退化速率 $e(\boldsymbol{S}\mid\boldsymbol{X}_1)$ 表示为

$$
e(\boldsymbol{S}\mid\boldsymbol{X}_1)=A_3 T\exp\left[-\frac{E_a}{k_B T}+\sum_{i=1}\left(\frac{B_i}{k_B T}+C_i\right)S_i\right]
\tag{2.9}
$$

式中:性能退化速率 $e(\boldsymbol{S}\mid\boldsymbol{X}_1)$ 中应力向量 $\boldsymbol{S}$ 包含温度应力以及 n 种非温度应力,如相对湿度和拉伸应力等,即 $\boldsymbol{S}=(T,S_1,S_2,\cdots,S_n)$,$T$ 为绝对温度(K),S_i为第 i 种非温度应力的函数;内在属性向量 $\boldsymbol{X}_1=(A_3,E_a,B_1,\cdots,B_n,C_1,\cdots,C_n)$,$E_a$为激活能(eV),$A_3$、$B_i$和 C_i为常数。

2.2.2 疲劳裂纹扩展过程

当材料承受循环载荷时,会发生疲劳损伤累积或疲劳裂纹扩展过程。对于疲劳裂纹扩展过程的描述,目前常用的包括 Coffin-Manson 模型和 Paris 模型。

1. Coffin-Manson 模型

Coffin 和 Manson 在研究热应力下材料疲劳时,提出疲劳寿命和塑性应变幅

的关系式，即 Coffin-Manson 模型，并做了大量实验研究去验证这个关系式[82]。后来，Coffin-Manson 模型广泛用于描述低周疲劳引起的产品失效，适合塑性变形较大的疲劳问题，比如温度循环引起的焊点热疲劳问题等，其表达式为

$$N=\frac{C}{(\Delta\varepsilon_p)^\alpha} \tag{2.10}$$

式中：N 为疲劳寿命；$\Delta\varepsilon_p$ 为塑性应变幅；C 和 α 为常数。

对于疲劳，性能退化解释为裂纹的增长或损伤的累积。假设性能阈值是常数 D，则性能退化速率 $e(\boldsymbol{S}\mid\boldsymbol{X}_1)$ 表示为

$$\begin{aligned}e(\boldsymbol{S}\mid\boldsymbol{X}_1)&=\frac{D}{N}\\&=\frac{D}{C}(\Delta\varepsilon_p)^\alpha\\&=\frac{D}{C}\exp[\alpha\ln(\Delta\varepsilon_p)]\end{aligned} \tag{2.11}$$

式中：性能退化速率 $e(\boldsymbol{S}\mid\boldsymbol{X}_1)$ 中应力向量 $\boldsymbol{S}$ 只包含塑性应变幅 $\Delta\varepsilon_p$，即 $\boldsymbol{S}=(\Delta\varepsilon_p)$，内在属性向量 $\boldsymbol{X}_1=(C,\alpha)$。

2. Paris 模型

在疲劳裂纹扩展规律的研究中，Paris 等提出裂纹扩展速率与应力强度因子有关，并从实验数据中总结出裂纹扩展速率和应力强度因子范围的幂律关系模型，即 Paris 模型[83-84]。Paris 模型适用于描述裂纹稳定扩展区（区域 B）的规律，如图 2.1 所示，对于应力强度因子范围接近阈值 ΔK_{th}，或者应力强度因子接近断裂韧性 K_{Ic} 的区域不适用。

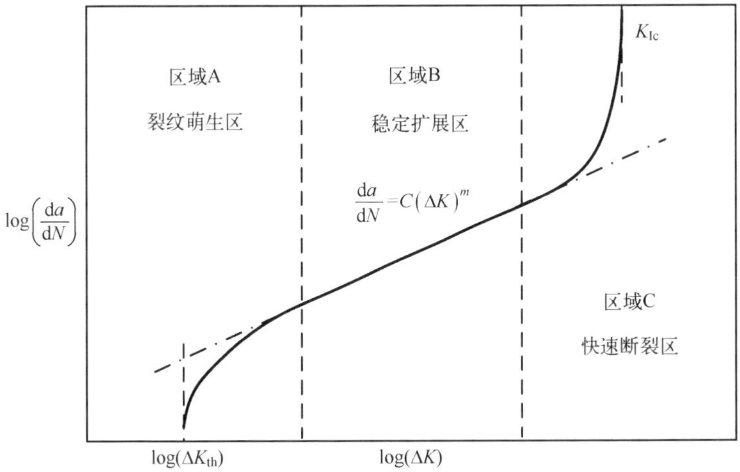

图 2.1 疲劳裂纹扩展过程

图 2.1 中横坐标和纵坐标采用的对数运算均为任意底，本书在涉及疲劳部分时，具体取为自然常数 e 为底，写作 $\ln(\Delta K)$。疲劳裂纹的扩展意味着材料性能的退化，性能退化速率 $e(\boldsymbol{S}\mid\boldsymbol{X}_1)$ 即裂纹扩展速率，其表达式为

$$
\begin{aligned}
e(\boldsymbol{S}\mid\boldsymbol{X}_1) &= \frac{\mathrm{d}a}{\mathrm{d}N} \\
&= C(\Delta K)^m \\
&= C\exp[m\ln(\Delta K)]
\end{aligned}
\tag{2.12}
$$

式中：性能退化速率 $e(\boldsymbol{S}\mid\boldsymbol{X}_1)$ 中应力向量 $\boldsymbol{S}$ 只包括应力强度因子范围 ΔK，其计算如式(2.13)所示，即 $S=(\Delta K)$；内在属性向量 $\boldsymbol{X}_1=(C,m)$，C 和 m 为与材料相关的系数；a 为裂纹长度；N 为载荷循环次数；$\mathrm{d}a/\mathrm{d}N$ 为裂纹扩展速率。

$$
\Delta K=\Delta\sigma\sqrt{\pi a}f\left(\frac{a}{W}\right) \tag{2.13}
$$

式中：$\Delta\sigma$ 为施加的机械应力幅，即为最大机械应力与最小机械应力之差；$f(a/W)$ 为与样件几何形状相关的函数；W 为样件宽度。

2.2.3 磨损过程

磨损是机械产品运动时普遍存在的现象。为了描述磨损过程的规律，Archard 通过构建接触表面上的微凸体接触力学模型，提出了 Archard 模型[85]，其表达式为

$$
V=k_1\frac{FL}{H} \tag{2.14}
$$

式中：V 为磨损体积；F 为法向载荷；L 为相对滑动距离；H 为材料硬度；k_1 为黏着磨损系数。

材料磨损量的增加对应着材料性能的退化，那么性能退化速率 $e(\boldsymbol{S}\mid\boldsymbol{X}_1)$ 就等于磨损率。设 $L=vt$，其中 v 为相对滑动速度，t 为时间，那么性能退化速率 $e(\boldsymbol{S}\mid\boldsymbol{X}_1)$ 的表达式为

$$
\begin{aligned}
e(\boldsymbol{S}\mid\boldsymbol{X}_1) &= k_1\frac{Fv}{H} \\
&= \frac{k_1}{H}\exp[\ln(F)+\ln(v)]
\end{aligned}
\tag{2.15}
$$

式中：性能退化速率 $e(\boldsymbol{S}\mid\boldsymbol{X}_1)$ 中应力向量 $\boldsymbol{S}$ 包括法向载荷 F 和相对滑动速度 v，即 $\boldsymbol{S}=(F,v)$；内在属性向量 $\boldsymbol{X}_1=(k_1,H)$。

2.2.4 小结

前面介绍了几种常见的性能退化速率模型，对于这些模型，以及实际研究中其他一些常用的性能退化速率模型，都可以统一用如下公式表示[10,86]：

$$e(\boldsymbol{S}\mid\boldsymbol{X}_1)=\alpha_0\exp\left[\sum_{p=1}^{q}\alpha_p\varphi(S_p)\right] \tag{2.16}$$

式中：$\boldsymbol{X}_1=(\alpha_0,\alpha_1,\cdots,\alpha_p)$为内在属性向量；$\boldsymbol{S}=(S_1,S_2,\cdots,S_q)$为应力向量，$q$为应力类型的数量；$\varphi(S_p)$为应力的函数。

根据前面的介绍，对于不同的应力类型，其与性能退化速率之间的关系也不同，例如，当应力类型为温度时，温度和性能退化速率之间通常呈现负指数关系。因此可以根据应力类型和性能退化速率之间的关系，确定应力函数的形式。常见的应力函数形式主要包括负指数模型、幂律模型和指数模型，如式(2.17)所示：

$$\begin{cases}\varphi(S_p)=1/S_p & \text{（负指数模型）}\\ \varphi(S_p)=\ln S_p & \text{（幂律模型）}\\ \varphi(S_p)=S_p & \text{（指数模型）}\end{cases} \tag{2.17}$$

在加速退化试验的研究中，通常会在一个应力水平的范围内开展加速退化建模，探究和分析在应力范围内的不同应力水平下的性能退化规律。但是，不同应力类型的单位和量级往往不同，这使得难以直观地分析不同的应力类型对产品性能退化速率的影响。为消除不同应力类型的单位和量级的影响，通常会在应力范围内对应力水平进行归一化处理，根据式(2.17)所示的不同类型的应力函数形式，其相应的应力归一化方法如式(2.18)所示：

$$\begin{cases}\varphi(S_p)=(1/S_{pL}-1/S_p)/(1/S_{pL}-1/S_{pU})\\ \varphi(S_p)=(\ln S_p-\ln S_{pL})/(\ln S_{pU}-\ln S_{pL})\\ \varphi(S_p)=(S_p-S_{pL})/(S_{pU}-S_{pL})\end{cases} \tag{2.18}$$

式中：S_p为归一化前的应力水平；S_{pU}和S_{pL}分别为产品的应力上限和应力下限，因此有$S_p\in[S_{pL},S_{pU}]$。

在实际的工程应用或科学研究中，应力上、下限有多种确定方式，可以根据具体的需求进行选择，例如工作应力水平的上、下限、试验施加的最高应力上限和正常应力水平作为应力上、下限，或者基于产品规格说明书进行确定等，本书选择研究中关注的应力上限和下限作为S_{pU}和S_{pL}。一般来讲，在应力水平上、下限的范围内，产品性能的退化机理保持不变。

综上，式(2.16)与式(2.17)构成的模型即作为本书中通用形式的性能退化速率模型，在加速退化建模中，根据应力类型选择合适的应力函数形式，代入到式(2.16)与式(2.18)中,便可以得到相应的性能退化速率模型。

2.3 加速退化试验中的不确定性

加速退化试验基于搜集到的产品加速退化数据,通过3个维度(图2.2)上的推断和外推实现对产品可靠性与寿命的评价,即:①样品维度上,试验样本的退化规律推断总体的退化规律;②时间维度上,试验时间内的性能退化规律外推失效;③应力维度上,性能退化规律由加速应力水平外推至正常应力水平。

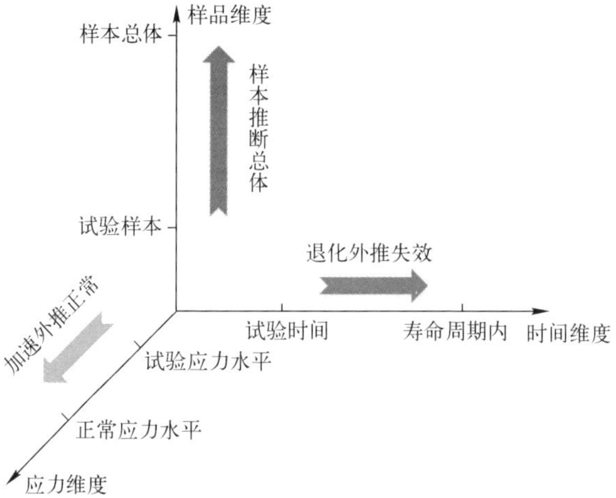

图2.2 加速退化试验3个维度的推断和外推

显然在上述推断和外推的3个维度中,都存在不确定性,具体体现为:

1. 样品维度

在加速退化试验中,样品维度的不确定性是由于试验样品数量的限制,使得通过有限的试验样品的退化数据推断总体的退化规律中存在的不确定性。样品维度的不确定性体现在样品间的个体差异性,即产品的内在属性不同上,主要表现在两个方面:一方面是每个产品的"出生状态"不同,即产品的性能初值中存在不确定性;另一方面是每个产品的"退化过程"不同,即产品的性能退化过程中存在由样品间的个体差异性导致的不确定性。因此,样品维度的不确定性具有静态特征。

通过加速退化试验,研究人员往往需要从同一总体/批次产品中随机抽取若干个产品作为试验样品来认知样品间个体差异性,因此根据加速退化试验中试验样品数量的多少,可以对样品维度的不确定性类型进行划分:

- 当实际投入的试验样品数量充足时,根据所获得的试验样品的性能退化数据可以全面地认知样品间的个体差异性，此时，样品维度的不确定性主要体现为随机不确定性。

- 受时间、技术和成本等约束，实际投入的试验样品数量可能十分有限，尤其对于复杂产品，很多情况下可能只有 1 个或 2 个样品，例如，对于无法大批量生产的产品，如新研制的产品或单价昂贵的产品，其实际投入的试验样品数量是十分有限的；再比如，有些产品虽然可以大批量生产，但是对于性能检测设备，由于技术和成本等的限制无法大量提供，导致仅能对数量极为有限的产品进行性能检测，这也会导致实际只能投入数量十分有限的试验样品。此时根据所获得的试验样品的性能退化数据无法全面地认知样品间的个体差异性，样品维度的不确定性主要体现为认知不确定性。

2. 时间维度

本书 1.3 节分析过，在给定试验应力条件下，在时间维度上观测到的加速性能退化数据存在不确定性是两个来源的综合贡献：①每个退化数据本身，包括测量不确定性和产品自身状态变化的随机性；②给定产品的性能在时间轴上所有观测到的退化数据所展现的不确定性动态变化规律。因此，时间维度的不确定性具有随时间变化的动态随机不确定性特征，并且根据可靠性科学原理可知，退化时间具有方向性，因此时间维度的动态随机不确定性是单向变化。

3. 应力维度

在加速退化试验中，应力维度的不确定性和时间维度的不确定性类似，应力维度的不确定性具有随应力变化的动态随机性的特征。由于实际中的应力水平变化并不具有特定的方向性，应力水平可大可小，因此应力维度的动态随机不确定性是双向变化。

2.4　加速退化试验的核心方程

基于上述对性能退化过程的确定性规律分析和加速退化试验中的不确定性分析可知，退化方程(2.6)描述的是产品性能退化的确定性规律，由于加速退化试验中存在时间、样品和应力三个维度的不确定性，因此基于加速退化试验数据得到的退化方程(2.6)中存在三个维度的不确定性。根据 1.1 节对加速退化试验建模的分析，可从物理视角和概率视角分别构建加速退化试验的核心方程。

1. 时间维度

在退化方程(2.6)中，$F(\boldsymbol{S},t\mid \boldsymbol{X})$代表性能退化与时间的关系。由加速退化试验在时间维度的不确定性分析可知，该维度的不确定性具有动态随机特性，从物理视角来看，其量化方式为：在确定性退化规律 $F(\boldsymbol{S},t\mid\boldsymbol{X})$ 的基础上叠加一个时间维度不确定性因子 $\widetilde{\Omega}_F(t)$（$\widetilde{\Omega}_F(t)$ 是一个随时间单向变化的随机过程），如下式所示：

$$\widetilde{F}(\boldsymbol{S},t\mid\boldsymbol{X})=F(\boldsymbol{S},t\mid\boldsymbol{X})+\widetilde{\Omega}_F(t) \tag{2.19}$$

从概率视角来看，则可将确定性的性能退化规律 $F(\boldsymbol{S},t\mid\boldsymbol{X})$ 看作不确定性的系统性影响因素，并将确定性的性能退化规律 $F(\boldsymbol{S},t\mid\boldsymbol{X})$ 以协变量的形式作用在随机过程模型（如伽马过程和逆高斯过程等）的参数上，如下式所示：

$$\widetilde{F}(\boldsymbol{S},t\mid\boldsymbol{X})=\widetilde{\Omega}_F(t\mid F(\boldsymbol{S},t\mid\boldsymbol{X})) \tag{2.20}$$

2. 样品维度

由加速退化试验在样品维度的不确定性可知，样品维度的不确定性体现在内在属性参数上，包括两个方面：

- 每个产品的“出生状态”不同，即在式(2.6)中的性能初值 Y_0 存在不确定性，可通过将性能初值视为具有不确定性的变量 $\widetilde{Y}_0$ 表征该不确定性；
- 每个产品的“退化过程”不同，即式(2.6)中表征性能退化速率的 $e(\boldsymbol{S}\mid\boldsymbol{X}_1)$ 中的内在属性参数 $\boldsymbol{X}_1$ 存在不确定性，可通过将内在属性参数 $\boldsymbol{X}_1$ 视为具有不确定性的变量 $\widetilde{\boldsymbol{X}}_1$ 来表征这一不确定性。

3. 应力维度

在退化方程(2.6)中，$e(\boldsymbol{S}\mid\boldsymbol{X}_1)$ 代表性能退化与应力的关系。由加速退化试验在应力维度的不确定性分析可知，该维度的不确定性具有动态随机特性，为了描述这种不确定性，可通过在性能随应力的变化规律 $e(\boldsymbol{S}\mid\boldsymbol{X}_1)$ 的基础上，叠加应力维度不确定性因子 $\widetilde{\Omega}_e(\boldsymbol{S})$（其中，$\widetilde{\Omega}_e(\boldsymbol{S})$ 是一个随应力双向变化的随机过程）对应力维度的不确定性进行表征，如下式所示：

$$\widetilde{e}(\boldsymbol{S}\mid\boldsymbol{X}_1)=e(\boldsymbol{S}\mid\boldsymbol{X}_1)+\widetilde{\Omega}_e(\boldsymbol{S}) \tag{2.21}$$

将上述时间维度、样品维度和应力维度的不确定性量化方法代入到性能退化量过程 $F(\boldsymbol{S},t\mid\boldsymbol{X})$ 中，便可得到考虑三维不确定性的 $\widetilde{F}(\boldsymbol{S},t\mid\boldsymbol{X})$。

综上，物理视角的加速退化试验核心方程为

$$\widetilde{Y}(\boldsymbol{S},t\mid\boldsymbol{X})=\widetilde{Y}_0+I_Y\times\{[e(\boldsymbol{S}\mid\widetilde{\boldsymbol{X}}_1)+\widetilde{\Omega}_e(\boldsymbol{S})]\times\Lambda(t\mid\beta)+\widetilde{\Omega}_F(t)\} \tag{2.22}$$

概率视角的加速退化试验核心方程为

$$\widetilde{Y}(\boldsymbol{S},t\mid\boldsymbol{X})=\widetilde{Y}_0+I_Y\times\widetilde{\Omega}_F(t\mid[e(\boldsymbol{S}\mid\widetilde{\boldsymbol{X}}_1)+\widetilde{\Omega}_e(\boldsymbol{S})]\times\Lambda(t\mid\beta)) \tag{2.23}$$

式(2.22)和式(2.23)是本书的核心方程，分别简称为核心方程一与核心方程二。它们表征了对于给定产品的加速退化试验中性能在应力作用下随时间的退化规律，同时也表征了时间、样品和应力三个维度的不确定性。本书其余章节的内容均是以式(2.22)和式(2.23)为核心方程展开的。

第 3 章

加速性能退化中的动态随机不确定性量化

根据可靠性科学原理，产品的性能会随着时间发生不可逆的退化，这表明了产品性能退化的确定性规律。产品性能退化的一般过程是：当产品受到各种外界应力作用后，材料的性能或产品状态会随之发生变化，这种变化一般是复杂的物理-化学反应过程，导致产品损伤的出现，表现为产品性能参数的变化。随着时间的延续，损伤不断累积，产品性能参数不断退化，当损伤累积到其性能阈值时，产品就会发生失效。在产品性能确定性退化的基础上，可靠性科学原理同样指出，性能退化的过程具有不确定性，这种不确定性随着时间具有动态变化特征，体现为：①产品性能退化过程中的某一性能退化量对应的产品运行时间的不确定；②对于某一固定的产品运行时间，不同的样本呈现出的性能退化量的不确定。性能退化数据在加速退化试验中，只要在测控条件满足的情况下，一般能够保证搜集到“足够多”的数据，因此具有随机性，可以采用概率随机过程来描述。本章主要介绍在加速退化建模领域中常用的三种随机过程模型：维纳过程、伽马过程和逆高斯过程。

3.1 维纳过程

3.1.1 维纳过程简介

布朗运动（Brownian motion）最初是由英国生物学家罗伯特·布朗（Robert Brown）于 1827 年根据花粉微粒在液面上做“无规则运动”的物理现象提出的。爱因斯坦（Einstein）于 1905 年首次对这一现象的物理规律给出了一种数学描述，使该研究有了显著的发展。这方面的物理理论工作在 Fokker、Plank、Burger 等的努力下迅速发展起来，但直到 1918 年才由维纳（Wiener）对这一现象在理论上做了精确的数学描述，并进一步研究了布朗运动轨道的性质，提出了布朗运动空间上的测度与积分，使得对布朗运动及其泛函的研究得到迅速而深入的发展。因此物理现象布朗运动的数学描述除了沿用布朗运动的名称之外，也被广泛称之为维纳过程(Wiener process)。

布朗运动作为具有连续时间参数和连续空间参数的一种随机过程,是最基本、最简单同时又是最重要的过程,许多其他的随机过程常常可以看作是它的泛函或某种意义上的推广。布朗运动也是迄今了解得最清楚以及性质最丰富多彩的随机过程之一。目前,布朗运动及其推广已广泛地出现在许多学科领域中,如物理、经济、通信理论、生物、管理科学与数理统计等。同时,由于布朗运动与微分方程(如热传导方程等)有密切的联系,它也已经成为概率与分析联系的重要渠道。

首先,我们从一个质点在直线上做非对称的随机游走引出布朗运动。设一个质点在直线上每经 Δt 随机地移动 Δx,每次向右移 Δx 的概率为 p,向左移 Δx 的概率为 q,且每次移动相互独立,以 $X(t)$ 表示 t 时刻质点的位置,令

$$\begin{cases} X_i = 1 & (\text{第 } i \text{ 次向右移}) \\ X_i = -1 & (\text{第 } i \text{ 次向左移}) \end{cases} \tag{3.1}$$

则

$$X(t) = \Delta x \left[X_1 + X_2 + \cdots + X_{\left(\frac{t}{\Delta t}\right)} \right] \tag{3.2}$$

设 $\Delta x = \sqrt{\Delta t}$,$p = \dfrac{1}{2}(1+\mu\sqrt{\Delta t})$,$q = \dfrac{1}{2}(1-\mu\sqrt{\Delta t})$,对于给定的 $\mu>0$,取充分小的 Δt,使 $\mu\sqrt{\Delta t}<1$。当 $\Delta t \to 0$ 时,有

$$E[X(t)] = \mu t \tag{3.3}$$

$$D[X(t)] = t \tag{3.4}$$

因此可以得到 $X(t) \sim N(\mu t, t)$。

根据上述随机游走可知,由于在不相交时间间隔内的随机游走是独立的,因此上述过程具有独立增量。又由于任何一段时间内随机游走位置变化的分布只依赖于区间的长度,故具有平稳增量。

综上所述,给出布朗运动的定义:

定义 3.1(布朗运动) 设随机过程 $\{X(t), t \geqslant 0\}$ 满足:

(1) $\{X(t), t \geqslant 0\}$ 为独立增量过程;

(2) 对于 $\forall s \geqslant 0, t>0$,有 $X(s+t)-X(s) \sim N(0, \sigma^2 t)(\sigma>0)$,即 $X(s+t)-X(s)$ 服从期望为 0,方差为 $\sigma^2 t$ 的正态分布;

(3) $X(t)$ 关于 t 连续。

则称 $\{X(t), t \geqslant 0\}$ 是布朗运动或维纳过程。当 $\sigma = 1$ 时,称 $\{X(t), t \geqslant 0\}$ 为标准布朗运动,记为 $\{B(t), t \geqslant 0\}$。

若记 $X(t) = \sigma B(t) + \mu t$,式中 μ 为漂移系数,σ 为扩散系数,则称 $\{X(t), t \geqslant 0\}$ 是带有漂移系数 μ 的布朗运动。将带漂移的布朗运动写成微分形式,得

$$dX(t)=\sigma dB(t)+\mu dt \tag{3.5}$$

即质点在 t 时刻的位移增量可以分解为随机性增量与确定性增量之和。

一般地，对式(3.5)有如下推广：若扩散系数 σ 与漂移系数 μ 不是常数，而是 t 与 $X(t)$ 的函数，那么有如下更一般的随机微分方程：

$$dX(t)=\sigma[t,X(t)]dB(t)+\mu[t,X(t)]dt \tag{3.6}$$

这类随机微分方程可用以描述分子的热运动、电子的迁移运动规律等，例如，以 $X(t)$ 描述一个粒子在液体表面 t 时刻的速度，有

$$m\frac{dX(t)}{dt}=-fX(t)+\frac{dB(t)}{dt} \tag{3.7}$$

式中：m 为质点质量；$-fX(t)$ 为粒子与液面的摩擦阻力；$f>0$ 为常数；$\frac{dB(t)}{dt}$ 为由分子撞击产生的总的合力。这一类方程在物理学中很是常见，而这离不开布朗运动理论。

可见漂移布朗运动非常具有实际意义，只要赋予相应系数以物理意义，就可以用它来描述许多复杂的难以研究的物理过程、工程技术及经济现象。而这也是漂移布朗运动最早且最广泛应用于加速退化试验中的原因。

鉴于实际应用中多数情况下将布朗运动称为维纳过程，本书在以下章节将统一采用“维纳过程”名称。

3.1.2　基于维纳过程的加速退化模型

在加速退化建模研究中，维纳过程可以对性能退化过程中的动态随机性进行描述。基于本书第 2 章的分析，从考虑不确定性的来源角度看，经典的基于维纳过程的加速退化模型仅考虑了时间维度的不确定性，而没有考虑样品和应力维度的不确定性，其在性能的确定性退化的基础上，通过叠加一个不确定因子对性能退化过程进行描述，与本书第 2 章所提出的核心方程一(式(2.22))的形式是一致的。具体而言，基于维纳过程的加速退化模型为

$$M_W:\widetilde{Y}(\boldsymbol{S},t|\boldsymbol{X})=Y_0+I_Y\times\{e(\boldsymbol{S}|\boldsymbol{X}_1)\Lambda(t|\beta)+\sigma B[\Lambda(t|\beta)]\} \tag{3.8}$$

式中：$e(\boldsymbol{S}|\boldsymbol{X}_1)$ 与式(2.16)一致。式(3.8)中的参数含义均与第 2 章和 3.1.1 节相同。并且由式(3.8)与式(3.6)对比可知，实际上基于维纳过程的加速退化模型就是漂移布朗运动在加速退化试验中的应用。

式(3.8)中的 $\widetilde{Y}(\boldsymbol{S},t|\boldsymbol{X})$ 具有独立增量，其性能增量为 $\Delta\widetilde{Y}(\boldsymbol{S},t|\boldsymbol{X})=\widetilde{Y}(\boldsymbol{S},t+\Delta t|\boldsymbol{X})-\widetilde{Y}(\boldsymbol{S},t|\boldsymbol{X})$，对应的不重合转化时间间隔为 $\Delta\Lambda(t|\beta)=\Lambda(t+\Delta t|\beta)-\Lambda(t|\beta)$。根据维纳过程的性质易知，性能退化量的增量 $\Delta\widetilde{F}(\boldsymbol{S},t|\boldsymbol{X})=\widetilde{F}(\boldsymbol{S},t+\Delta t|\boldsymbol{X})-\widetilde{F}(\boldsymbol{S},t|\boldsymbol{X})=I_Y\times\Delta\widetilde{Y}(\boldsymbol{S},t|\boldsymbol{X})$ 服从正态分布，其中，$\widetilde{F}(\boldsymbol{S},t|\boldsymbol{X})$ 即为第 2 章考虑了不确定性的性能退化量过程 $F(\boldsymbol{S},t|\boldsymbol{X})$，其概率密度函数为

$$f(I_Y\Delta y\mid \boldsymbol{X},\boldsymbol{S})=\frac{1}{\sqrt{2\pi\sigma^2\Delta\Lambda(t\mid\beta)}}\exp\left\{-\frac{[I_Y\Delta y-e(\boldsymbol{S}\mid\boldsymbol{X}_1)\Delta\Lambda(t\mid\beta)]^2}{2\sigma^2\Delta\Lambda(t\mid\beta)}\right\} \tag{3.9}$$

基于2.1节介绍的加速退化试验中的裕量方程(2.4)可知,假设产品的性能阈值为 Y_{th},则基于维纳过程的加速退化模型 M_{W} 的性能裕量方程为

$$\begin{aligned}\widetilde{M}(\boldsymbol{S},t\mid\boldsymbol{X})&=I_Y\times[Y_{\text{th}}-\widetilde{Y}(\boldsymbol{S},t\mid\boldsymbol{X})]\\&=I_Y\times(Y_{\text{th}}-Y_0)-\{e(\boldsymbol{S}\mid\boldsymbol{X}_1)\Lambda(t\mid\beta)+\sigma B[\Lambda(t\mid\beta)]\}\end{aligned} \tag{3.10}$$

当使用基于维纳过程的加速退化模型 M_{W} 描述产品的(加速)性能退化过程时,产品的性能裕量 $\widetilde{M}(\boldsymbol{S},t\mid\boldsymbol{X})$ 首次穿越0值,即性能 $\widetilde{Y}(\boldsymbol{S},t\mid\boldsymbol{X})$ 首次穿过其性能阈值 Y_{th},就可以视产品为失效,那么性能裕量 $\widetilde{M}(\boldsymbol{S},t\mid\boldsymbol{X})$ 首次穿越0值的时间 $T_{Y_{\text{th}}}$ 即对应了产品的寿命,其中 $T_{Y_{\text{th}}}=\inf\{t:t>0,\widetilde{M}(\boldsymbol{S},t\mid\boldsymbol{X})\leqslant 0\}$ 称为首穿时(first passage time,FPT)。显然,维纳过程的随机性决定了首穿时 $T_{Y_{\text{th}}}$ 也是一个随机变量,且服从某种分布,那么我们称这种分布为基于维纳过程的加速退化模型 M_{W} 的首穿时分布。首穿时分布向我们描述了性能裕量 $\widetilde{M}(\boldsymbol{S},t\mid\boldsymbol{X})$ 首次穿越0值的时间分布,即经过 t 时间后,$P[\widetilde{M}(\boldsymbol{S},t\mid\boldsymbol{X})\leqslant 0]$ 有多大。由于首穿时 $T_{Y_{\text{th}}}$ 对应了产品的寿命,因此首穿时分布也刻画了产品退化失效的寿命分布。

对于基于维纳过程的加速退化模型 M_{W},其性能裕量 $\widetilde{M}(\boldsymbol{S},t\mid\boldsymbol{X})$ 首次穿越0值等价于其退化量过程首次穿越 $I_Y\times(Y_{\text{th}}-Y_0)$,其中根据2.1节可知,退化量过程是一个 $e(\boldsymbol{S}\mid\boldsymbol{X}_1)$ 为正的随机过程且 $I_Y\times(Y_{\text{th}}-Y_0)>0$,因此,$M_{\text{W}}$ 的首穿时 $T_{Y_{\text{th}}}$ 服从逆高斯分布,$T_{Y_{\text{th}}}$ 的概率密度函数为

$$\begin{aligned}f(t\mid\boldsymbol{X},\boldsymbol{S},Y_{\text{th}})=&\frac{I_Y(Y_{\text{th}}-Y_0)}{\sqrt{2\pi\sigma^2[\Lambda(t\mid\beta)]^3}}\times\\&\exp\left\{-\frac{[I_Y(Y_{\text{th}}-Y_0)-e(\boldsymbol{S}\mid\boldsymbol{X}_1)\Lambda(t\mid\beta)]^2}{2\sigma^2\Lambda(t\mid\beta)}\right\}\end{aligned} \tag{3.11}$$

$T_{Y_{\text{th}}}$ 的累积分布函数为

$$\begin{aligned}F(t\mid\boldsymbol{X},\boldsymbol{S},Y_{\text{th}})=&\boldsymbol{\Phi}\left[\frac{e(\boldsymbol{S}\mid\boldsymbol{X}_1)\Lambda(t\mid\beta)-I_Y(Y_{\text{th}}-Y_0)}{\sigma\sqrt{\Lambda(t\mid\beta)}}\right]+\\&\exp\left[\frac{2e(\boldsymbol{S}\mid\boldsymbol{X}_1)I_Y(Y_{\text{th}}-Y_0)}{\sigma^2}\right]\times\\&\boldsymbol{\Phi}\left[-\frac{I_Y(Y_{\text{th}}-Y_0)+e(\boldsymbol{S}\mid\boldsymbol{X}_1)\Lambda(t\mid\beta)}{\sigma\sqrt{\Lambda(t\mid\beta)}}\right]\end{aligned} \tag{3.12}$$

基于首穿时 $T_{Y_{\text{th}}}$ 的累积分布函数(3.12),可以得到产品的可靠度函数:

$$R(t\mid\boldsymbol{X},\boldsymbol{S},Y_{\text{th}})=\boldsymbol{\Phi}\left[\frac{I_Y(Y_{\text{th}}-Y_0)-e(\boldsymbol{S}\mid\boldsymbol{X}_1)\Lambda(t\mid\beta)}{\sigma\sqrt{\Lambda(t\mid\beta)}}\right]-$$

$$\exp\left[\frac{2e(\boldsymbol{S}|\boldsymbol{X}_1)I_Y(Y_{\text{th}}-Y_0)}{\sigma^2}\right]\times$$
$$\Phi\left[-\frac{I_Y(Y_{\text{th}}-Y_0)+e(\boldsymbol{S}|\boldsymbol{X}_1)\Lambda(t|\beta)}{\sigma\sqrt{\Lambda(t|\beta)}}\right] \tag{3.13}$$

式中：$\Phi(\cdot)$为标准正态分布的累积概率分布函数。

基于式(3.13)，产品的p分位寿命为

$$\begin{aligned}T_p&=\Lambda^{-1}[R^{-1}(t|\boldsymbol{X},\boldsymbol{S},Y_{\text{th}})|_{R=p}]\\&=[R^{-1}(t|\boldsymbol{X},\boldsymbol{S},Y_{\text{th}})|_{R=p}]^{\frac{1}{\beta}}\end{aligned} \tag{3.14}$$

式中：$^{-1}$表示对函数取反函数。

3.1.3　基于维纳过程的加速退化试验数据统计分析

本节介绍基于维纳过程的加速退化试验数据统计分析方法。在基于维纳过程的加速退化模型M_{W}中，未知参数向量为$\boldsymbol{\theta}=(\alpha_0,\alpha_1,\cdots,\alpha_q,\beta,\sigma)$。在加速退化试验中，应力施加方式以恒定应力和步进应力最为常见，本节主要介绍恒定应力加速退化试验(constant stress accelerated degradation testing，CSADT)的统计分析方法，对于步进应力的情况可以参考本节提出的方法展开。

首先，给出CSADT的试验设置和参数设置：假设开展了一个k个应力水平的多应力类型CSADT，应力类型向量为$\boldsymbol{S}=(S_1,S_2,\cdots,S_q)$，施加的应力水平为$\boldsymbol{s}_l=(s_{1l},s_{2l},\cdots,s_{ql})$，$s_{pl}$为试验施加的第$p$个应力类型的第$l$个应力水平值，一般来讲，$s_{p\text{L}}<s_{p1}<s_{p2}<\cdots<s_{pk}<s_{p\text{U}}$，$s_{p\text{L}}$和$s_{p\text{U}}$分别为第$p$个应力类型关注的应力范围下限和上限。$y_{lij}$为第$l$个应力水平$\boldsymbol{s}_l$下，第$i$个样品的第$j$个性能检测值，$t_{lij}$为对应的性能检测时间点，$p=1,2,\cdots,q$，$l=1,2,\cdots,k$，$i=1,2,\cdots,n_l$，$j=1,2,\cdots,m_{li}$，式中，$q$为应力类型的个数；$k$为CSADT施加的应力水平数；$n_l$为$\boldsymbol{s}_l$下的试验样品数量；$m_{li}$为$\boldsymbol{s}_l$下第$i$个样品的性能检测次数，一般来讲，不同样品的性能检测次数相同，因此记$m_{l1}=m_{l2}=\cdots=m_{ln_l}=m_l$。记各应力水平下的样本量向量为$\boldsymbol{n}=(n_1,n_2,\cdots,n_k)$，性能检测次数向量为$\boldsymbol{m}=(m_1,m_2,\cdots,m_k)$，试验时间向量为$\boldsymbol{t}=(t_1,t_2,\cdots,t_k)$。那么，总试验样品数量为$N=\sum\limits_{l=1}^{k}n_l$，总性能检测次数为$M=\sum\limits_{l=1}^{k}\sum\limits_{i=1}^{n_l}m_{li}$，总试验时间为$T=\sum\limits_{l=1}^{k}t_l$。性能退化增量为$\Delta y_{lij}=y_{li(j+1)}-y_{lij}$，对应的不重合的转化时间间隔为$\Delta\Lambda_{lij}=t_{li(j+1)}^{\beta}-t_{lij}^{\beta}$。基于加速退化试验的观测数据构成的数据集记为$D$。当应力施加的方式为步进应力时，总试验样品数量为$n_1=n_2=\cdots=n_l=N$，总性能检测次数为$M=\sum\limits_{l=1}^{k}\sum\limits_{i=1}^{n}m_{li}$，其他参数与CSADT的情况相同。

为了估计基于维纳过程的加速退化模型 M_W 中的未知参数 $\boldsymbol{\theta}=(\alpha_0,\alpha_1,\cdots,\alpha_p,\sigma,\beta)$，本书选择极大似然估计(maximum likelihood estimate, MLE)方法。基于 CSADT 中的性能退化增量数据，以及其对应的概率密度函数(3.9)，可以获得 CSADT 的似然函数为

$$L(\boldsymbol{\theta}\mid D,M_W)=\prod_{l=1}^{k}\prod_{i=1}^{n_l}\prod_{j=1}^{m_{li}-1}\frac{1}{\sqrt{2\pi\sigma^2\Delta\Lambda_{lij}}}\exp\left\{-\frac{[I_Y\Delta y_{lij}-e(\boldsymbol{S}\mid\boldsymbol{X}_1)\Delta\Lambda_{lij}]^2}{2\sigma^2\Delta\Lambda_{lij}}\right\} \tag{3.15}$$

进一步将 $e(\boldsymbol{S}\mid\boldsymbol{X}_1)$ 代入式(3.15)中，式(3.15)的对数似然函数为

$$\ln L(\boldsymbol{\theta}\mid D,M_W)=-\frac{1}{2}\sum_{l=1}^{k}\sum_{i=1}^{n_l}\sum_{j=1}^{m_{li}}\left\{\ln 2\pi+2\ln\sigma+\ln(\Delta\Lambda_{lij})+\frac{\left[I_Y\Delta y_{lij}-\alpha_0\exp\left(\sum_{p=1}^{q}\alpha_p\varphi(s_{pl})\right)\Delta\Lambda_{lij}\right]^2}{\sigma^2\Delta\Lambda_{lij}}\right\} \tag{3.16}$$

基于式(3.16)进行极大似然估计，通过令式(3.16)最大，得到的未知参数估计值即为极大似然估计结果 $\hat{\boldsymbol{\theta}}=(\hat{\alpha}_0,\hat{\alpha}_1,\cdots,\hat{\alpha}_p,\hat{\beta},\hat{\sigma})$。

3.2 伽马过程

3.2.1 伽马过程简介

伽马过程是具有独立、非负增量的随机过程，适用于描述严格单调的性能退化过程。

由基于维纳过程的加速退化模型可知，在不同的观测时间间隔内，如果退化增量总是大于随机波动，那么产品的性能就会呈现严格单调的退化现象。对于这类严格单调的性能退化现象，均可以看作是由于一系列的外部随机因素的冲击所导致的不可逆的微量随机损伤的累积所造成的，而这些冲击到达的过程可以近似为泊松过程[87-89]。例如，锂电池在充放电循环过程中的容量退化过程，每一个循环过程都会对电池的容量造成微量的退化，在使用过程中，循环次数可以近似为泊松过程[90]。基于对性能退化过程的物理机理的分析，性能退化过程可以用复合泊松过程或其变形形式来建模。复合泊松过程定义为

$$Q(t)=\sum_{i=1}^{N(t)} O_i \tag{3.17}$$

式中：$N(t)$为到达率为 υ 的泊松过程；O_i为衡量冲击数量的随机变量，也就是跳跃量。

当到达率很大并且冲击数量很小的时候，复合泊松分布可以用其他的更有效的过程来近似。对于伽马过程，就可以看作是到达率趋近无穷大而冲击数量以一定速率趋近于 0 的复合泊松过程的极限情况[37]，这种近似为伽马过程提供了一种物理解释。

下面，给出伽马过程的定义：

定义 3.2(伽马过程)　设随机过程$\{X(t),t\geqslant 0\}$满足：

(1) $\{X(t),t\geqslant 0\}$为独立增量过程；

(2) 对于 $\forall s\geqslant 0, t>0$，有 $X(s+t)-X(s)\sim \mathrm{Gamma}(\mu t,\lambda)\ (\mu,\lambda>0)$，即 $X(s+t)-X(s)$服从形状参数为μt，尺度参数为 λ 的伽马分布；

(3) $X(t)$关于 t 连续。

则称$\{X(t),t\geqslant 0\}$是伽马过程(Gamma process)。

3.2.2　基于伽马过程的加速退化模型

基于伽马过程的加速退化模型可以对性能退化过程中严格单调的动态随机性进行描述，基于本书第 2 章的分析，从考虑不确定性的来源角度看，经典的基于伽马过程的加速退化模型仅考虑了时间维度的不确定性，而没有考虑样品和应力维度的不确定性，其将确定性的性能退化以协变量的形式作用在伽马过程中的形状参数上，进而考虑性能退化的不确定性的演化规律，与本书第 2 章所提出的核心方程二(式(2.23))的形式是一致的。具体而言，基于伽马过程的加速退化模型为

$$M_{\mathrm{Ga}}:\widetilde{Y}(\boldsymbol{S},t\mid\boldsymbol{X})=Y_0+I_Y\times\mathrm{Gamma}[e(\boldsymbol{S}\mid\boldsymbol{X}_1)\Lambda(t\mid\beta),\lambda] \tag{3.18}$$

式中：$e(\boldsymbol{S}\mid\boldsymbol{X}_1)$与式(2.16)一致。式(3.18)中的参数含义均与第 2 章和 3.2.1 节相同。

$\widetilde{Y}(\boldsymbol{S},t\mid\boldsymbol{X})$的均值和方差分别为

$$E[\widetilde{Y}(\boldsymbol{S},t\mid\boldsymbol{X})]=I_Y\lambda[e(\boldsymbol{S}\mid\boldsymbol{X}_1)\Lambda(t\mid\beta)+Y_0] \tag{3.19}$$

$$\mathrm{Var}[\widetilde{Y}(\boldsymbol{S},t\mid\boldsymbol{X})]=\lambda^2[e(\boldsymbol{S}\mid\boldsymbol{X}_1)\Lambda(t\mid\beta)+Y_0] \tag{3.20}$$

式(3.18)的$\widetilde{Y}(\boldsymbol{S},t\mid\boldsymbol{X})$具有独立增量，其性能增量为$\Delta\widetilde{Y}(\boldsymbol{S},t\mid\boldsymbol{X})=\widetilde{Y}(\boldsymbol{S},t+\Delta t\mid\boldsymbol{X})-\widetilde{Y}(\boldsymbol{S},t\mid\boldsymbol{X})$，对应的不重合转化时间间隔为$\Delta\Lambda(t\mid\beta)=\Lambda(t+\Delta t\mid\beta)-\Lambda(t\mid\beta)$。根据伽马过程的性质易知，性能退化量的增量$\Delta\widetilde{F}(\boldsymbol{S},t\mid\boldsymbol{X})=\widetilde{F}(\boldsymbol{S},t+\Delta t\mid\boldsymbol{X})-\widetilde{F}(\boldsymbol{S},t\mid\boldsymbol{X})=I_Y\times\Delta\widetilde{Y}(\boldsymbol{S},t\mid\boldsymbol{X})$服从伽马分布，其概率密度函数为

$$f(I_Y\Delta y\mid \boldsymbol{X},\boldsymbol{S})=\frac{(I_Y\Delta y)^{e(\boldsymbol{S}\mid \boldsymbol{X}_1)\Delta\Lambda(t\mid\beta)-1}}{\Gamma[e(\boldsymbol{S}\mid\boldsymbol{X}_1)\Delta\Lambda(t\mid\beta)]\lambda^{e(\boldsymbol{S}\mid\boldsymbol{X}_1)\Delta\Lambda(t\mid\beta)}}\exp\left(-\frac{I_Y\Delta y}{\lambda}\right) \tag{3.21}$$

式中:$\Gamma(\cdot)$为伽马函数

$$\Gamma(x)=\int_0^{\infty}t^{x-1}\mathrm{e}^{-t}\mathrm{d}t \tag{3.22}$$

基于2.1节介绍的加速退化试验中的裕量方程(2.4)可知,假设产品的性能阈值为 Y_{th},则基于伽马过程的加速退化模型 M_{Ga} 的性能裕量方程为

$$\begin{aligned}\widetilde{M}(\boldsymbol{S},t\mid\boldsymbol{X})&=I_Y\times[Y_{\text{th}}-\widetilde{Y}(\boldsymbol{S},t\mid\boldsymbol{X})]\\&=I_Y\times(Y_{\text{th}}-Y_0)-\text{Gamma}[e(\boldsymbol{S}\mid\boldsymbol{X}_1)\Lambda(t\mid\beta),\lambda]\end{aligned} \tag{3.23}$$

当使用基于伽马过程的加速退化模型 M_{Ga} 描述产品的(加速)性能退化过程时,产品的性能裕量 $\widetilde{M}(\boldsymbol{S},t\mid\boldsymbol{X})$ 首次穿越0值,即性能 $\widetilde{Y}(\boldsymbol{S},t\mid\boldsymbol{X})$ 首次穿过其性能阈值 Y_{th},就可以视产品为失效,那么性能裕量 $\widetilde{M}(\boldsymbol{S},t\mid\boldsymbol{X})$ 首次穿越0值的时间 $T_{Y_{\text{th}}}=\inf\{t:t>0,\widetilde{M}(\boldsymbol{S},t\mid\boldsymbol{X})\leqslant 0\}$,即首穿时或产品的寿命,可计算为

$$\begin{aligned}F(t\mid\boldsymbol{X},\boldsymbol{S},Y_{\text{th}})&=P(T_{Y_{\text{th}}}<t)\\&=P\{\text{Gamma}[e(\boldsymbol{S}\mid\boldsymbol{X}_1)\Lambda(t\mid\beta),\lambda]>I_Y(Y_{\text{th}}-Y_0)\}\\&=\int_0^{I_Y(Y_{\text{th}}-Y_0)}\frac{x^{e(\boldsymbol{S}\mid\boldsymbol{X}_1)\Lambda(t\mid\beta)-1}}{\Gamma[e(\boldsymbol{S}\mid\boldsymbol{X}_1)\Lambda(t\mid\beta)]\lambda^{e(\boldsymbol{S}\mid\boldsymbol{X}_1)\Lambda(t\mid\beta)}}\exp\left(-\frac{x}{\lambda}\right)\mathrm{d}x\\&=\frac{\int_0^{\frac{I_Y(Y_{\text{th}}-Y_0)}{\lambda}}\xi^{e(\boldsymbol{S}\mid\boldsymbol{X}_1)\Lambda(t\mid\beta)-1}\exp(-\xi)\mathrm{d}\xi}{\Gamma[e(\boldsymbol{S}\mid\boldsymbol{X}_1)\Lambda(t\mid\beta)]}\end{aligned} \tag{3.24}$$

因此,$T_{Y_{\text{th}}}$ 的概率分布函数和密度函数可以分别表示为

$$F(t\mid\boldsymbol{X},\boldsymbol{S},Y_{\text{th}})=\frac{\Gamma\left[e(\boldsymbol{S}\mid\boldsymbol{X}_1)\Lambda(t\mid\beta),\frac{I_Y(Y_{\text{th}}-Y_0)}{\lambda}\right]}{\Gamma[e(\boldsymbol{S}\mid\boldsymbol{X}_1)\Lambda(t\mid\beta)]} \tag{3.25}$$

$$f(t\mid\boldsymbol{X},\boldsymbol{S},Y_{\text{th}})=\frac{\mathrm{d}}{\mathrm{d}t}\left\{\frac{\Gamma\left[e(\boldsymbol{S}\mid\boldsymbol{X}_1)\Lambda(t\mid\beta),\frac{I_Y(Y_{\text{th}}\quad Y_0)}{\lambda}\right]}{\Gamma[e(\boldsymbol{S}\mid\boldsymbol{X}_1)\Lambda(t\mid\beta)]}\right\} \tag{3.26}$$

其中,$\Gamma(a,z)$为不完全伽马函数

$$\Gamma(a,z)=\int_z^{\infty}\xi^{a-1}\mathrm{e}^{-\xi}\mathrm{d}\xi \tag{3.27}$$

那么

$$f(t\mid\boldsymbol{X},\boldsymbol{S},Y_{\text{th}})=\frac{\mathrm{d}}{\mathrm{d}t}\left\{\frac{\Gamma\left[e(\boldsymbol{S}\mid\boldsymbol{X}_1)\Lambda(t\mid\beta),\frac{I_Y(Y_{\text{th}}-Y_0)}{\lambda}\right]}{\Gamma[e(\boldsymbol{S}\mid\boldsymbol{X}_1)\Lambda(t\mid\beta)]}\right\}$$

$$
=\frac{e(\boldsymbol{S}|\boldsymbol{X}_1)}{\Gamma[e(\boldsymbol{S}|\boldsymbol{X}_1)\Lambda(t|\beta)]}\times
$$
$$
\int_0^{\frac{I_Y(Y_{\text{th}}-Y_0)}{\lambda}}\left\{\ln\xi-\frac{\Gamma'[e(\boldsymbol{S}|\boldsymbol{X}_1)\Lambda(t|\beta)]}{\Gamma[e(\boldsymbol{S}|\boldsymbol{X}_1)\Lambda(t|\beta)]}\right\}\xi^{e(\boldsymbol{S}|\boldsymbol{X}_1)\Lambda(t|\beta)-1}\mathrm{e}^{-\xi}\mathrm{d}\xi \tag{3.28}
$$

由式(3.28)可知,该概率密度函数相当复杂,在实际应用时难以处理。为了避免这一难题,通常采用 BS 分布来逼近 $T_{Y_{\text{th}}}$的分布,即

$$
F(t|\boldsymbol{X},\boldsymbol{S},Y_{\text{th}})=\Phi\left[\frac{1}{a}\left(\sqrt{\frac{\Lambda(t|\beta)}{b}}-\sqrt{\frac{b}{\Lambda(t|\beta)}}\right)\right] \tag{3.29}
$$

其中

$$
a=\sqrt{\frac{\lambda}{I_Y(Y_{\text{th}}-Y_0)}} \tag{3.30}
$$

$$
b=\frac{I_Y(Y_{\text{th}}-Y_0)}{e(\boldsymbol{S}|\boldsymbol{X}_1)\lambda} \tag{3.31}
$$

式中:$\Phi(\cdot)$为标准正态分布。相应的概率密度函数为

$$
f(t|\boldsymbol{X},\boldsymbol{S},Y_{\text{th}})=\frac{1}{2\sqrt{2\pi}ab}\left[\left(\frac{\Lambda(t|\beta)}{b}\right)^{\frac{1}{2}}+\left(\frac{b}{\Lambda(t|\beta)}\right)^{\frac{3}{2}}\right]\times
$$
$$
\exp\left[-\frac{1}{2a^2}\left(\frac{\Lambda(t|\beta)}{b}-2+\frac{b}{\Lambda(t|\beta)}\right)\right] \tag{3.32}
$$

那么,基于首穿时 $T_{Y_{\text{th}}}$的概率密度分布函数(3.32),可以得到可靠度函数:

$$
R(t|\boldsymbol{X},\boldsymbol{S},Y_{\text{th}})=1-F(t|\boldsymbol{X},\boldsymbol{S},Y_{\text{th}})
$$
$$
=\Phi\left[\frac{1}{a}\left(\sqrt{\frac{b}{\Lambda(t|\beta)}}-\sqrt{\frac{\Lambda(t|\beta)}{b}}\right)\right] \tag{3.33}
$$

基于式(3.33),产品的 p 分位寿命为

$$
T_p=\Lambda^{-1}[R^{-1}(t|\boldsymbol{X},\boldsymbol{S},Y_{\text{th}})|_{R=p}]
$$
$$
=\left[\frac{(\sqrt{z_p^2a^2+4}-z_pa)^2b}{4}\right]^{\frac{1}{\beta}} \tag{3.34}
$$

式中:$^{-1}$表示对函数取反函数;z_p为标准正态分布的 p 分位点。

同理,类比于基于维纳过程的加速退化模型 M_{W}的首穿时分析,基于伽马过程的加速退化模型 M_{Ga}的首穿时分布同样刻画了性能裕量穿越 0 值的时间分布。

3.2.3　基于伽马过程的加速退化试验数据统计分析

本节介绍基于伽马过程的加速退化试验数据统计分析方法,在基于伽马过

程的加速退化模型 M_{Ga} 中,未知参数向量为 $\boldsymbol{\theta}=(\alpha_0,\alpha_1,\cdots,\alpha_q,\beta,\lambda)$。本节同样仅考虑最常见的恒定应力加速退化试验 CSADT 的统计分析,对于步进应力的情况可以参考本节提出的方法展开。CSADT 的试验设置和参数设置与 3.1.3 节相同。

为了估计基于伽马过程的加速退化模型 M_{Ga} 中的未知参数 $\boldsymbol{\theta}=(\alpha_0,\alpha_1,\cdots,\alpha_p,\beta,\lambda)$,本书选择极大似然估计方法。基于 CSADT 中的性能退化增量数据,以及其对应的概率密度函数(3.21),可以获得 CSADT 的似然函数为

$$L(\boldsymbol{\theta}\mid D,M_{Ga})=\prod_{l=1}^{k}\prod_{i=1}^{n_l}\prod_{j=1}^{m_{li}-1}\frac{(I_Y\Delta y_{lij})^{e(\boldsymbol{S}\mid \boldsymbol{X}_1)\Delta\Lambda_{lij}-1}}{\Gamma[e(\boldsymbol{S}\mid\boldsymbol{X}_1)\Delta\Lambda_{lij}]\lambda^{e(\boldsymbol{S}\mid \boldsymbol{X}_1)\Delta\Lambda_{lij}}}\exp\left(-\frac{I_Y\Delta y_{lij}}{\lambda}\right) \tag{3.35}$$

进一步将 $e(\boldsymbol{S}\mid\boldsymbol{X}_1)$ 代入式(3.35)中,式(3.35)的对数似然函数为

$$\begin{aligned}\ln L(\boldsymbol{\theta}\mid D,M_{Ga})=\sum_{l=1}^{k}\sum_{i=1}^{n_l}\sum_{j=1}^{m_{li}}\Bigg\{&-\ln\left[\Gamma\left(\alpha_0\exp\left(\sum_{p=1}^{q}\alpha_p\varphi(s_{pl})\right)\Delta\Lambda_{lij}\right)\right]-\\&\alpha_0\exp\left[\sum_{p=1}^{q}\alpha_p\varphi(s_{pl})\right]\Delta\Lambda_{lij}\ln\lambda-\frac{I_Y\Delta y_{lij}}{\lambda}+\\&\left[\alpha_0\exp\left(\sum_{p=1}^{q}\alpha_p\varphi(s_{pl})\right)\Delta\Lambda_{lij}-1\right]\ln(I_Y\Delta y_{lij})\Bigg\}\end{aligned} \tag{3.36}$$

基于式(3.36)进行极大似然估计,通过令式(3.36)最大,得到的未知参数估计值即为极大似然估计结果 $\hat{\boldsymbol{\theta}}=(\hat{\alpha}_0,\hat{\alpha}_1,\cdots,\hat{\alpha}_p,\hat{\beta},\hat{\lambda})$。

3.3 逆高斯过程

3.3.1 逆高斯过程简介

逆高斯过程是具有独立、非负增量的随机过程,适用于描述严格单调的性能退化过程。逆高斯过程最早是由 M. Wasan[91] 提出的,与伽马过程类似,逆高斯过程也是复合泊松过程(3.17)的极限形式,但是有不同的冲击量分布。逆高斯过程的物理解释是到达率趋于无穷大而冲击量以一定的方式趋近于 0 的复合泊松过程的极限形式。逆高斯过程与伽马过程具有相似的特征,但是逆高斯过程有多个考虑随机影响的扩展模型,使得逆高斯过程更适合处理协变量和受随机因素影响的情况[92]。

下面,给出逆高斯过程的定义:

定义 3.3(逆高斯过程) 设随机过程 $\{X(t),t\geqslant 0\}$ 满足:

(1) $\{X(t),t\geqslant 0\}$ 为独立增量过程;

(2) 对于 $\forall s\geqslant 0, t>0$，有 $X(s+t)-X(s)\sim \mathrm{IG}(\mu t, \lambda t^2)(\mu,\lambda>0)$，即 $X(s+t)-X(s)$ 服从均值为 μt，形状参数为 λt^2 的逆高斯分布；

(3) $X(t)$ 关于 t 连续。

则称 $\{X(t), t\geqslant 0\}$ 是逆高斯过程(inverse Gaussian process)。

3.3.2　基于逆高斯过程的加速退化模型

基于逆高斯过程的加速退化模型可以对性能退化过程中严格单调的动态随机性进行描述，基于本书第 2 章的分析，从考虑不确定性的来源角度看，经典的基于逆高斯过程的加速退化模型仅考虑了时间维度的不确定性，而没有考虑样品和应力维度的不确定性。与基于伽马过程的加速退化建模方式类似，基于逆高斯过程的加速退化模型同样是将确定性的性能退化以协变量的形式作用在逆高斯过程中的形状参数上，进而考虑性能退化的不确定性的演化规律，与本书第 2 章所提出的核心方程二(式(2.23))的形式是一致的。具体而言，基于逆高斯过程的加速退化模型为

$$M_{\mathrm{IG}}:\widetilde{Y}(\boldsymbol{S},t\mid \boldsymbol{X})=Y_0+I_Y\times \mathrm{IG}(e(\boldsymbol{S}\mid \boldsymbol{X}_1)\Lambda(t\mid\beta),\lambda[\Lambda(t\mid\beta)]^2) \tag{3.37}$$

式中：$e(\boldsymbol{S}\mid \boldsymbol{X}_1)$ 与式(2.16)一致。式(3.37)中的参数含义均与第 2 章和 3.3.1 节相同。

式(3.37)的 $\widetilde{Y}(\boldsymbol{S},t\mid \boldsymbol{X})$ 具有独立增量，其性能增量为 $\Delta\widetilde{Y}(\boldsymbol{S},t\mid \boldsymbol{X})=\widetilde{Y}(\boldsymbol{S},t+\Delta t\mid \boldsymbol{X})-\widetilde{Y}(\boldsymbol{S},t\mid \boldsymbol{X})$，对应的不重合转化时间间隔为 $\Delta\Lambda(t\mid\beta)=\Lambda(t+\Delta t\mid\beta)-\Lambda(t\mid\beta)$。根据逆高斯过程的性质易知，性能退化量的增量 $\Delta\widetilde{F}(\boldsymbol{S},t\mid \boldsymbol{X})=\widetilde{F}(\boldsymbol{S},t+\Delta t\mid \boldsymbol{X})-\widetilde{F}(\boldsymbol{S},t\mid \boldsymbol{X})=I_Y\times\Delta\widetilde{Y}(\boldsymbol{S},t\mid \boldsymbol{X})$ 服从逆高斯分布，其概率密度函数为

$$f(I_Y\Delta y\mid \boldsymbol{X},\boldsymbol{S})=\sqrt{\frac{\lambda[\Delta\Lambda(t\mid\beta)]^2}{2\pi(I_Y\Delta y)^3}}\exp\left\{-\frac{\lambda[I_Y\Delta y-e(\boldsymbol{S}\mid \boldsymbol{X}_1)\Delta\Lambda(t\mid\beta)]^2}{2[e(\boldsymbol{S}\mid \boldsymbol{X}_1)]^2 I_Y\Delta y}\right\} \tag{3.38}$$

相应的概率累积分布函数为

$$\begin{aligned}F(I_Y\Delta y\mid \boldsymbol{X},\boldsymbol{S})=&\Phi\left\{\sqrt{\frac{\lambda[\Lambda(t\mid\beta)]^2}{I_Y\Delta y}}\left[\frac{I_Y\Delta y}{e(\boldsymbol{S}\mid \boldsymbol{X}_1)\Lambda(t\mid\beta)}-1\right]\right\}+\\&\exp\left[\frac{2\lambda\Lambda(t\mid\beta)}{e(\boldsymbol{S}\mid \boldsymbol{X}_1)}\right]\Phi\left\{-\sqrt{\frac{\lambda[\Lambda(t\mid\beta)]^2}{I_Y\Delta y}}\left[\frac{I_Y\Delta y}{e(\boldsymbol{S}\mid \boldsymbol{X}_1)\Lambda(t\mid\beta)}+1\right]\right\}\end{aligned} \tag{3.39}$$

基于 2.1 节介绍的加速退化试验中的裕量方程(2.4)可知，假设产品的性能阈值为 Y_{th}，则基于逆高斯过程的加速退化模型 M_{IG} 的性能裕量方程为

$$\begin{aligned}\widetilde{M}(\boldsymbol{S},t\mid \boldsymbol{X})&=I_Y\times[Y_{\mathrm{th}}-\widetilde{Y}(\boldsymbol{S},t\mid \boldsymbol{X})]\\&=I_Y\times(Y_{\mathrm{th}}-Y_0)-\mathrm{IG}\{e(\boldsymbol{S}\mid \boldsymbol{X}_1)\Lambda(t\mid\beta),\lambda[\Lambda(t\mid\beta)]^2\}\end{aligned} \tag{3.40}$$

当使用基于逆高斯过程的加速退化模型 M_{IG} 描述产品的(加速)性能退化过程时,产品的性能裕量 $\widetilde{M}(\boldsymbol{S},t\mid\boldsymbol{X})$ 首次穿越 0 值,即性能 $\widetilde{Y}(\boldsymbol{S},t\mid\boldsymbol{X})$ 首次穿过其性能阈值 Y_{th},就可以视产品为失效,那么性能裕量 $\widetilde{M}(\boldsymbol{S},t\mid\boldsymbol{X})$ 首次穿越 0 值的时间 $T_{Y_{\mathrm{th}}}=\inf\{t:t>0,\widetilde{M}(\boldsymbol{S},t\mid\boldsymbol{X})\leqslant 0\}$,即首穿时或产品的寿命。那么 $T_{Y_{\mathrm{th}}}$ 的累积分布函数为

$$\begin{aligned}F(t\mid\boldsymbol{X},\boldsymbol{S},Y_{\mathrm{th}})&=P(T_{Y_{\mathrm{th}}}<t)\\&=P\{\mathrm{IG}[e(\boldsymbol{S}\mid\boldsymbol{X}_1)\Lambda(t\mid\beta),\lambda[\Lambda(t\mid\beta)]^2]>I_Y(Y_{\mathrm{th}}-Y_0)\}\\&=\Phi\left\{\sqrt{\frac{\lambda}{I_Y(Y_{\mathrm{th}}-Y_0)}}\left[\Lambda(t\mid\beta)-\frac{I_Y(Y_{\mathrm{th}}-Y_0)}{e(\boldsymbol{S}\mid\boldsymbol{X}_1)}\right]\right\}-\\&\quad\exp\left[\frac{2\lambda\Lambda(t\mid\beta)}{e(\boldsymbol{S}\mid\boldsymbol{X}_1)}\right]\Phi\left\{-\sqrt{\frac{\lambda}{I_Y(Y_{\mathrm{th}}-Y_0)}}\left[\Lambda(t\mid\beta)+\frac{I_Y(Y_{\mathrm{th}}-Y_0)}{e(\boldsymbol{S}\mid\boldsymbol{X}_1)}\right]\right\}\end{aligned}\tag{3.41}$$

当 $e(\boldsymbol{S}\mid\boldsymbol{X}_1)\Lambda(t\mid\beta)$ 和 t 很大时,$\mathrm{IG}\{e(\boldsymbol{S}\mid\boldsymbol{X}_1)\Lambda(t\mid\beta),\lambda[\Lambda(t\mid\beta)]^2\}$ 近似于一个均值为 $e(\boldsymbol{S}\mid\boldsymbol{X}_1)\Lambda(t\mid\boldsymbol{X}_2)$,方差为 $[e(\boldsymbol{S}\mid\boldsymbol{X}_1)]^3\Lambda(t\mid\boldsymbol{X}_2)/\lambda$ 的正态分布[92]。因此,$T_{Y_{\mathrm{th}}}$ 的累积分布函数可以近似写为

$$F(t\mid\boldsymbol{X},\boldsymbol{S},Y_{\mathrm{th}})=\Phi\left\{\frac{e(\boldsymbol{S}\mid\boldsymbol{X}_1)\Lambda(t\mid\beta)-I_Y(Y_{\mathrm{th}}-Y_0)}{\sqrt{[e(\boldsymbol{S}\mid\boldsymbol{X}_1)]^3\Lambda(t\mid\beta)/\lambda}}\right\}\tag{3.42}$$

基于首穿时 $T_{Y_{\mathrm{th}}}$ 的概率累积分布函数(3.42),可以得到产品的可靠度函数:

$$\begin{aligned}R(t\mid\boldsymbol{X},\boldsymbol{S},Y_{\mathrm{th}})&=1-F(t\mid\boldsymbol{X},\boldsymbol{S},Y_{\mathrm{th}})\\&=\Phi\left\{\frac{I_Y(Y_{\mathrm{th}}-Y_0)-e(\boldsymbol{S}\mid\boldsymbol{X}_1)\Lambda(t\mid\beta)}{\sqrt{[e(\boldsymbol{S}\mid\boldsymbol{X}_1)]^3\Lambda(t\mid\beta)/\lambda}}\right\}\end{aligned}\tag{3.43}$$

基于式(3.43),产品的 p 分位寿命为

$$\begin{aligned}T_p&=\Lambda^{-1}[R^{-1}(t\mid\boldsymbol{X},\boldsymbol{S},Y_{\mathrm{th}})\mid_{R=p}]\\&=\left\{\frac{e(\boldsymbol{S}\mid\boldsymbol{X}_1)}{4\lambda}\left[z_p+\sqrt{(z_p)^2+\frac{4I_Y(Y_{\mathrm{th}}-Y_0)\lambda}{[e(\boldsymbol{S}\mid\boldsymbol{X}_1)]^2}}\right]\right\}^{\frac{1}{\beta}}\end{aligned}\tag{3.44}$$

式中:$^{-1}$ 表示对函数取反函数;z_p 为标准正态分布的 p 分位点。

同理,类比于基于维纳过程的加速退化模型 M_{W} 的首穿时分析,基于逆高斯过程的加速退化模型 M_{IG} 的首穿时分布同样刻画了裕量穿越 0 值的时间分布。

3.3.3 基于逆高斯过程的加速退化试验数据统计分析

本节介绍基于逆高斯过程的加速退化试验数据统计分析方法,在基于逆高斯过程的加速退化模型 M_{IG} 中,未知参数向量为 $\boldsymbol{\theta}=(\alpha_0,\alpha_1,\cdots,\alpha_q,\beta,\lambda)$。本节同样考虑最常见的恒定应力加速退化试验 CSADT 的统计分析,对于步进应力

的情况可以参考本节提出的方法展开。CSADT 的试验设置和参数设置与 3.1.3 节相同。

为了估计基于逆高斯过程的加速退化模型 M_{IG} 中的未知参数 $\boldsymbol{\theta}=(\alpha_0,\alpha_1,\cdots,\alpha_p,\beta,\lambda)$，本书选择极大似然估计方法。基于 CSADT 中的性能退化增量数据，以及其对应的概率密度函数(3.38)，可以获得 CSADT 的似然函数为

$$L(\boldsymbol{\theta}\mid D,M_{IG})=\prod_{l=1}^{k}\prod_{i=1}^{n_l}\prod_{j=1}^{m_{li}-1}\sqrt{\frac{\lambda(\Delta\Lambda_{lij})^2}{2\pi(\Delta y_{lij})^3}}\exp\left\{-\frac{\lambda[I_Y\Delta y-e(\boldsymbol{S}\mid\boldsymbol{X}_1)\Delta\Lambda_{lij}]^2}{2[e(\boldsymbol{S}\mid\boldsymbol{X}_1)]^2\Delta y_{lij}}\right\} \tag{3.45}$$

进一步将 $e(\boldsymbol{S}\mid\boldsymbol{X}_1)$ 代入式(3.45)中，式(3.45)的对数似然函数为

$$\ln L(\boldsymbol{\theta}\mid D,M_{IG})=-\frac{1}{2}\sum_{l=1}^{k}\sum_{i=1}^{n_l}\sum_{j=1}^{m_{li}}\left\{-\ln\lambda-2\ln(\Delta\Lambda_{lij})+\ln2\pi+3\ln(I_Y\Delta y_{lij})+\frac{\lambda\left[I_Y\Delta y_{lij}-\alpha_0\exp\left(\sum\limits_{p=1}^{q}\alpha_p\varphi(s_{pl})\right)\Delta\Lambda_{lij}\right]^2}{\left[\alpha_0\exp\left(\sum\limits_{p-1}^{q}\alpha_p\varphi(s_{pl})\right)\right]^2 I_Y\Delta y_{lij}}\right\} \tag{3.46}$$

基于式(3.46)进行极大似然估计，通过令式(3.46)最大，得到的未知参数估计值即为极大似然估计结果 $\hat{\boldsymbol{\theta}}=(\hat{\alpha}_0,\hat{\alpha}_1,\cdots,\hat{\alpha}_p,\hat{\beta},\hat{\lambda})$。

3.4 本章小结

产品性能的退化会体现出动态随机性，本章介绍了三种常用的随机过程，用以描述性能退化过程的动态随机性，包括维纳过程、伽马过程和逆高斯过程，并从加速退化试验核心方程的角度，给出了基于这三种随机过程的加速退化建模方法及相应的统计分析方法。由于这三种模型从考虑不确定性的来源角度看，均仅考虑了时间维度的不确定性，而没有考虑样品和应力维度的不确定性，因此我们也将本章介绍的 M_W、M_{Ga} 和 M_{IG} 统称为 $M_{\mathrm{I}}^{\mathrm{R}}$（下标 I 为希腊数字，表示考虑单维度不确定性，上标 R 取单词“Random”首字母，意为随机不确定性）。

第4章

双维度随机不确定性的量化

在实际的产品生产和制造过程中，不可避免地会存在不确定性，即样本差异性，基于第2章对加速退化试验中的不确定性的分析，样本差异性属于样品维度的不确定性。忽略样本差异性，会导致在基于加速退化试验数据的性能退化规律认知中，无法辨识样本差异性对性能退化规律的影响，进而降低统计分析得到的可靠性和寿命评估结果的准确度。因此在第3章提到的性能退化过程中的动态随机性建模的基础上，还应该考虑由样品生产制造过程中的不确定性所体现的样本差异性。为此，本章提出一种基于维纳过程的二维随机加速退化建模和统计分析方法，用以描述样本差异性和退化过程的动态随机性。

4.1 二维随机加速退化模型

基于3.1节的内容可知，从考虑不确定性的来源角度看，经典的基于维纳过程的加速退化模型 M_{W} 仅考虑了时间维度的不确定性，而没有考虑样品和应力维度的不确定性。本章在维纳过程模型 M_{W} 的基础上，考虑样本差异性的影响，构建二维随机加速退化模型 $M_{\mathrm{II}}^{\mathrm{R}}$（下标Ⅱ为希腊字母表示考虑双维度不确定性，上标R取单词“Random”首字母，意为随机不确定性）。基于本书第2章的分析，样本差异性属于样品维度的不确定性，其不确定性体现在内在属性参数上，包括两个方面：“出生状态”的不确定性和“退化过程”的不确定性。本章主要考虑“退化过程”的动态随机不确定性，即假设性能退化速率的 $e(\boldsymbol{S}\mid\boldsymbol{X}_1)$（式(2.16)）中的内在属性参数 $\boldsymbol{X}_1$ 存在不确定性，记为 $\widetilde{\boldsymbol{X}}_1$，那么基于维纳过程的二维加速退化模型 $M_{\mathrm{II}}^{\mathrm{R}}$ 为

$$M_{\mathrm{II}}^{\mathrm{R}}:\widetilde{Y}(\boldsymbol{S},t\mid\boldsymbol{X})=Y_0+I_Y\times\{e(\boldsymbol{S}\mid\widetilde{\boldsymbol{X}}_1)\Lambda(t\mid\beta)+\sigma B[\tau(t\mid\gamma)]\}\tag{4.1}$$

式中：$e(\boldsymbol{S}\mid\widetilde{\boldsymbol{X}}_1)$ 为性能退化速率函数，与式(2.17)相同，即

$$e(\boldsymbol{S}\mid\boldsymbol{X}_1)=\alpha_0\exp\left[\sum_{p=1}^{q}\alpha_p\varphi(S_p)\right]\tag{4.2}$$

式(4.1)中,时间维度的不确定性用 $\Omega_F(t)=\sigma B[\tau(t|\gamma)]$ 描述,$\tau(t|\gamma)$ 是时间的单调函数,式(4.1)和式(4.2)中其他参数的含义均与第2章和3.1.2节相同。

考虑到由样品生产制造过程中的不确定性所体现的样品差异性,不同试验样品的性能退化速率 $e(\boldsymbol{S}|\widetilde{\boldsymbol{X}}_1)$ 也有所差异,而这种差异是由于不同样品的内在属性的差异 $\widetilde{\boldsymbol{X}}_1$ 导致的。因此,假设内在属性参数 $\widetilde{\boldsymbol{X}}_1$ 为随机变量,来刻画这种不确定性,类似的方法可以在文献[93-95]等中找到。为简单起见,假设式(4.2)中的 α_0 服从均值为 μ_{α_0}、方差为 $\sigma_{\alpha_0}^2$ 的正态分布,即 $\alpha_0\sim N(\mu_{\alpha_0},\sigma_{\alpha_0}^2)$。当不考虑 α_0 的随机效应时,即 $\sigma_{\alpha_0}=0$,此时即为只考虑内在属性参数 α_0 的确定性的性能退化速率函数 $e(\boldsymbol{S}|\boldsymbol{X}_1)$。

式(4.1)的优势是它可以将加速退化试验领域中另外两个常用的基于维纳过程的加速退化模型作为它的极限情况,即

(1) 情况1:如果 $\Lambda(t|\beta)=t,\tau(t|\gamma)=t$,那么式(4.1)即为传统的线性维纳过程,记为 $M_{\mathrm{II\_1}}^{\mathrm{R}}$,如式(4.3)所示,其已广泛应用于加速退化试验分析中[96-99]:

$$M_{\mathrm{II\_1}}^{\mathrm{R}}:\widetilde{Y}(\boldsymbol{S},t|\boldsymbol{X})=Y_0+I_Y\times[e(\boldsymbol{S}|\widetilde{\boldsymbol{X}}_1)t+\sigma B(t)] \tag{4.3}$$

(2) 情况2:如果 $\Lambda(t|\beta)=\tau(t|\gamma)$,那么式(4.1)将减少到仅含一个时间尺度变换的维纳过程[67,100],记为 $M_{\mathrm{II\_2}}^{\mathrm{R}}$,如式(4.4)所示:

$$M_{\mathrm{II\_2}}^{\mathrm{R}}:\widetilde{Y}(\boldsymbol{S},t|\boldsymbol{X})=Y_0+I_Y\times\{e(\boldsymbol{S}|\widetilde{\boldsymbol{X}}_1)\Lambda(t|\beta)+\sigma B[\Lambda(t|\beta)]\} \tag{4.4}$$

在式(4.4)中,若令 $u=\Lambda(t|\beta)$,那么情况2将变为情况1的相似形式:$\widetilde{Y}(\boldsymbol{S},u|\boldsymbol{X})=Y_0+I_Y[e(\boldsymbol{S}|\widetilde{\boldsymbol{X}}_1)u+\sigma B(u)]$。

此外,如果应力水平为正常应力下的取值,即 $\boldsymbol{s}_0=(s_{10},s_{20},\cdots,s_{q0})$,那么模型 $M_{\mathrm{II}}^{\mathrm{R}}$ 及其两类特殊情况 $M_{\mathrm{II\_1}}^{\mathrm{R}}$ 和 $M_{\mathrm{II\_2}}^{\mathrm{R}}$ 均为传统退化分析(不考虑加速情况)的退化模型[101-103]。

综上所述,式(4.1)中的基于维纳过程的二维随机加速退化模型 $M_{\mathrm{II}}^{\mathrm{R}}$,考虑了加速性能退化过程的时间维度的动态不确定性以及样品差异性,且适用于单一应力($q=1$)或多种应力类型($q>1$),线性($\beta=\gamma=1$)和非线性($\beta\neq1,\gamma\neq1$)的加速性能退化过程。

4.2 基于二维随机加速退化模型的可靠性分析

由二维随机加速退化模型 $M_{\mathrm{II}}^{\mathrm{R}}$ 可知,性能退化速率 $e(\boldsymbol{S}|\widetilde{\boldsymbol{X}}_1)$ 是一个服从正态分布的随机变量,为便于本章后续的推导,在此将 $e(\boldsymbol{S}|\widetilde{\boldsymbol{X}}_1)$ 简写为 e,其均值和方差分别为

$$\mu_e = \mu_{\alpha_0}\exp\left[\sum_{p=1}^{q}\alpha_p\varphi(S_p)\right] \tag{4.5}$$

$$\sigma_e^2 = \sigma_{\alpha_0}^2\exp\left[\sum_{p=1}^{q}2\alpha_p\varphi(S_p)\right] \tag{4.6}$$

基于2.1节介绍的加速退化试验中的裕量方程(2.4)可知,假设产品的性能阈值为Y_{th},则二维随机加速退化模型M_{II}^{R}的性能裕量方程为

$$\begin{aligned}\widetilde{M}(\boldsymbol{S},t\,|\,\boldsymbol{X}) &= I_Y\times[Y_{\text{th}}-\widetilde{Y}(\boldsymbol{S},t\,|\,\boldsymbol{X})]\\ &= I_Y\times(Y_{\text{th}}-Y_0)-\{e(\boldsymbol{S}\,|\,\widetilde{\boldsymbol{X}}_1)\Lambda(t\,|\,\beta)+\sigma B[\tau(t\,|\,\gamma)]\}\end{aligned} \tag{4.7}$$

当使用二维随机加速退化模型M_{II}^{R}描述产品的(加速)性能退化过程时,产品的性能裕量$\widetilde{M}(\boldsymbol{S},t\,|\,\boldsymbol{X})$首次穿越0值,即性能$\widetilde{Y}(\boldsymbol{S},t\,|\,\boldsymbol{X})$首次穿过其性能阈值$Y_{\text{th}}$,就可以视产品为失效,那么性能裕量$\widetilde{M}(\boldsymbol{S},t\,|\,\boldsymbol{X})$首次穿越0值的时间$T_{Y_{\text{th}}}=\inf\{t:t>0,\widetilde{M}(\boldsymbol{S},t\,|\,\boldsymbol{X})\leqslant 0\}$,即首穿时或产品的寿命。作时间变换$u=\tau(t\,|\,\gamma)$,那么$t=\tau^{-1}(u\,|\,\gamma)$。定义$\rho(u\,|\,\beta)=\Lambda[\tau^{-1}(u\,|\,\gamma)\,|\,\beta]$,那么式(4.1)就变成了:

$$\widetilde{Y}(\boldsymbol{S},u\,|\,\boldsymbol{X}) = Y_0+I_Y\times[e\rho(u\,|\,\beta)+\sigma B(u)] \tag{4.8}$$

其漂移系数,即性能退化速率变为

$$\kappa = e\frac{\mathrm{d}\rho(u\,|\,\beta)}{\mathrm{d}u} \tag{4.9}$$

令

$$h(u\,|\,\beta) = \frac{\mathrm{d}\rho(u\,|\,\beta)}{\mathrm{d}u} \tag{4.10}$$

则

$$\kappa = eh(u\,|\,\beta) \tag{4.11}$$

通过上述时间变换,二维随机加速退化模型M_{II}^{R}的性能裕量方程变为

$$\widetilde{M}(\boldsymbol{S},u\,|\,\boldsymbol{X}) = I_Y\times(Y_{\text{th}}-Y_0)-[e\rho(u\,|\,\beta)+\sigma B(u)] \tag{4.12}$$

基于一些简单的假设,如式(4.12)所示的性能裕量退化过程$\widetilde{M}(\boldsymbol{S},u\,|\,\boldsymbol{X})$的首穿时$U_{Y_{\text{th}}}=\inf\{u:u>0,\widetilde{M}(\boldsymbol{S},u\,|\,\boldsymbol{X})\leqslant 0\}$的概率密度分布函数为(推导过程请参见文献[95]中的定理2):

$$\begin{aligned}\rho(u\,|\,e,\boldsymbol{X},\boldsymbol{S},Y_{\text{th}}) = &\frac{1}{\sqrt{2\pi u}}\left[\frac{I_Y(Y_{\text{th}}-Y_0)-e\rho(u\,|\,\beta)}{\sigma u}+\frac{\kappa}{\sigma}\right]\times\\ &\exp\left\{-\frac{[I_Y(Y_{\text{th}}-Y_0)-e\rho(u\,|\,\beta)]^2}{2\sigma^2 u}\right\}\end{aligned} \tag{4.13}$$

考虑到由样本差异性所引起的随机效应,e的不确定性应当包括在首穿时$U_{Y_{\text{th}}}$的概率密度函数中。基于全概率公式,可得

$$\rho(u\mid \boldsymbol{X},\boldsymbol{S},Y_{\mathrm{th}})=\int\rho(u\mid e,\boldsymbol{X},\boldsymbol{S},Y_{\mathrm{th}})f(e)\,\mathrm{d}e \tag{4.14}$$

式中：$f(e)$为 e 的概率密度函数。

为了得到式(4.14)的显示表达，我们引入文献[95]的定理 3 并进行相应改动得到下述定理 4.1。

定理 4.1：如果$\mu\sim N(\mu_0,\sigma_0^2)$，$\omega,A,B,C\in\Re$，那么

$$E_\mu\left\{(\omega-A\mu)\exp\left[-\frac{(\omega-B\mu)^2}{2C}\right]\right\}$$
$$=\sqrt{\frac{C}{B^2\sigma_0^2+C}}\left(\omega-A\frac{B\sigma_0^2\omega+\mu_0 C}{B^2\sigma_0^2+C}\right)\times\exp\left[-\frac{(\omega-B\mu_0)^2}{2(B^2\sigma_0^2+C)}\right] \tag{4.15}$$

根据式(4.15)，将式(4.13)代入式(4.14)可得

$$\rho(u\mid \boldsymbol{X},\boldsymbol{S},Y_{\mathrm{th}})=\frac{1}{u\sqrt{2\pi Q}}\exp\left\{-\frac{[I_Y(Y_{\mathrm{th}}-Y_0)-\rho(u\mid\beta)\mu_e]^2}{2Q}\right\}\times$$
$$\left\{I_Y(Y_{\mathrm{th}}-Y_0)-[\rho(u\mid\beta)-h(u\mid\beta)u]\times\frac{\rho(u\mid\beta)\sigma_e^2 I_Y(Y_{\mathrm{th}}-Y_0)+\mu_e\sigma^2 u}{Q}\right\} \tag{4.16}$$

其中

$$Q=[\rho(u\mid\beta)]^2\sigma_e^2+\sigma^2 u \tag{4.17}$$

然后，将时间变换 $u=\tau(t\mid\gamma)$的反变换代入到式(4.17)中，可得二维随机加速退化模型 $M_{\mathrm{II}}^{\mathrm{R}}$的首穿时 $T_{Y_{\mathrm{th}}}$的概率密度函数：

$$\rho(t\mid \boldsymbol{X},\boldsymbol{S},Y_{\mathrm{th}})=\frac{1}{\tau(t\mid\gamma)\sqrt{2\pi Q}}\exp\left\{-\frac{[I_Y(Y_{\mathrm{th}}-Y_0)-\Lambda(t\mid\beta)\mu_e]^2}{2Q}\right\}\times$$
$$\left[I_Y(Y_{\mathrm{th}}-Y_0)-G\frac{\Lambda(t\mid\beta)\sigma_e^2 I_Y(Y_{\mathrm{th}}-Y_0)+\mu_e\sigma^2\tau(t\mid\gamma)}{Q}\right]\times\frac{\mathrm{d}\tau(t\mid\gamma)}{\mathrm{d}t} \tag{4.18}$$

其中

$$Q=[\Lambda(t\mid\beta)]^2\sigma_e^2+\sigma^2\tau(t\mid\gamma) \tag{4.19}$$
$$G=\Lambda(t\mid\beta)-h[\tau(t\mid\gamma)\mid\beta]\tau(t\mid\gamma) \tag{4.20}$$

同理，类比于第 3 章所述的加速退化模型的首穿时分析，式(4.18)同样刻画了二维随机加速退化模型 $M_{\mathrm{II}}^{\mathrm{R}}$的性能裕量穿越 0 值的时间分布。

假设 $\Lambda(t\mid\beta)=t^\beta$，$\tau(t\mid\gamma)=t^\gamma$，那么式(4.18)变为

$$\rho(t\mid \boldsymbol{X},\boldsymbol{S},Y_{\text{th}})=\frac{\gamma}{t\sqrt{2\pi(\sigma_e^2t^{2\beta}+\sigma^2t^{\gamma})}}\exp\left\{-\frac{[I_Y(Y_{\text{th}}-Y_0)-\mu_e t^{\beta}]^2}{2(\sigma_e^2t^{2\beta}+\sigma^2t^{\gamma})}\right\}\times$$

$$\left\{I_Y(Y_{\text{th}}-Y_0)-\frac{(\gamma-\beta)t^{\beta}[I_Y(Y_{\text{th}}-Y_0)\sigma_e^2t^{\beta}+\mu_e\sigma^2t^{\gamma}]}{\gamma(\sigma_e^2t^{2\beta}+\sigma^2t^{\gamma})}\right\}\gamma t^{\gamma-1}\quad(4.21)$$

这里,应当满足关系 $\int f(t\mid \boldsymbol{X},\boldsymbol{S},Y_{\text{th}})\mathrm{d}t=1$。因此对于模型 M_{II}^{R},首穿时 $T_{Y_{\text{th}}}$ 的概率密度函数和概率分布函数分别被修改为

$$f(t\mid \boldsymbol{X},\boldsymbol{S},Y_{\text{th}})\approx\frac{\rho(t\mid \boldsymbol{X},\boldsymbol{S},Y_{\text{th}})}{\int_0^{\infty}f(e)\mathrm{d}e}\quad(4.22)$$

$$F(t\mid \boldsymbol{X},\boldsymbol{S},Y_{\text{th}})\approx\frac{\int_0^{t}\rho(x\mid \boldsymbol{X},\boldsymbol{S},Y_{\text{th}})\mathrm{d}x}{\int_0^{\infty}f(e)\mathrm{d}e}\quad(4.23)$$

对于 $M_{\text{II\_1}}^{\text{R}}$,$\Lambda(t\mid\beta)=t$,$\tau(t\mid\gamma)=t$,由 3.1.2 节可知,首穿时 $T_{Y_{\text{th}}}$ 的概率密度函数被称为逆高斯分布。考虑到随机效应[104],$T_{Y_{\text{th}}}$ 的概率密度函数和概率分布函数分别为[93,101]

$$f(t\mid \boldsymbol{X},\boldsymbol{S},Y_{\text{th}})=\frac{I_Y(Y_{\text{th}}-Y_0)}{\sqrt{2\pi t^3(\sigma_e^2t+\sigma^2)}}\exp\left\{-\frac{[I_Y(Y_{\text{th}}-Y_0)-\mu_e t]^2}{2t(\sigma_e^2t+\sigma^2)}\right\}\quad(4.24)$$

$$\begin{aligned}F(t\mid \boldsymbol{X},\boldsymbol{S},Y_{\text{th}})=&\Phi\left[\frac{\mu_e t-I_Y(Y_{\text{th}}-Y_0)}{\sqrt{\sigma_e^2t^2+\sigma^2t}}\right]+\\&\exp\left[\frac{2\mu_e I_Y(Y_{\text{th}}-Y_0)}{\upsilon^2}+\frac{2\sigma_e^2(Y_{\text{th}}-Y_0)^2}{\sigma^4}\right]\times\\&\Phi\left\{-\frac{2\sigma_e^2I_Y(Y_{\text{th}}-Y_0)t+\sigma^2[\mu_e t+I_Y(Y_{\text{th}}-Y_0)]}{\sigma^2\sqrt{\sigma_e^2t^2+\sigma^2t}}\right\}\end{aligned}\quad(4.25)$$

显然,如果将 $\beta=\gamma=1$ 代入到式(4.21)中,易知 $\int f(t\mid \boldsymbol{X},\boldsymbol{S},Y_{\text{th}})\mathrm{d}t=1$,那么式(4.24)和式(4.25)是式(4.22)和式(4.23)的极限情况。

对于 $M_{\text{II\_2}}^{\text{R}}$,$\Lambda(t\mid\beta)=\tau(t\mid\gamma)$,通过做时间尺度变换将 $\Lambda(t\mid\theta)$ 或 $\tau(t\mid\gamma)$ 替换为 t[86,100],其首穿时 $T_{Y_{\text{th}}}$ 的概率密度函数与式(4.24)相符,也是式(4.22)的极限情况。

基于首穿时 $T_{Y_{\text{th}}}$ 的概率累积分布函数,可以得到产品的可靠度函数:

$$R(t\mid \boldsymbol{X},\boldsymbol{S},Y_{\text{th}})=1-F(t\mid \boldsymbol{X},\boldsymbol{S},Y_{\text{th}})$$

$$
= \Phi\left[\frac{I_Y(Y_{\text{th}}-Y_0)-\mu_e t}{\sqrt{\sigma_e^2 t^2+\sigma^2 t}}\right]-
\exp\left[\frac{2\mu_e I_Y(Y_{\text{th}}-Y_0)}{\sigma^2}+\frac{2\sigma_e^2\ (Y_{\text{th}}-Y_0)^2}{\sigma^4}\right]\times
\Phi\left\{-\frac{2\sigma_e^2 I_Y(Y_{\text{th}}-Y_0)t+\sigma^2[\mu_e t+I_Y(Y_{\text{th}}-Y_0)]}{\sigma^2\sqrt{\sigma_e^2 t^2+\sigma^2 t}}\right\} \quad (4.26)
$$

4.3　基于二维随机加速退化模型的统计分析

本节介绍基于二维随机加速退化模型 M_{II}^{R}的加速退化试验数据统计分析方法，在基于二维随机加速退化模型 M_{II}^{R}中，未知参数向量为 $\boldsymbol{\theta}=(\mu_{\alpha_0},\sigma_{\alpha_0},\alpha_1,\cdots,\alpha_q,\beta,\gamma,\sigma)$。本节针对加速退化试验中最常见的恒定应力类型加速退化试验(CSADT)和步进应力类型加速退化试验(SSADT)开展统计分析。加速退化试验的试验设置和参数设置与 3.1.3 节相同。

由于待估参数较多，且难以直接获得这些参数的解析解，因此本节提出了一种两阶段极大似然估计方法开展未知参数的统计分析：在第一阶段，对性能退化过程模型相关的参数进行估计，即式(4.1)中的 $\boldsymbol{\theta}_1=(\beta,\gamma,\sigma)$；在第二阶段，对性能退化速率模型相关的参数进行估计，即式(4.2)中的 $\boldsymbol{\theta}_2=(\mu_{\alpha_0},\sigma_{\alpha_0},\alpha_1,\cdots,\alpha_q)$。

1. CSADT 的 $\boldsymbol{\theta}_1$估计

令 $\boldsymbol{y}_{li}=(y_{li1},y_{li2},\cdots,y_{lim_l})$，$\boldsymbol{\Lambda}_{li}=(\Lambda(t_{li1}|\beta),\Lambda(t_{li2}|\beta),\cdots,\Lambda(t_{lim_l}|\beta))^{\text{T}}$，$\boldsymbol{z}_{li}=I_Y\times(\boldsymbol{y}_{li}-y_{li0})$，根据维纳过程的性质，可知 z_{li}服从多变量正态分布：

$$
z_{li}\sim N(e_{li}\boldsymbol{\Lambda}_{li},\sigma^2\boldsymbol{Q}_{li}) \quad (4.27)
$$

式中：e_{li}为第 l 个应力水平下第 i 个试验样品的性能退化速率；$\boldsymbol{Q}_{li}$为

$$
\boldsymbol{Q}_{li}=\begin{pmatrix}
\tau(t_{li1}|\gamma) & \tau(t_{li1}|\gamma) & \cdots & \tau(t_{li1}|\gamma)\\
\tau(t_{li1}|\gamma) & \tau(t_{li2}|\gamma) & \cdots & \tau(t_{li2}|\gamma)\\
\vdots & \vdots & \ddots & \vdots\\
\tau(t_{li1}|\gamma) & \tau(t_{li2}|\gamma) & \cdots & \tau(t_{lim_l}|\gamma)
\end{pmatrix} \quad (4.28)
$$

令 $\boldsymbol{e}=(e_{11},\cdots,e_{1n_1},\cdots,e_{k1},\cdots,e_{kn_k})$为所有试验样品的性能退化速率向量，由式(4.27)容易得到基于 CSADT 数据的对数似然函数：

$$
\ln L(\boldsymbol{e},\sigma,\beta,\gamma|\boldsymbol{z})=-\frac{1}{2}\sum_{l=1}^{k}\sum_{i=1}^{n_l}[m_{ij}\ln(2\pi)+\ln|\sigma^2\boldsymbol{Q}_{li}|+
(z_{li}-e_{li}\boldsymbol{\Lambda}_{li})'\sigma^{-2}\boldsymbol{Q}_{li}^{-1}(z_{li}-e_{li}\boldsymbol{\Lambda}_{li})] \quad (4.29)
$$

对式(4.29)中的 e_{li}和 σ^2求一阶偏导，分别如式(4.30)和式(4.31)所示：

$$\frac{\partial \ln L(\boldsymbol{e},\sigma,\beta,\gamma|\boldsymbol{z})}{\partial e_{li}}=\boldsymbol{z}'_{li}\sigma^{-2}\boldsymbol{Q}_{li}^{-1}\boldsymbol{\Lambda}_{li}-\boldsymbol{z}_{li}\boldsymbol{\Lambda}'_{li}\sigma^{-2}\boldsymbol{Q}_{li}^{-1}\boldsymbol{\Lambda}_{li} \tag{4.30}$$

$$\frac{\partial \ln L(\boldsymbol{e},\sigma,\beta,\gamma|\boldsymbol{z})}{\partial(\sigma^2)}=-\frac{1}{2\sigma^2}\sum_{l=1}^{k}\sum_{i=1}^{n_l}\left[m_{li}-\frac{1}{\sigma^2}(\boldsymbol{z}_{li}-e_{li}\boldsymbol{\Lambda}_{li})'\boldsymbol{Q}_{li}^{-1}(\boldsymbol{z}_{li}-e_{li}\boldsymbol{\Lambda}_{li})\right] \tag{4.31}$$

令式(4.30)和式(4.31)为零,可得含β和γ的e_{li}和σ^2:

$$\hat{e}_{li}=\frac{\boldsymbol{z}'_{li}\boldsymbol{Q}_{li}^{-1}\boldsymbol{\Lambda}_{li}}{\boldsymbol{\Lambda}'_{li}\boldsymbol{Q}_{li}^{-1}\boldsymbol{\Lambda}_{li}} \tag{4.32}$$

$$\hat{\sigma}^2=\frac{\sum_{l=1}^{k}\sum_{i=1}^{n_l}(\boldsymbol{z}_{li}-\hat{e}_{li}\boldsymbol{\Lambda}_{li})'\boldsymbol{Q}_{li}^{-1}(\boldsymbol{z}_{li}-\hat{e}_{li}\boldsymbol{\Lambda}_{li})}{\sum_{l=1}^{k}\sum_{i=1}^{n_l}m_{li}} \tag{4.33}$$

将式(4.32)和式(4.33)代入式(4.29),那么仅包含β和γ的对数似然函数为

$$\ln L(\beta,\gamma|\boldsymbol{z})=-\frac{1}{2}\sum_{l=1}^{k}\sum_{i=1}^{n_l}[m_{li}\ln(2\pi)+\ln|\sigma^2\boldsymbol{Q}_{li}|+(\boldsymbol{z}_{li}-e_{li}\boldsymbol{\Lambda}_{li})'\sigma^{-2}\boldsymbol{Q}_{li}^{-1}(\boldsymbol{z}_{li}-e_{li}\boldsymbol{\Lambda}_{li})] \tag{4.34}$$

对式(4.34)进行二维最大值搜索,可以获得估计值$\hat{\beta}$和$\hat{\gamma}$[105]。然后,通过将$\hat{\beta}$和$\hat{\gamma}$代入式(4.32)和式(4.33)中,便得到了估计值$\hat{e}_{li}$和$\hat{\sigma}^2$。

2. CSADT 的 $\boldsymbol{\theta}_2$ 估计

$\boldsymbol{\theta}_2$的估计与式(4.2)的性能退化速率模型相关。根据式(4.5)和式(4.6),考虑不同应力水平下的性能退化速率,可以得到

$$e_{li}\sim N\left\{\mu_{\alpha_0}\exp\left[\sum_{p=1}^{q}\alpha_p\varphi(s_{pl})\right],\sigma_{\alpha_0}^2\exp\left[\sum_{p=1}^{q}2\alpha_p\varphi(s_{pl})\right]\right\} \tag{4.35}$$

基于$\boldsymbol{\theta}_1$估计过程中得到的$\hat{e}_{li}$对$\boldsymbol{\theta}_2$进行估计,由式(4.35)容易得到$\boldsymbol{\theta}_2$的对数似然函数为

$$\ln L(\boldsymbol{\theta}_2|\hat{e}_{li})=-\frac{1}{2}\sum_{l=1}^{k}\sum_{i=1}^{n_l}\ln(2\pi)+\left\{\ln\sigma_{\alpha_0}+2\exp\left[\sum_{p=1}^{q}\alpha_p\varphi(s_{pl})\right]\right\}+\frac{\left\{\hat{e}_{li}-\mu_{\alpha_0}\exp\left[\sum_{p=1}^{q}\alpha_p\varphi(s_{pl})\right]\right\}^2}{\sigma_{\alpha_0}\exp\left[\sum_{p=1}^{q}2\alpha_p\varphi(s_{pl})\right]} \tag{4.36}$$

与$\boldsymbol{\theta}_1$的估计过程相似,可得含$\alpha_1,\alpha_2,\cdots,\alpha_p$的$\hat{\mu}_{\alpha_0}$和$\hat{\sigma}_{\alpha_0}$:

$$\hat{\mu}_{\alpha_0}=\frac{\sum_{l=1}^{k}\sum_{i=1}^{n_l}\frac{\hat{e}_{li}}{\exp\left[\sum_{p=1}^{q}\alpha_p\varphi(s_{pl})\right]}}{\sum_{l=1}^{k}n_l} \tag{4.37}$$

$$\hat{\sigma}_{\alpha_0}^2=\frac{\sum_{l=1}^{k}\sum_{i=1}^{n_l}\left\{\frac{\hat{e}_{li}}{\exp\left[\sum_{p=1}^{q}\alpha_p\varphi(s_{pl})\right]}-\hat{\mu}_{\alpha_0}\right\}^2}{\sum_{l=1}^{k}n_l} \tag{4.38}$$

进一步地，将式(4.37)和式(4.38)代入式(4.36)中，通过对式(4.36)进行 q 维最大值搜索可以得到$\hat{\alpha}_1,\hat{\alpha}_2,\cdots,\hat{\alpha}_q$。然后，根据式(4.37)和式(4.38)，可相应得到$\hat{\mu}_{\alpha_0}$和$\hat{\sigma}_{\alpha_0}$。

3. SSADT 的 θ_1和 θ_2估计

SSADT 中未知参数的估计与 CSADT 中的未知参数估计略有不同。因为在 SSADT 中，后一应力水平下的初始时刻的性能退化量与前一应力水平的试验截尾时间的性能退化量相同。因此，可以对 SSADT 数据进行一定的数学转化，转换成 CSADT 的数据，再通过上述方法开展统计分析。其中所需的数学转化为：

假设在 SSADT 的试验时间 $t:t_1\to t_2$过程中，其相应的性能退化量为 $y:y_1\to y_2$。根据维纳过程的性质，性能 y 满足 $I_Y\times(y-y_1)\sim N\{e_2[\Lambda(t|\beta)-\Lambda(t_1|\beta)],\sigma^2[\tau(t|\gamma)-\tau(t_1|\gamma)]\}$，其中 e_2是 $t\in(t_1,t_2)$时的性能退化速率。假设 $z=I_Y\times(y-y_1)$，$\Lambda'(t|\theta)=\Lambda(t|\theta)-\Lambda(t_1|\theta)$，$\tau'(t|\gamma)=\tau(t|\gamma)-\tau(t_1|\gamma)$，在时间区间$(t_1,t_2]$中，SSADT 数据可以被看作 CSADT 数据的子集，即在时间区间$[0,t^*]$内，性能参数初始值从 y 转换为 z，其中 t^* 指的是 $\Lambda'(t|\beta)$或 $\tau'(t|\gamma)$。对于时间区间$(t_2,t_3]$中的 SSADT 数据处理办法是类似的。

按照这个办法，令观测到的 SSADT 数据 y_{lij}表示第 l 个应力水平 s_l下，第 i 个样品的第 j 个退化量，t_{lij}是对应的性能检测时间点，$p=1,2,\cdots,q$，$l=1,2,\cdots,k$，$i=1,2,\cdots,n_l$，$j=1,2,\cdots,m_{li}$，令 $t_{0ij}=0$，$y_{0ij}=1$，在式(4.39)～式(4.41)中给出了相应的数学转化：

$$\boldsymbol{z}_{li}=I_Y\times\left(\begin{bmatrix}y_{li1}\\y_{li2}\\\vdots\\y_{lim_l}\end{bmatrix}-y_{(l-1)im_{l-1}}\boldsymbol{I}_{m_l\times 1}\right) \tag{4.39}$$

$$\boldsymbol{\Lambda}_{li}=\begin{bmatrix}\Lambda(t_{li1}\mid\beta)\\ \Lambda(t_{li2}\mid\beta)\\ \vdots\\ \Lambda(t_{lim_l}\mid\beta)\end{bmatrix}-\Lambda(t_{(l-1)im_{l-1}}\mid\beta)\boldsymbol{I}_{m_{li}\times 1} \tag{4.40}$$

$$\boldsymbol{Q}_{li}=\begin{bmatrix}\tau(t_{li1}\mid\gamma) & \tau(t_{li1}\mid\gamma) & \cdots & \tau(t_{li1}\mid\gamma)\\ \tau(t_{li1}\mid\gamma) & \tau(t_{li2}\mid\gamma) & \cdots & \tau(t_{li2}\mid\gamma)\\ \vdots & \vdots & \ddots & \vdots\\ \tau(t_{li1}\mid\gamma) & \tau(t_{li2}\mid\gamma) & \cdots & \tau(t_{lim_l}\mid\gamma)\end{bmatrix}-\tau(t_{(l-1)im_l}\mid\gamma)\boldsymbol{I}_{m_{li}\times m_{li}} \tag{4.41}$$

式中：$\boldsymbol{I}_{m\times n}$为 $m\times n$ 阶全一矩阵。

然后，再结合基于 CSADT 数据提出的两阶段极大似然估计方法即可求解出 SSADT 的未知参数。

4.4 案例分析

本节通过一个仿真案例和两个实际案例对本章所提出的模型和方法在线性和非线性加速退化试验分析中的有效性和优势进行说明。

产品的性能退化路径通常呈现指数函数的形式[88]，因此我们假设模型中 $\Lambda(t\mid\beta)=t^{\beta}$，$\tau(t\mid\gamma)=t^{\gamma}$。为了比较模型 M_{II}^{R} 与 $M_{\text{II\_1}}^{\text{R}}$、$M_{\text{II\_2}}^{\text{R}}$ 的拟合效果，引入了 Akaike 信息准则（Akaike information criterion，AIC）：

$$\text{AIC}=-2\,(\ln L)_{\max}+2n_p, \tag{4.42}$$

式中：$(\ln L)_{\max}$为对数似然函数（4.29）的最大值；n_p为模型中未知参数的个数。AIC 的值越小，模型拟合得越好。

根据 Burnham 和 Anderson[106]，对 AIC 进行了调整：

$$\varepsilon_i=\text{AIC}_i-\text{AIC}_{\min}, \tag{4.43}$$

式中：$\text{AIC}_{\min}$为 AIC_i的最小值。$\varepsilon_i=0$ 表示该模型为最佳的模型；$\varepsilon_i\leqslant 2$ 表示该模型能够较好地拟合数据；$4\leqslant\varepsilon_i\leqslant 7$ 表示该模型不能较好地拟合数据；$\varepsilon_i>10$ 表示该模型与最佳模型相比拟合效果很差。

此外，为了更加直观地说明拟合结果，使用 Q-Q 图以图形方式呈现每个模型在加速退化试验数据上的拟合效果，其标准正态分布如下：

$$\frac{z_{lij}-\hat{e}_{li}\Lambda(t_{lij}\mid\beta)}{\sigma\sqrt{\tau(t_{lij}\mid\gamma)}}\sim N(0,1)\quad(l=1,2,\cdots,k;i=1,2,\cdots,n_l;j=1,2,\cdots,m_{li}) \tag{4.44}$$

模型的拟合效果越好，Q-Q 图越近似是线性的。

4.4.1 仿真案例

假设某产品开展了一次以温度应力为加速应力的 SSADT，即式(4.1)中的应力向量 $\boldsymbol{S}$ 仅包含温度 T，相关仿真信息如表 4.1 所示。

表 4.1　仿真案例：基本 SSADT 信息

试验变量	取　值	试验变量	取　值
k	3	μ_{α_0}	0.15
$\boldsymbol{T}$/℃	$\boldsymbol{T}=(60,100,120)$	$\sigma^2_{\alpha_0}$	0.04
T_L/℃	20	β	1.5
T_U/℃	150	γ	0.4
T_0/℃	25	σ^2	0.01
$\boldsymbol{n}=(n_1,n_2,n_3)$	$\boldsymbol{n}=(5,10,30)$	α_1	1.5
$\boldsymbol{m}=(m_1,m_2,m_3)$	$\boldsymbol{m}=(15,10,5)$	Y_{th}	100
Δt/h	100		

由于应力类型只有温度，因此根据 2.2 节的内容，选择 Arrhenius 模型的形式作为性能退化速率模型，即

$$e(T\mid\alpha_0,\alpha_1)=\alpha_0\exp[\alpha_1\varphi(T)] \tag{4.45}$$

其中，$\varphi(T)$ 为归一化应力，根据 2.2.4 节，即

$$\varphi(T)=\frac{\dfrac{1}{273.15+T_L}-\dfrac{1}{273.15+T}}{\dfrac{1}{273.15+T_L}-\dfrac{1}{273.15+T_U}} \tag{4.46}$$

4.4.1.1　模型对比

根据以上设置，模型 M^{R}_{II}、$M^{\text{R}}_{\text{II\_1}}$ 和 $M^{\text{R}}_{\text{II\_2}}$ 分别具有 6、4 和 5 个参数。模型的对比可以从如下三个方面展开：

(1) 基于不同样本量下的加速退化试验数据，计算参数估计的相对百分比误差(relative percent error，RPE)：

$$\text{RPE}=\frac{\text{估计值}-\text{真值}}{\text{真值}}\times 100 \tag{4.47}$$

(2) 为了研究估计值的方差和偏差，计算参数百分比的相对平方误差(relative squared error，RSE)：

$$\text{RSE}=\frac{(\text{估计值}-\text{真值})^2}{\text{真值}^2}\times 100 \tag{4.48}$$

(3) 正常应力水平下的产品性能退化规律往往是最受关注的,为了定量分析可靠性评估结果,计算在正常应力水平下的候选模型 M_i 对理论模型 M_{real} 的相对误差(relative error,RE):

$$\mathrm{RE}(M_i)=\frac{1}{N_t}\sum_{j=1}^{N_t}\left[F_i(t_j\,|\,\boldsymbol{X},T_0,Y_{\text{th}})-F_{\text{real}}(t_j\,|\,\boldsymbol{X},T_0,Y_{\text{th}})\right] \tag{4.49}$$

式中:$F_i(t_j\,|\,\boldsymbol{X},T_0,Y_{\text{th}})$ 为由式(4.23)给出的候选模型 M_i 在正常应力 T_0 下的首穿时 $T_{Y_{\text{th}}}$ 的概率分布函数;$F_{\text{real}}(t_j\,|\,\boldsymbol{X},T_0,Y_{\text{th}})$ 为理论模型 M_{real} 在正常应力 T_0 下的首穿时 $T_{Y_{\text{th}}}$ 的概率分布函数,其中 $t_j=0.1,1.1,\cdots,699.1$,$N_t=700$。如果 RE>0,那么相比于真实值模型,M_i 高估了可靠性评估结果,否则,则是低估。

表 4.2 给出了 3 种样本量下 3 个候选模型的未知参数估计及其相对百分比误差 RPE、相对平方误差 RSE 以及可靠性评估相对误差 RE 的结果。图 4.1 展示了 $n=10$ 时各模型对仿真数据的拟合结果。显然,根据每个样本量下的 $(\ln L)_{\max}$ 和 ε 的值,模型 M_{II}^{R} 是最合适的模型,其次是模型 $M_{\text{II\_2}}^{\text{R}}$,最差的是模型 $M_{\text{II\_1}}^{\text{R}}$。原因在于,尽管时间尺度变换模型 $M_{\text{II\_2}}^{\text{R}}$ 能够在一定程度上捕获退化过程的非线性特性,但非线性化的处理仍然稍显不足,因而表现得比模型 M_{II}^{R} 差。而对于模型 $M_{\text{II\_1}}^{\text{R}}$,由于其对非线性退化过程进行了线性化处理,导致了拟合结果较差,参数估计结果较差。

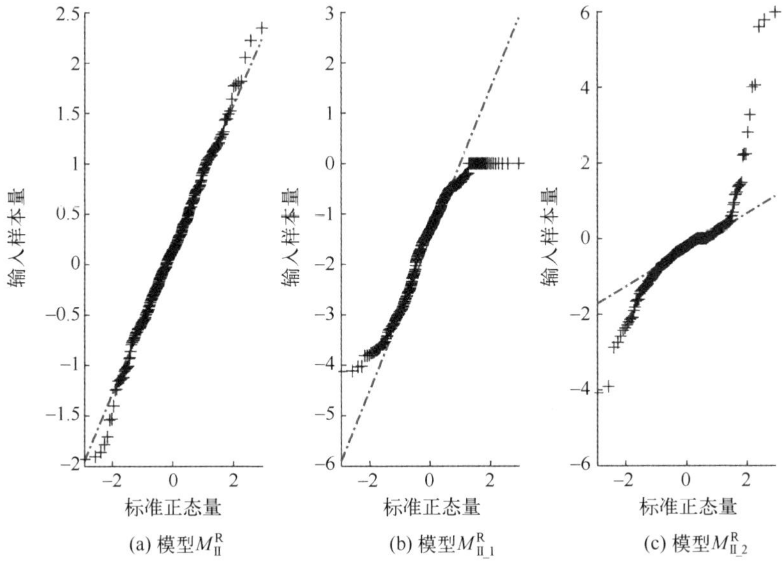

图 4.1　3 个候选模型的 Q-Q 图(根据 $n=10$ 下仿真的 SSADT 数据)

表 4.2　仿真案例：不同样本量下 3 个候选模型的参数估计及其误差结果

M_i	n	β	γ	σ^2	α_0		α_1	$(\ln L)_{\max}$	n_p	AIC	ε	RE
					μ_{α_0}	$\sigma^2_{\alpha_0}$						
$M_{\mathrm{II}}^{\mathrm{R}}$	5	1.505 $(0.35, 1.2\times10^{-3})$	0.383 $(-4.33, 0.19)$	0.010 $(-2.68, 0.07)$	0.165 $(10.11, 1.02)$	0.041 $(3.20, 0.10)$	1.182 $(-21.23, 4.51)$	317	6	−621	0	-8.1×10^{-3}
	10	1.500 $(0.04, 1.4\times10^{-5})$	0.435 $(8.81, 0.78)$	0.006 $(-35.65, 12.71)$	0.184 $(22.52, 5.07)$	0.037 $(8.82, 0.78)$	1.580 $(5.36, 0.29)$	658		−130 4	0	-1.4×10^{-3}
	30	1.501 $(0.048, 2.3\times10^{-5})$	0.360 $(-10.12, 1.02)$	0.011 $(9.04, 0.82)$	0.149 $(-0.50, 2.5\times10^{-3})$	0.046 $(14.44, 2.08)$	1.379 $(-8.05, 0.65)$	190 3		−379 4	0	5.3×10^{-3}
$M_{\mathrm{II\_1}}^{\mathrm{R}}$	5	1（固定） (−33, 11)	1（固定） (150, 225)	0.184 $(1.7\times103, 3.0\times10^4)$	0.341 (−98.29, 96.62)	0.177 (−96.46, 93.05)	2.841 (−100.2, 100.4)	36	4	−179	442	0.471
	10	1（固定） (−33, 11)	1（固定） (150, 225)	0.290 $(2.8\times103, 7.8\times10^4)$	0.374 (−98.13, 96.30)	0.152 (−96.96, 94.01)	3.252 (−100.2, 100.4)	77		−488	816	0.451
	30	1（固定） (−33, 11)	1（固定） (150, 225)	0.221 $(478, 2.3\times10^3)$	0.306 $(4.6\times10^4, 2.1\times10^7)$	0.193 $(2.2\times10^6, 4.5\times10^{12})$	3.039 (−0.0992, −0.1048)	228		−120 2	259 2	0.500
$M_{\mathrm{II\_2}}^{\mathrm{R}}$	5	1.512 $(0.81, 6.6\times10^{-3})$	$=\beta$ (278, 773)	6.55×10^{-4} (−93, 87)	0.163 (−99, 98)	0.040 (−99, 98)	1.167 (−100, 100)	213	5	−417	204	0.190
	10	1.496 $(-0.27, 7.5\times10^{-4})$	$=\beta$ (274, 751)	4.01×10^{-4} (−96, 92)	0.185 (−99, 98)	0.037 (−99, 98)	1.594 (−100, 100)	510		−100 6	298	0.156
	30	1.494 $(-0.43, 1.8\times10^{-3})$	$=\beta$ (273, 747)	5.45×10^{-4} (−94, 89)	0.151 (−99, 98)	0.047 (−99, 98)	1.398 (−100, 100)	138 9		−276 8	102 6	0.227

根据表4.2中的RE值，可以发现两个模型$M_{\text{II_1}}^{\text{R}}$和$M_{\text{II_2}}^{\text{R}}$都高估了正常应力水平$T_0$下的可靠性评估结果。随着样品量的增加，模型$M_{\text{II_1}}^{\text{R}}$和$M_{\text{II_2}}^{\text{R}}$的RE变得更大，因为它们不是加速退化试验分析的正确模型，当有更多的数据用于模型验证时，模型误差将被放大。同时，由模型M_{II}^{R}的RE可知其略低估了可靠性评估结果。当样本量从5增加到30时，精度提高了几个数量级。结果表明，模型M_{II}^{R}是最适用于非线性加速退化试验分析的模型，能提供准确可靠的可靠性评估结果。

图4.2展示了模型M_{II}^{R}、$M_{\text{II_2}}^{\text{R}}$和理论模型$M_{\text{real}}$的首穿时的概率密度函数和概率分布函数之间的比较结果，其中样本量$n=10$。很明显，模型M_{II}^{R}比$M_{\text{II_2}}^{\text{R}}$更接近实际值。模型$M_{\text{II}}^{\text{R}}$和$M_{\text{II_2}}^{\text{R}}$的平均失效时间（mean time to failure，MTTF）分别为8340h和8720h，而真实值为8430h。结果验证了对非线性加速退化试验分析来说，模型M_{II}^{R}比$M_{\text{II_2}}^{\text{R}}$更有效。

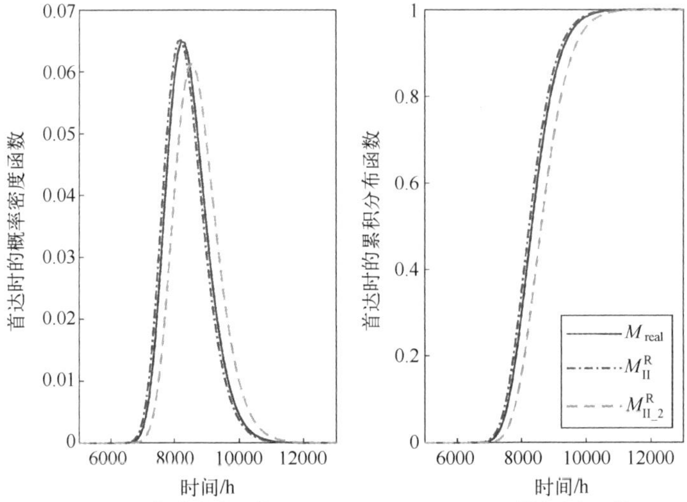

(a) 概率密度函数　　(b) 累计分布函数

图4.2　模型M_{II}^{R}、$M_{\text{II_2}}^{\text{R}}$和实际值的首穿时分布比较（$n=10$）

4.4.1.2　敏感性分析

在本节中，通过设置不同的模型参数值($\beta,\gamma,\sigma^2,\mu_{\alpha_0},\sigma_{\alpha_0}^2,\alpha_1$)，对$M_{\text{II}}^{\text{R}}$的鲁棒性开展灵敏度分析。在这里，我们将参数值设置为原仿真值的90%、95%、100%、105%和110%五个水平。如果模型M_{II}^{R}是稳健的，那么在正常应力水平T_0下与真实模型M_{real}相比，它的可靠性评估结果的相对误差应尽可能小。因此，我们重复了SSADT数据的仿真过程，仿真次数$N_s=100$，每次仿真都会生成$n=10$个样本，正常应力下仿真的性能退化时间设定为$N_t=12000$，然后，基于式(4.50)计算模型 $M_{\mathrm{II}}^{\mathrm{R}}$的绝对误差(absolute error,AE):

$$\mathrm{AE}(M_{\mathrm{II}}^{\mathrm{R}}) = \frac{1}{N_s}\sum_{k=1}^{N_s}\frac{1}{N_t}\sum_{j=1}^{N_t}\left|F^k(t_j\mid \boldsymbol{X},T_0,Y_{\mathrm{th}}) - F_{\mathrm{real}}(t_j\mid \boldsymbol{X},T_0,Y_{\mathrm{th}})\right| \tag{4.50}$$

式中:$F^k(t_j\mid \boldsymbol{X},T_0,Y_{\mathrm{th}})$为模型 $M_{\mathrm{II}}^{\mathrm{R}}$在正常应力 T_0下第 k 次仿真的首穿时 $T_{Y_{\mathrm{th}}}$的概率分布函数;$F_{\mathrm{real}}(t_j\mid \boldsymbol{X},T_0,Y_{\mathrm{th}})$为理论模型在正常应力 T_0下首穿时 $T_{Y_{\mathrm{th}}}$的概率分布函数。

由于大量的参数组合,如 $5^6=15625$ 和 $N_s=100$ 次仿真,这将产生巨大的计算量。因此,引入实验设计中的正交设计方法来减少组合的数量,其仍然能够从每个因子水平的响应(模型 $M_{\mathrm{II}}^{\mathrm{R}}$的 AE)中找到敏感参数[107]。由于考虑了 6 个未知参数的敏感性,因而选择了 $\mathrm{L}_{25}(5^6)$的正交表进行正交设计,一共需要开展 25 次试验,而非 5^6次。

$\mathrm{L}_{25}(5^6)$正交表和敏感性分析结果如表 4.3 所列。其中数字 1 到 5 指的是参数的第 1~5 个因子水平。例如,在第 1 组试验中,所有参数的水平均为 1,这意味着选择 5 个参数的原仿真值的 90%用于计算响应,其响应为 0.026812。5 个因子水平的平均响应列在了表的底部,即 $\mathrm{MR}_j(j=1,2,\cdots,5)$。然后通过计算偏差 $\delta=\max(\mathrm{MR}_j)-\min(\mathrm{MR}_j)$体现每个参数对 $M_{\mathrm{II}}^{\mathrm{R}}$的 AE 的影响。

表 4.3　利用正交表 $\mathrm{L}_{25}(5^6)$和 Taguchi 分析对包含 5 个参数的模型 $M_{\mathrm{II}}^{\mathrm{R}}$进行敏感性分析

试验编号	β	γ	σ^2	α_0		α_1	模型 $M_{\mathrm{II}}^{\mathrm{R}}$的 AE
				μ_{α_0}	$\sigma_{\alpha_0}^2$		
1	1	1	1	1	1	1	0.026812
2	1	2	2	2	2	2	0.049430
3	1	3	3	3	3	3	0.076352
4	1	4	4	4	4	4	0.107904
5	1	5	5	5	5	5	0.149784
6	2	1	2	3	4	5	0.101002
7	2	2	3	4	5	1	0.017453
8	2	3	4	5	1	2	0.005818
9	2	4	5	1	2	3	0.042759
10	2	5	1	2	3	4	0.068059
11	3	1	3	5	2	4	0.014726

续表

试验编号	β	γ	σ^2	α_0		α_1	模型 $M_{\mathrm{II}}^{\mathrm{R}}$ 的 AE
				μ_{α_0}	$\sigma_{\alpha_0}^2$		
12	3	2	4	1	3	5	0.060681
13	3	3	5	2	4	1	0.032238
14	3	4	1	3	5	2	0.018415
15	3	5	2	4	1	3	0.006743
16	4	1	4	2	5	3	0.019738
17	4	2	5	3	1	4	0.008050
18	4	3	1	4	2	5	0.010650
19	4	4	2	5	3	1	0.053845
20	4	5	3	1	4	2	0.031300
21	5	1	5	4	3	2	0.053440
22	5	2	1	5	4	3	0.044617
23	5	3	2	1	5	4	0.021416
24	5	4	3	2	1	5	0.009040
25	5	5	4	3	2	1	0.061280
MR_1	0.08206	0.04314	0.03371	0.03659	0.01129	0.03833	总计 1.09155
MR_2	0.04702	0.03605	0.04649	0.03570	0.03577	0.06138	
MR_3	0.02656	0.02929	0.02977	0.05302	0.06248	0.03804	
MR_4	0.02472	0.04639	0.05108	0.03924	0.06341	0.04403	
MR_5	0.03796	0.06343	0.05725	0.05376	0.04536	0.06623	
δ	0.05734	0.03414	0.02748	0.01806	0.05212	0.03455	
排序	1	4	5	6	2	3	

从表 4.3 可知,参数灵敏度顺序为 $\beta>\sigma_{\alpha_0}^2>\alpha_1>\gamma>\sigma^2>\mu_{\alpha_0}$。因此,在使用这些参数进行正常应力水平下的可靠性和寿命评估时,应特别注意敏感参数。此外,所有参数的偏差 δ 介于 0.01806~0.05734 之间,表明模型 $M_{\mathrm{II}}^{\mathrm{R}}$ 对可靠性和寿命评估具有很强的鲁棒性。

正常应力水平下的性能退化速率 e_0 与参数 μ_{α_0} 和 $\sigma_{\alpha_0}^2$ 有关,因此我们可能对模型 $M_{\mathrm{II}}^{\mathrm{R}}$ 在较宽范围的变异系数(coefficient of variation, CV)上的表现感兴趣。为此,保持其他参数不变,在 μ_{α_0} 和 $\sigma_{\alpha_0}^2$ 上各设立 5 个新的因子水平,分别为 20%、60%、100%、140%和 180%。在表 4.3 中的前三列中,对 25 次试验各进行 $N_s=100$ 次仿真,结果如图 4.3 所示。根据图 4.3 中的结果,在 CV 范围为 0~

0.25 的情况下，模型 $M_{\mathrm{II}}^{\mathrm{R}}$的绝对误差 AE 仍显著低于 0.05。当 CV 在 0.25~0.75 范围内，尽管绝对误差 AE 上升到 0.3 左右，但仍然能够体现出模型 $M_{\mathrm{II}}^{\mathrm{R}}$的鲁棒性。

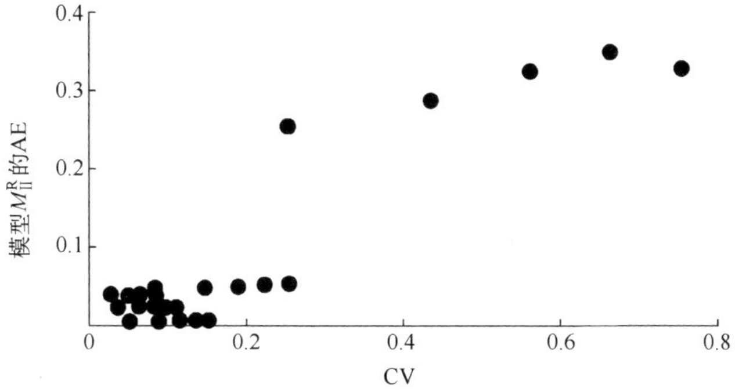

图 4.3　模型 $M_{\mathrm{II}}^{\mathrm{R}}$的 CV 与 AE 之间的相关性

4.4.2　实际案例

在本节中，使用两个真实的加速退化试验应用案例来进一步说明在线性和非线性加速退化试验分析中，模型 $M_{\mathrm{II}}^{\mathrm{R}}$与 $M_{\mathrm{II\_1}}^{\mathrm{R}}$、$M_{\mathrm{II_2}}^{\mathrm{R}}$相比的优势。

1. 发光二极管案例

发光二极管（LED）具有比传统光源寿命长、功耗低和亮度高等优点，因此被广泛应用于照明系统领域。某企业针对某 LED 开展了以电流为加速应力的 CSADT，即式（4.1）中的应力向量 $\boldsymbol{S}$ 仅包含电流 I，试验中记录的 LED 的性能参数为光强度的相对退化量，试验的基本信息如表 4.4 所列，原始数据请参见文献[108]中的表 6.3。图 4.4 展示了 2 个应力水平下 24 个试验样品的退化路径。

表 4.4　LED 案例：CSADT 基本信息

试验变量	取　值	试验变量	取　值
k	2	$\boldsymbol{n}=(n_1,n_2)$	$\boldsymbol{n}=(12,12)$
$\boldsymbol{I}$/mA	$\boldsymbol{T}=(35,40)$	$\boldsymbol{m}=(m_1,m_2)$	$\boldsymbol{m}=(5,5)$
I_L/mA	30	Δt/h	50
I_U/mA	50	Y_{th}/%	50
I_0/mA	25		

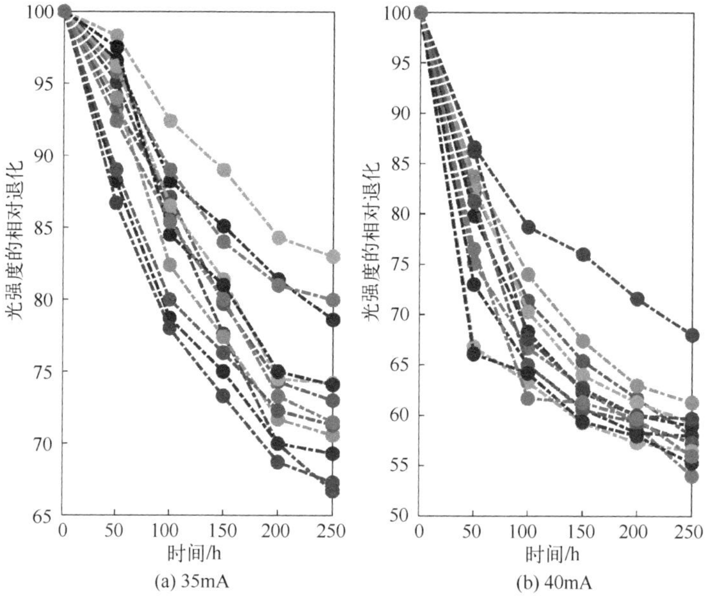

图 4.4　LED 案例:CSADT 中 24 个 LED 的退化数据

文献[108]用线性模型推断在两个应力水平下每个 LED 的伪失效时间,然后利用逆幂律模型确定失效时间与电流应力的关系,该方法与我们所提出的模型 $M_{\mathrm{II\_1}}^{\mathrm{R}}$ 类似。如图 4.4 所示,投入试验的 LED 具有非线性退化路径,因此,像模型 $M_{\mathrm{II\_1}}^{\mathrm{R}}$ 这样的线性模型可能不适合本案例的加速退化试验分析。因此,我们使用模型 $M_{\mathrm{II}}^{\mathrm{R}}$ 处理数据,并与模型 $M_{\mathrm{II\_1}}^{\mathrm{R}}$ 和 $M_{\mathrm{II\_2}}^{\mathrm{R}}$ 的结果进行比较,以验证模型 $M_{\mathrm{II}}^{\mathrm{R}}$ 在非线性加速退化试验分析中的有效性。

由于应力类型只有电流应力,因此根据 2.2 节的内容,选择逆幂律模型的形式作为性能退化速率模型,即

$$e(I \mid \alpha_0,\alpha_1)=\alpha_0\exp[\alpha_1\varphi(I)] \tag{4.51}$$

式中:$\varphi(I)$ 为归一化应力,根据 2.2.4 节,有

$$\varphi(I)=\frac{\ln(I)-\ln(I_L)}{\ln(I_L)-\ln(I_U)} \tag{4.52}$$

根据 4.3 节中的方法进行未知参数的统计分析,其估计结果如表 4.5 所列。图 4.5 展示了模型对试验数据的拟合结果。由图 4.5 可知:模型 $M_{\mathrm{II}}^{\mathrm{R}}$ 是最适用的模型,有最大对数似然函数值 $(\ln L)_{\max}$ 和最低的 AIC 值;模型 $M_{\mathrm{II\_1}}^{\mathrm{R}}$ 的拟合结果比模型 $M_{\mathrm{II}}^{\mathrm{R}}$ 和 $M_{\mathrm{II\_2}}^{\mathrm{R}}$ 都要差;模型 $M_{\mathrm{II\_2}}^{\mathrm{R}}$ 的拟合效果介于模型 $M_{\mathrm{II}}^{\mathrm{R}}$ 和 $M_{\mathrm{II\_1}}^{\mathrm{R}}$ 之间。根据结果可以说明,文献[108]中的线性模型不适合应用到此 LED 案例中。

表 4.5　LED 案例:3 个候选模型的参数估计结果($\sigma_{\alpha_0}^2 \neq 0$)

模　型	β	γ	σ^2	α_0	
				μ_{α_0}	$\sigma_{\alpha_0}^2$
M_{II}^{R}	0.442	0.117	73.784	1.296	0.042
$M_{II\_1}^{R}$	1(固定)	1(固定)	0.761	0.002	9.41×10^{-8}
$M_{II\_2}^{R}$	0.450	等于 β	5.840	0.046	4.07×10^{-5}
模　型	α_1	$(\ln L)_{\max}$	n_p	AIC	ε
M_{II}^{R}	1.089	-310	6	633	0
$M_{II\_1}^{R}$	5.009	-389	4	785	152
$M_{II\_2}^{R}$	5.009	-317	5	644	11

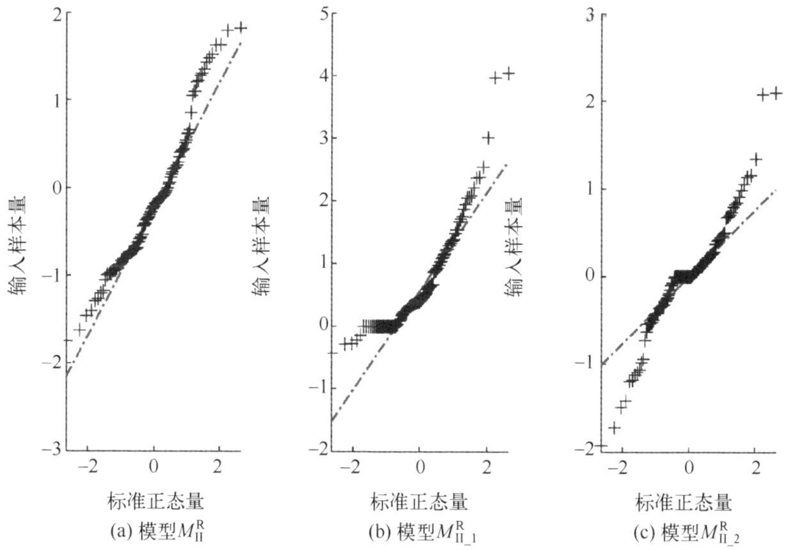

图 4.5　LED 案例:3 个候选模型的 Q-Q 图

此外,如表 4.5 所列,$\sigma_{\alpha_0}^2$ 接近于零,这表明样本差异性较小。因此,我们将 $\sigma_{\alpha_0}^2=0$ 应用到 3 个模型中,基于极大似然估计方法进行参数估计,估计结果如表 4.6 所列。

表 4.6 LED 案例:3 个候选模型的参数估计结果($\sigma_{\alpha_0}^2=0$)

模　型	β	γ	σ^2	α_0	
				μ_{α_0}	$\sigma_{\alpha_0}^2$
$M_{\mathrm{II}}^{\mathrm{R}}$	0.448	0.171	45.429	0.623	0
$M_{\mathrm{II}\_1}^{\mathrm{R}}$	1(固定)	1(固定)	0.776	0.002	0
$M_{\mathrm{II}\_2}^{\mathrm{R}}$	0.448	等于β	6.238	0.003	0
模　型	α_1	$(\ln L)_{\max}$	n_p	AIC	ε
$M_{\mathrm{II}}^{\mathrm{R}}$	1.913	-314.663	5	639	0
$M_{\mathrm{II}\_1}^{\mathrm{R}}$	5.306	-389.736	3	785	146
$M_{\mathrm{II}\_2}^{\mathrm{R}}$	5.306	-319.912	4	648	9

比较表 4.5 和表 4.6 中的 AIC 值易知,考虑样本差异性的模型($\sigma_{\alpha_0}^2\neq0$)的 AIC 值比不考虑($\sigma_{\alpha_0}^2=0$)的情况更小。这意味着本案例的样本间差异不可忽略。并且 3 个模型中,模型 $M_{\mathrm{II}}^{\mathrm{R}}$的 AIC 值最低,因此本案例的最佳模型为模型 $M_{\mathrm{II}}^{\mathrm{R}}$。

图 4.6 给出了在正常应力水平下,考虑样本差异性($\sigma_{\alpha_0}^2\neq0$)的 3 个候选模型的首穿时的概率密度函数。

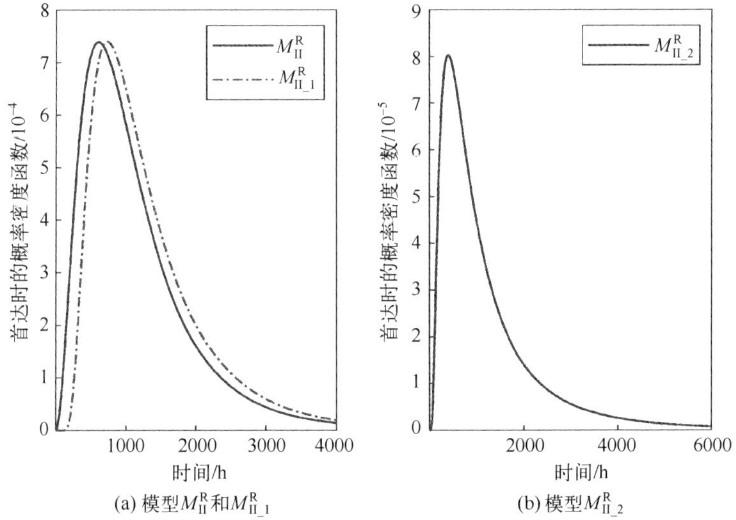

图 4.6 LED 案例:3 个候选模型的首穿时概率密度函数

进一步地,基于模型 $M_{\mathrm{II}}^{\mathrm{R}}$、$M_{\mathrm{II}_1}^{\mathrm{R}}$和 $M_{\mathrm{II}_2}^{\mathrm{R}}$的 MTTF 估计结果如表 4.7 所列。

表 4.7　LED 案例:3 个候选模型的 MTTF 估计结果

模　　型	MTTF/h	95%置信区间/h
$M_{\mathrm{II}}^{\mathrm{R}}$	1167.2	[202.1,3459.1]
$M_{\mathrm{II\_1}}^{\mathrm{R}}$	1345.0	[364.1,3744.1]
$M_{\mathrm{II\_2}}^{\mathrm{R}}$	13169.2	[1660.1,52787.1]

Chaluvadi[108]使用线性退化路径模型估计得出该案例中的 LED 的 MTTF 为 1346h。由表 4.7 可知,本章提出的模型 $M_{\mathrm{II}}^{\mathrm{R}}$和 $M_{\mathrm{II_1}}^{\mathrm{R}}$的估计区间包含该结果。对比可知,不同模型评估结果的一致性说明模型 $M_{\mathrm{II}}^{\mathrm{R}}$和 $M_{\mathrm{II_1}}^{\mathrm{R}}$给出的 MTTF 置信区间的可信度较高。相比之下,由于模型 $M_{\mathrm{II_2}}^{\mathrm{R}}$的计算结果异常大,这意味着模型 $M_{\mathrm{II_2}}^{\mathrm{R}}$不可信。实际上,对比模型 $M_{\mathrm{II}}^{\mathrm{R}}$和 $M_{\mathrm{II_2}}^{\mathrm{R}}$可知,两种模型最大的差异是,模型 $M_{\mathrm{II}}^{\mathrm{R}}$考虑退化速率时间变换尺度和时间维度不确定性的时间变换尺度不同,而模型 $M_{\mathrm{II_2}}^{\mathrm{R}}$考虑两者变换尺度相同。显然模型 $M_{\mathrm{II}}^{\mathrm{R}}$适用于描述该案例的性能退化过程。

2. 电阻器案例

碳膜电阻器是一种固定结构的电阻器,相比碳复合电阻器,具有更大的耐受性和更高的最大欧姆值,在高电压和高温应用方面也具有优越性。这种电阻器的电阻受温度 T 和施加电压 U 的影响。为了评估它们的可靠性和寿命,开展了 9 个恒定应力水平的 CSADT,加速应力类型为温度 T 和电压 U,即式(4.1)中的应力向量 $\boldsymbol{S}$ 包含温度 T 和电压 U,试验中记录的电阻器的性能参数为电阻的阻值退化比,试验的基本信息如表 4.8 所列,有关电阻器数据的更多细节,读者可参考文献[98]。图 4.7 展示了 CSADT 中第一个应力水平下的性能退化数据。显然,退化过程是线性的,其他应力水平的数据也是如此。

表 4.8　电阻器案例:基本 CSADT 信息

试验变量	取　　值	试验变量	取　　值
k	9	$\boldsymbol{U}$/hK	$\boldsymbol{U}=(10,15,20)$
T/hK	$\boldsymbol{T}=(3.5,4.0,5.0)$	U_L/hK	5
T_L/hK	2	U_U/hK	25
T_U/hK	8	U_0/hK	5
T_0/hK	3.2315	Δt/h	100
n	10	Y_{th}	1.2
m	10		

注:各应力水平下的样本量均相同,记为 n;各应力水平下的性能检测次数均相同,记为 m。

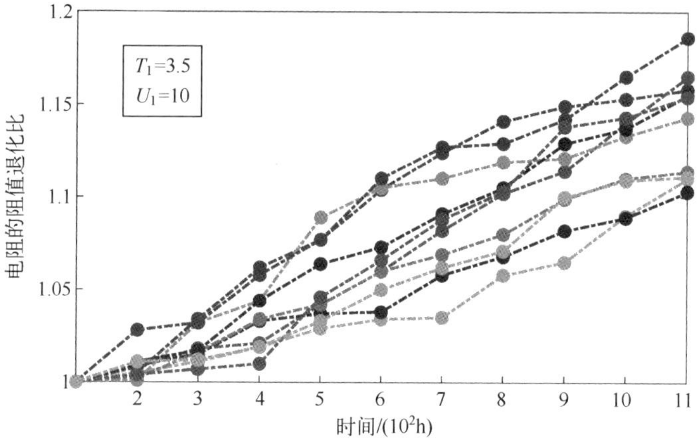

图 4.7　电阻退化数据($T_1=3.5,U_1=10$)

由于应力类型包括温度应力和电压应力,因此根据 2.2 节的内容,性能退化速率模型选择为

$$e(T,U\mid\alpha_0,\alpha_1,\alpha_2)=\alpha_0\exp[\alpha_1\varphi(T)+\alpha_2\varphi(U)] \tag{4.53}$$

式中,$\varphi(T)$的应力归一化方法如式(4.46)所示,根据 2.2.4 节,$\varphi(U)$的应力归一化方法为

$$\varphi(U)=\frac{\ln(U)-\ln(U_L)}{\ln(U_L)-\ln(U_U)} \tag{4.54}$$

表 4.9 给出了基于电阻器 CSADT 数据下 3 种模型的未知参数估计结果。根据表 4.9 中的结果,模型 $M_{\mathrm{II}}^{\mathrm{R}}$具有最大的对数似然值$(\ln L)_{\max}$和最小 AIC 值,因而与模型 $M_{\mathrm{II_1}}^{\mathrm{R}}$和 $M_{\mathrm{II_2}}^{\mathrm{R}}$相比,是最适合的;同时,根据 ε 值,可见模型 $M_{\mathrm{II_2}}^{\mathrm{R}}$对数据的拟合效果是较好的,模型 $M_{\mathrm{II_1}}^{\mathrm{R}}$则差一些。3 个模型的 Q-Q 图如图 4.8 所示,可见在电阻器案例中,由于退化路径近似线性,这些模型的拟合效果差异不大。

表 4.9　电阻器案例:3 个候选模型的参数估计结果($\sigma_{\alpha_0}^2\neq 0$)

模　型	β	γ	σ^2	α_0		α_1
				μ_{α_0}	$\sigma_{\alpha_0}^2$	
$M_{\mathrm{II}}^{\mathrm{R}}$	1.076	0.918	3.02×10^{-4}	0.015	5.11×10^{-5}	2.394
$M_{\mathrm{II\_1}}^{\mathrm{R}}$	1(固定)	1(固定)	2.59×10^{-4}	0.0017	6.35×10^{-5}	2.272
$M_{\mathrm{II\_2}}^{\mathrm{R}}$	1.046	等于β	2.35×10^{-4}	0.0016	5.58×10^{-5}	2.347

续表

模　型	α_2	$(\ln L)_{\max}$	n_p	AIC	ε
$M_{\mathrm{II}}^{\mathrm{R}}$	0.467	1698	7	-3383	0
$M_{\mathrm{II\_1}}^{\mathrm{R}}$	0.423	1694	5	-3378	4.8
$M_{\mathrm{II\_2}}^{\mathrm{R}}$	0.434	1697	6	-3381	1.6

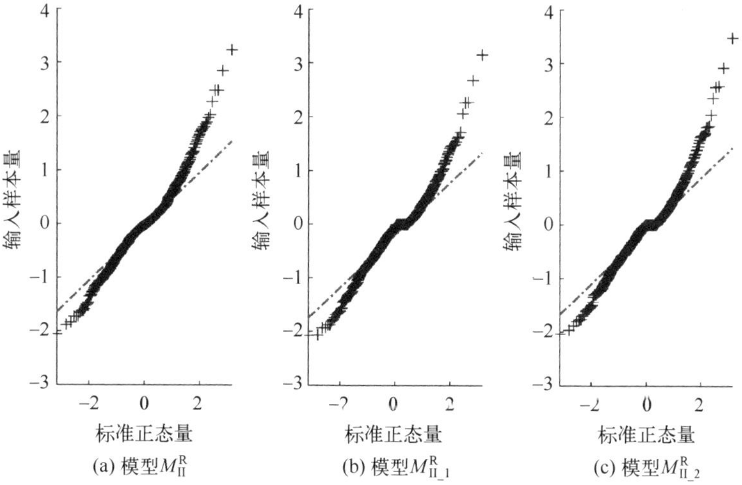

图 4.8　电阻器案例:3 个候选模型的 Q-Q 图

根据表 4.9 中的结果,模型 $M_{\mathrm{II\_2}}^{\mathrm{R}}$ 比模型 $M_{\mathrm{II\_1}}^{\mathrm{R}}$ 对数据的拟合效果较好,所以我们需要分析是否可以假设 $\beta=\gamma$,即模型 $M_{\mathrm{II}}^{\mathrm{R}}$ 是否可简化为模型 $M_{\mathrm{II\_2}}^{\mathrm{R}}$。基于表 4.9 中的对数似然值结果 $(\ln L)_{\max}$ 进行似然比检验(likelihood ratio,LR),可得统计值为 3.57(小于 $\chi_{1,0.05}^2$(为 3.84))。这意味着可以选择模型 $M_{\mathrm{II\_2}}^{\mathrm{R}}$。

我们也同样分析了不考虑样品差异性的模型,其结果列在表 4.10 中。根据表 4.10 可知,通过 AIC 值和 ε 值的比较,模型 $M_{\mathrm{II\_1}}^{\mathrm{R}}$ 是不考虑随机性能退化速率的最佳模型。但与表 4.9 中的结果相比,则可知考虑样品差异性的模型($\sigma_{\alpha_0}^2\neq 0$)的AIC 值较低,这意味着样本间差异应予以考虑。

表 4.10　电阻器案例:3 个候选模型的参数估计结果($\sigma_{\alpha_0}^2=0$)

模　型	β	γ	σ^2	α_0		α_1
				μ_{α_0}	$\sigma_{\alpha_0}^2$	
$M_{\mathrm{II}}^{\mathrm{R}}$	1.020	0.950	3.33×10^{-4}	0.016	0	0.002
$M_{\mathrm{II\_1}}^{\mathrm{R}}$	1(固定)	1(固定)	3.02×10^{-4}	0.0048	0	2.634
$M_{\mathrm{II\_2}}^{\mathrm{R}}$	1.008	等于 β	2.97×10^{-4}	0.0046	0	2.650

续表

模　　型	α_2	$(\ln L)_{max}$	n_p	AIC	ε
$M_{\mathrm{II}}^{\mathrm{R}}$	1.355	1647	6	-3282	2.7
$M_{\mathrm{II\_1}}^{\mathrm{R}}$	2.050	1646	4	-3284	0
$M_{\mathrm{II\_2}}^{\mathrm{R}}$	2.064	1646	5	-3283	1.8

在图 4.9 中,我们给出了 3 个模型首穿时的概率密度函数和累积分布函数,这些模型的 MTTF 几乎相同,均为 2400h 左右,模型 $M_{\mathrm{II}}^{\mathrm{R}}$首穿时的概率密度函数略高于模型 $M_{\mathrm{II_1}}^{\mathrm{R}}$和 $M_{\mathrm{II\_2}}^{\mathrm{R}}$。

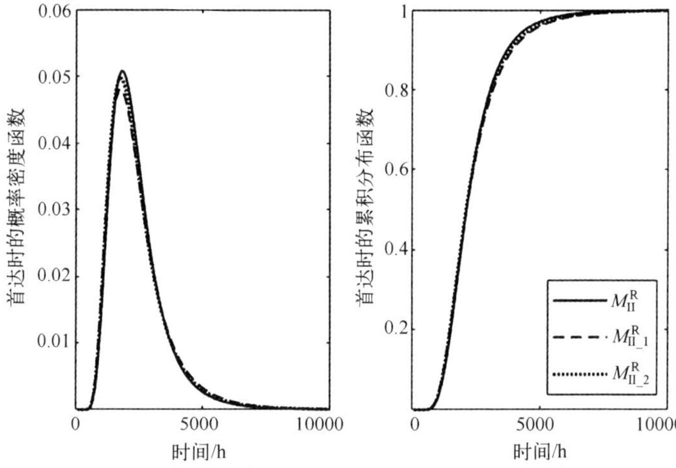

图 4.9　电阻器案例:3 个候选模型的首穿时分布

基于 4.4.1 节和 4.4.2 节分析结果可知,所提模型 $M_{\mathrm{II}}^{\mathrm{R}}$可以有效地用于单应力或多应力类型的线性或非线性退化场景的加速退化试验分析。

4.5　本章小结

本章基于维纳过程提出了一种二维随机加速退化模型 $M_{\mathrm{II}}^{\mathrm{R}}$与相应的统计分析方法,可以考虑样本差异性和退化过程的动态随机性,适用于单应力或多应力类型的线性或非线性退化场景的加速退化试验分析。仿真案例表明,该模型对于加速退化试验分析具有较强的鲁棒性,当样本量增大时,其可靠性评价结果更加准确。此外,发光二极管和电阻器的案例也证明,在实际工程应用中,由

于本章模型 $M_{\mathrm{II}}^{\mathrm{R}}$ 的灵活度更大,因此相比已有模型更适合于加速退化试验分析。并且,在非线性加速性能退化场合下,模型 $M_{\mathrm{II}}^{\mathrm{R}}$ 能够处理退化速率时间变换尺度和时间维度不确定性的时间变换尺度不同的情况,案例表明该模型可能更加适合非线性情况。而更为重要的是,本章的研究也说明,正确合理地描述和量化时间维度的动态不确定性具有重要的意义。

本章研究主要基于维纳过程来开展的,属于物理视角的加速退化建模。但建模思路同样适用于基于概率视角的加速退化建模,比如基于伽马过程或逆高斯过程。

第5章

双维度混合不确定性的量化

样本差异性和性能退化过程的动态随机性是加速退化试验中经常面临的主要问题。在实际的加速退化试验中,还通常会存在如下情况:由于技术和成本等约束,投入加速退化试验的样品数量可能十分有限,这种情况称为小样本情况。小样本情况下通过有限的性能退化数据无法全面地认知产品总体的性能退化规律,由此导致了认知不确定性。因此,在第4章研究内容的基础上,本章引入随机模糊理论,以处理性能退化的动态随机性、样本差异性以及小样本带来的认知不确定性同时存在的混合不确定性情况,进而构建二维随机模糊加速退化模型,开展可靠性分析,并给出基于客观观测数据的统计分析方法。

5.1 随机模糊理论

模糊性适用于描述人类的语言,是与随机性不同的一种不确定性,即无法给出明确的定义或者无法获取边界的一种模糊概念。例如,“明天下雨的可能性是70%”“中等身高应该在1.6~1.75m”。因此,描述认知不确定性可基于模糊理论量化不确定性水平,从而给出合理的推断与决策。

1965年,Zadeh[26]首次提出了模糊集的概念。1978年,Zadeh[27]基于模糊集理论构建了可能性理论,其中的数学测度为可能性测度(possibility measure, Pos)。但是,可能性测度并不满足自对偶性的原则,因此,Liu等[109]提出了另外一个具有自对偶性的测度,即可信性测度(credibility measure, Cr)。

定义5.1[109]:设$(\Gamma,\mathcal{A},\mathrm{Pos})$为一个可能性空间,则其可信性测度Cr定义为

$$\mathrm{Cr}(A)=\frac{1}{2}[1+\mathrm{Pos}(A)-\mathrm{Pos}(A^c)],\quad A\in\mathcal{A} \tag{5.1}$$

式中:A^c为A的补集。

可信性测度有如下性质:

(1) $\mathrm{Cr}(\varnothing)=0,\mathrm{Cr}(\Gamma)=1$;

(2) 单调性：对任意 $A,B\in\mathcal{A}$ 且 $A\subset B$，都有 $\mathrm{Cr}(A)<\mathrm{Cr}(B)$；

(3) 自对偶性：对任意 $A\in\mathcal{A}$，都有 $\mathrm{Cr}(A^c)+\mathrm{Cr}(A)=1$；

(4) 次可加性：对任意 $A,B\in\mathcal{A}$，都有 $\mathrm{Cr}(A\cup B)\leqslant\mathrm{Cr}(A)+\mathrm{Cr}(B)$。

基于可信性测度，Liu 等提出了模糊变量的期望求取方式，如下所示：

定义 5.2[109]：模糊变量 ξ 的期望定义为

$$E[\xi]=\int_0^{\infty}\mathrm{Cr}\{\xi\geqslant r\}\,\mathrm{d}r-\int_{-\infty}^{0}\mathrm{Cr}\{\xi\leqslant r\}\,\mathrm{d}r \tag{5.2}$$

式中，两个积分中至少有一个是有界的。

例如，若 ξ 是三角模糊变量 (a,b,c)，则其期望值为

$$E[\xi]=\frac{a+2b+c}{4} \tag{5.3}$$

在许多优化问题中，都会要求计算变量的期望值，如 $E[f(x,\xi)]$，其中 ξ 是模糊变量，f 是定义在实数集 $\Re$ 上的实值函数。通常来讲，很难计算 $E[f(x,\xi)]$ 的精确值，因此，研究者提出了许多模糊仿真的方法[110-112]来近似得到 $E[f(x,\xi)]$。

在许多案例中，模糊性和随机性同时存在于一个系统中。为刻画这一现象，Liu[113]提出了随机模糊变量(random fuzzy variable)的概念，定义如下：

定义 5.3[113]：随机模糊变量 ξ 是从可能性空间 $(\Gamma,\mathcal{A},\mathrm{Pos})$ 到一组随机变量的映射。

设 ξ 是一个定义在可能性空间 $(\Gamma,\mathcal{A},\mathrm{Pos})$ 上的随机模糊变量，f 为一个定义在 $\Re$ 上的连续函数。考虑一个随机模糊事件：

$$f(\xi)\leqslant x \tag{5.4}$$

对每个 $\gamma\in\Gamma$，可以得到如下随机事件：

$$f[\xi(\gamma)]\leqslant x \tag{5.5}$$

其概率测度 Pr 表示如下：

$$\mathrm{Pr}\{f[\xi(\gamma)]\leqslant x\} \tag{5.6}$$

为了度量式(5.4)所表示的随机模糊事件发生的可能性，Liu 等[114]基于 Choquet 积分提出了平均机会测度的概念。

定义 5.4[114]：设 ξ 为一个定义在可能性空间 $(\Gamma,\mathcal{A},\mathrm{Pos})$ 上的随机模糊变量，f 为一个定义在 $\Re$ 上的连续函数。则式(5.4)所表示的随机模糊事件发生的平均机会测度 Ch 可以表示为

$$\mathrm{Ch}\{f(\xi)\leqslant x\}=\int_0^1\mathrm{Cr}\{\gamma\in\Gamma\mid\mathrm{Pr}\{f[\xi(\gamma)]\leqslant x\}\geqslant p\}\,\mathrm{d}p \tag{5.7}$$

公理 5.1[114]：随机模糊事件的平均机会测度 Ch 具有自对偶性，即

$$\mathrm{Ch}\{f(\xi)\leqslant x\}=1-\mathrm{Ch}\{f(\xi)>x\} \tag{5.8}$$

定义 5.5[115]：设 ξ 为随机模糊变量，则对于任意 $\gamma\in\Gamma$，$\xi(\gamma)$ 都是一个随机

变量,其期望值 $E[\xi(\gamma)]$ 的定义为

$$E[\xi]=\int_0^{\infty}\mathrm{Cr}\{\gamma\in\Gamma\mid E[\xi(\gamma)]\geqslant r\}\mathrm{d}r-\int_{-\infty}^{0}\mathrm{Cr}\{\gamma\in\Gamma\mid E[\xi(\gamma)]\leqslant r\}\mathrm{d}r \tag{5.9}$$

式中,两个积分中至少有一个是有界的。

5.2 二维随机模糊加速退化建模

本章考虑加速性能退化的动态随机性、样本差异性和小样本带来的认知不确定性同时存在的情况,基于 2.3 节的内容对其不确定性的来源进行探究可知,属于加速退化试验中时间和样品维度具有不确定性,而时间维度的不确定性属于随机不确定性,样品维度的不确定性包括样本差异性的随机不确定性和小样本带来的认知不确定性。为了考虑时间维度的随机不确定性和样品维度的随机和认知混合不确定性,本节在第 4 章二维随机加速退化模型的基础上,引入模糊理论对小样本认知不确定性进行刻画,并通过随机模糊理论对时间和样品维度的随机和认知不确定性进行融合。因此,基于第 2 章加速退化试验建模研究方法论、第 4 章二维随机加速退化模型和 5.1 节的内容,本章考虑一种单应力类型且性能随时间线性退化的情况,建立如式(5.10)所示的二维随机模糊加速退化模型$M_{\mathrm{II}}^{\mathrm{H}}$(下标Ⅱ表示考虑双维度不确定性;上标 H 取单词“hybrid”首字母,意为混合不确定性):

$$M_{\mathrm{II}}^{\mathrm{H}}:\widetilde{Y}(S,t\mid \boldsymbol{X})=Y_0+I_Y\times[e(S\mid\widetilde{\boldsymbol{X}}_1)t+\sigma B(t)] \tag{5.10}$$

式中:$e(S\mid\widetilde{\boldsymbol{X}}_1)$为性能退化速率函数,与式(2.16)相同,为便于本章后续描述,简写为 e,考虑样本差异性的影响,其服从均值为μ_e,方差为σ_e^2的正态概率分布,即 $e\sim N(\mu_e,\sigma_e^2)$,其中$\mu_e$刻画了确定性的退化规律,$\sigma_e^2$刻画了样本差异性;时间维度的随机不确定性用 $\widetilde{\Omega}_F(t)=\sigma B(t)$ 描述;式(5.10)中其他参数的含义均与第 2 章和第 4 章相同。

对性能退化速率总体的统计推断是基于加速退化试验中少数几个样本获得的观测值来进行的,在小样本情况下这些观测值可能会远离总体均值,甚至位于总体分布的尾部,这会导致对性能退化速率的估计极度保守或激进。因此,在 e 中同时存在样本差异性导致的随机不确定性以及小样本导致的认知不确定性。因此,我们引入模糊理论进一步对 e 进行量化:

(1) 由式(2.16)可知,性能退化速率 e 与归一化应力 $\varphi(S)$之间存在对数线性关系,因此假设 e 的均值μ_e和标准差σ_e均服从对数线性模型,即

$$\ln\mu_e=a+b\varphi(S) \tag{5.11}$$

$$\ln\sigma_e = u + v\varphi(S) \tag{5.12}$$

式中：a、b、u、v 均为常数。

（2）假设小样本带来的认知不确定性体现在均值μ_e上，且μ_e为一个模糊变量，记为$\widetilde{\mu}_e$。那么，关于μ_e的对数线性模型改写为

$$\ln\widetilde{\mu}_e = \widetilde{a} + \widetilde{b}\varphi(S) \tag{5.13}$$

式中：$\widetilde{a}$和$\widetilde{b}$均为模糊变量。

根据随机模糊理论，e 是一个随机模糊变量，e 中同时存在样本差异性导致的随机不确定性以及小样本导致的认知不确定性，综上，可以量化 e 为

$$e \sim N(\widetilde{\mu}_e, \sigma_e^2) \tag{5.14}$$

由式(5.10)、式(5.12)～式(5.14)得到的模型即为二维随机模糊加速退化模型$M_{\mathrm{II}}^{\mathrm{H}}$。

5.3　基于二维随机模糊加速退化模型的可靠性分析

基于 2.1 节介绍的加速退化试验中的裕量方程(2.4)可知，假设产品的性能阈值为 Y_{th}，则二维随机模糊加速退化模型$M_{\mathrm{II}}^{\mathrm{H}}$的性能裕量方程为

$$\begin{aligned}\widetilde{M}(\boldsymbol{S},t\mid\boldsymbol{X}) &= I_Y\times[Y_{\mathrm{th}}-\widetilde{Y}(\boldsymbol{S},t\mid\boldsymbol{X})]\\ &= I_Y\times(Y_{\mathrm{th}}-Y_0)-[e(\boldsymbol{S}\mid\widetilde{\boldsymbol{X}}_1)t+\sigma B(t)]\end{aligned} \tag{5.15}$$

当使用二维随机模糊加速退化模型$M_{\mathrm{II}}^{\mathrm{H}}$描述产品的（加速）性能退化过程时，产品的性能裕量$\widetilde{M}(\boldsymbol{S},t\mid\boldsymbol{X})$首次穿越 0 值，即性能$\widetilde{Y}(\boldsymbol{S},t\mid\boldsymbol{X})$首次穿过其性能阈值 Y_{th}，就可以视产品为失效，那么性能裕量$\widetilde{M}(\boldsymbol{S},t\mid\boldsymbol{X})$首次穿越 0 值的时间$T_{Y_{\mathrm{th}}}=\inf\{t:t>0,\widetilde{M}(\boldsymbol{S},t\mid\boldsymbol{X})\leqslant 0\}$，即首穿时或产品的寿命。对于二维随机模糊加速退化模型$M_{\mathrm{II}}^{\mathrm{H}}$，$\widetilde{Y}(S,t\mid\boldsymbol{X})$是一个随机模糊变量，则相应的首穿时$T_{Y_{\mathrm{th}}}$也是一个定义在可能性空间$(\Gamma,\mathcal{A},\mathrm{Pos})$上的随机模糊变量。那么，对任意的 $\gamma\in\Gamma$，$T_{Y_{\mathrm{th}}}(\gamma)$都是一个随机变量，且其概率密度函数及累积分布函数分别为

$$f(t\mid\gamma,\boldsymbol{X},S,Y_{\mathrm{th}}) = \frac{I_Y(Y_{\mathrm{th}}-Y_0)}{\sqrt{2\pi(\sigma_e^2 t+\sigma^2)t^3}}\exp\left\{-\frac{[I_Y(Y_{\mathrm{th}}-Y_0)-\widetilde{\mu}_e(\gamma)t]^2}{2(\sigma_e^2 t+\sigma^2)t}\right\} \tag{5.16}$$

$$\begin{aligned}F(t\mid\gamma,\boldsymbol{X},S,Y_{\mathrm{th}}) = {}&\Phi\left\{\frac{\widetilde{\mu}_e(\gamma)t-I_Y(Y_{\mathrm{th}}-Y_0)}{\sqrt{\sigma_e^2t^2+\sigma^2t}}\right\}+\\ &\exp\left(\frac{2\widetilde{\mu}_e(\gamma)I_Y(Y_{\mathrm{th}}-Y_0)}{\sigma^2}+\frac{2\sigma_e^2\,(Y_{\mathrm{th}}-Y_0)^2}{\sigma^4}\right)\times\\ &\Phi\left\{-\frac{2\sigma_e^2 I_Y(Y_{\mathrm{th}}-Y_0)t+\sigma^2[\widetilde{\mu}_e(\gamma)t+I_Y(Y_{\mathrm{th}}-Y_0)]}{\sigma^2\sqrt{\sigma_e^2t^2+\sigma^2t}}\right\}\end{aligned} \tag{5.17}$$

对一个给定的时间 t，基于机会测度（定义 5.4），可以得到随机模糊事件 $\{T_{Y_{th}}\leq t\}$ 的平均机会为

$$\begin{aligned}\mathrm{Ch}\{T_{Y_{th}}\leq t\}&=\int_0^1\mathrm{Cr}\{\gamma\in\Gamma\mid\Pr[T_{Y_{th}}(\gamma)\leq t]\geq p\}\,\mathrm{d}p\\&=\int_0^1\mathrm{Cr}\{\gamma\in\Gamma\mid F(t\mid\gamma,\boldsymbol{X},S,Y_{th})\geq p\}\,\mathrm{d}p\end{aligned}\tag{5.18}$$

那么，可靠度函数可以表示为

$$\begin{aligned}R(t\mid\boldsymbol{X},S,Y_{th})&=\mathrm{Ch}\{T_{Y_{th}}>t\}\\&=1-\mathrm{Ch}\{T_{Y_{th}}\leq t\}\\&=1-E[F(t\mid\gamma,\boldsymbol{X},S,Y_{th})]\end{aligned}\tag{5.19}$$

由于式（5.19）的形式非常复杂，难以得到其解析解，因此提出了模糊仿真方法对 $R(t\mid\boldsymbol{X},S,Y_{th})$ 进行近似估计，如算法 5.1 所示。

算法 5.1 用于计算 $R(t\mid\boldsymbol{X},S,Y_{th})$ 的模糊仿真方法

步骤 1 令 $m=0$

步骤 2 基于 $T_{Y_{th}}(\gamma)$ 的隶属函数，产生一组随机数 $\gamma_1,\gamma_2,\cdots,\gamma_N$，并计算其可信度 $v_1,v_2,\cdots,v_N$

步骤 3 令 $a=F(t\mid\gamma_1,\boldsymbol{X},S,Y_{th})\wedge F(t\mid\gamma_2,\boldsymbol{X},S,Y_{th})\wedge\cdots\wedge F(t\mid\gamma_N,\boldsymbol{X},S,Y_{th})$
令 $b=F(t\mid\gamma_1,\boldsymbol{X},S,Y_{th})\vee F(t\mid\gamma_2,\boldsymbol{X},S,Y_{th})\vee\cdots\vee F(t\mid\gamma_N,\boldsymbol{X},S,Y_{th})$

步骤 4 在 $[a,b]$ 范围内随机生成一个实数 r

步骤 5 设 $m\to m+\mathrm{Cr}\{F(t\mid\gamma,\boldsymbol{X},S,Y_{th})\geq r\}$，计算

$$\mathrm{Cr}\{F(t\mid\gamma,\boldsymbol{X},S,Y_{th})\geq r\}=\begin{cases}\max\{v_k\mid F(t\mid\gamma_k,\boldsymbol{X},S,Y_{th})\geq r\}, & \max\{v_k\mid F(t\mid\gamma_k,\boldsymbol{X},S,Y_{th})\geq r\}<0.5\\1-\max\{v_k\mid F(t\mid\gamma_k,\boldsymbol{X},S,Y_{th})\geq r\}, & \max\{v_k\mid F(t\mid\gamma_k,\boldsymbol{X},S,Y_{th})\geq r\}\geq 0.5\end{cases}$$

步骤 6 将步骤 4～步骤 5 重复 N 次；

步骤 7 返回 $R(t\mid\boldsymbol{X},S,Y_{th})=1-(a\vee 0+b\wedge 0+m(b-a)/N)$。

将式（5.18）与第 3 章的加速退化模型首穿时分布对比分析可知，式（5.18）同样刻画了二维随机模糊加速退化模型 M_{II}^{II} 的性能裕量穿越 0 值的时间分布，因此得到的可靠度函数（5.19）与可靠性科学原理支撑下的可靠性度量方程（2.5）是一致的。

根据文献[93]，平均失效时间 MTTF 可计算为

$$\text{MTTF} = E[T_{Y_{\text{th}}}] \approx \frac{I_Y(Y_{\text{th}} - Y_0)}{E[\widetilde{\mu}_e]} \tag{5.20}$$

式中：$E[\cdot]$为期望算子。对于具有三角隶属函数$(\mu_e^L, \mu_e^C, \mu_e^R)$的模糊变量$\widetilde{\mu}_e$，根据式(5.3)，其期望可计算为

$$E[\widetilde{\mu}_e] = \frac{\mu_e^L + 2\mu_e^C + \mu_e^R}{4} \tag{5.21}$$

那么 MTTF 的估计值为

$$\text{MTTF} = \frac{4I_Y(Y_{\text{th}} - Y_0)}{\mu_e^L + 2\mu_e^C + \mu_e^R} \tag{5.22}$$

5.4　基于二维随机模糊加速退化模型的统计分析

本节介绍基于二维随机模糊加速退化模型M_{II}^{H}的加速退化试验数据统计分析方法。在模型M_{II}^{H}中，未知参数向量为$\boldsymbol{\theta} = (\widetilde{a}, \widetilde{b}, u, v, \sigma)$。本节同样考虑最常见的恒定应力加速退化试验 CSADT 的统计分析，对于步进应力的情况可以参考本节提出的方法展开。CSADT 的试验设置和参数设置与 3.1.3 节相同。

二维随机模糊加速退化模型M_{II}^{H}的增量为$\Delta \widetilde{Y}(\boldsymbol{S}, t \mid \boldsymbol{X}) = \widetilde{Y}(\boldsymbol{S}, t+\Delta t \mid \boldsymbol{X}) - \widetilde{Y}(\boldsymbol{S}, t \mid \boldsymbol{X})$，对应的时间间隔为$\Delta t$，基于观测到的性能退化增量数据，其对数似然函数为

$$\ln L(\boldsymbol{\theta} \mid D, M_{\text{II}}^{\text{H}}) = -\frac{1}{2}\sum_{l=1}^{k}\sum_{i=1}^{n_i}\sum_{j=1}^{m_{li}}\left\{\frac{[I_Y \Delta y_{lij} - \exp[\widetilde{a} + \widetilde{b}\varphi(s_l)]\Delta t_{lij}]^2}{[\sigma^2 + \exp[2(u + v\varphi(s_l))]\Delta t_{lij}]\Delta t_{lij}} + \ln(2\pi) + \ln[\sigma^2 + \exp[2(u + v\varphi(s_l))]\Delta t_{lij}] + \ln(\Delta t_{lij})\right\} \tag{5.23}$$

考虑到$\widetilde{a}$和$\widetilde{b}$是模糊变量而非精确值，未知参数向量$\boldsymbol{\theta}$无法直接采用极大似然估计得到。因此，本章提出了基于客观观测数据的分步统计分析方法：步骤一，估计各加速应力下性能退化速率均值$\widetilde{\mu}_e(s_l)$和标准差$\sigma_e(s_l)$；步骤二，估计未知参数向量$\boldsymbol{\theta}$；步骤三，评估目标应力下的可靠度和寿命。其流程图如图 5.1 所示。

步骤一：估计各加速应力下性能退化速率均值$\widetilde{\boldsymbol{\mu}}_e(s_l)$和标准差$\boldsymbol{\sigma}_e(s_l)$

加速退化数据自身存在的随机性常常会导致时间维度异常值数据的出现，而这些异常值会对各应力下每个样本的性能退化速率$e_i(s_l \mid \widetilde{\boldsymbol{X}}_1)$的估计产生极大的影响，其中$e_i(s_l \mid \widetilde{\boldsymbol{X}}_1)$代表加速应力$s_l$下第$i$个试验样品的性能退化速率。因此，在对$e_i(s_l \mid \widetilde{\boldsymbol{X}}_1)$进行估计之前，我们首先要对异常值进行处理。为了简化描述，将$e_i(s_l \mid \widetilde{\boldsymbol{X}}_1)$简写为$e_{li}$。

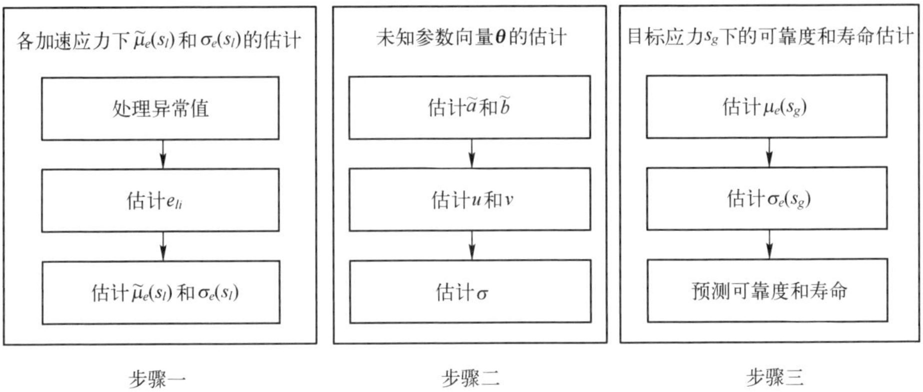

图 5.1 “三步法”随机模糊统计分析流程图

(1) 异常值处理。

对于第 l 个加速应力下第 i 个试验样品所观察到的加速退化数据,通过对起始退化数据点(t_{li1}, y_{li1})和剩余的每个退化数据点(t_{lij}, y_{lij})进行如下的线性拟合,可以得到一系列的斜率:

$$\mathrm{slp}_{li(j-1)} = \frac{y_{lij} - y_{li1}}{t_{lij} - t_{li1}} \tag{5.24}$$

若存在$\mathrm{slp}_{li(j-1)}$满足式(5.25),则该$\mathrm{slp}_{li(j-1)}$和它所对应的退化数据点(t_{lij}, y_{lij})皆为异常值,需要根据式(5.26)进行修正。

$$\mathrm{slp}_{li(j-1)} \notin [\overline{\mathrm{slp}}_{li} - k_L \mathrm{FD}_{li}, \overline{\mathrm{slp}}_{li} + k_U \mathrm{FD}_{li}] \tag{5.25}$$

$$\hat{y}_{lij} = \overline{\mathrm{slp}}_{li} \cdot (t_{lij} - t_{li1}) + y_{li1} \tag{5.26}$$

式中:$\overline{\mathrm{slp}}_{li}$和$\mathrm{FD}_{li}$分别为应力水平 s_l 下第 i 个试验样品所有$\mathrm{slp}_{li(j-1)}$的中位数和四分位点;k_L和 k_U为跟数据分布类型相关的两个已知参数。若斜率服从均匀分布,则$k_L = k_U = 1$;若服从正态分布,则$k_L = k_U = 2$;若服从指数分布,则$k_L = 4.3$, $k_U = 0.7$。在实际应用中,常采用 AIC 准则来选择最适合的分布类型,AIC 越小,表示数据越符合这种分布,从而选择该分布对应的 k_L 和 k_U。AIC 的计算公式如式(4.42)所示,即

$$\mathrm{AIC} = -2\,(\ln L)_{\max} + 2n_p \tag{5.27}$$

式中:$(\ln L)_{\max}$为所选分布类型对应的对数极大似然函数值;n_p为独立分布参数的数量,对于均匀分布和正态分布 $n_p = 2$,而对于指数分布 $n_p = 1$。

(2) e_{li}的估计。

假设本章中所有的模糊变量都是中间型的模糊变量。不失一般性,我们选用了一种最常用的中间型隶属函数——三角隶属函数来描述本章中的模糊变量。那么e_{li}的隶属函数为

$$e_{li}=(e_{li}^{L},e_{li}^{C},e_{li}^{R}) \tag{5.28}$$

式中：上标 L、C 和 R 分别表示e_{li}的隶属函数的左端点、中心值和右端点。

对于第 l 个应力下的第 i 个试验样品，异常值处理后得到的所有$\mathrm{slp}_{li(j-1)}$的最小值和最大值分别用来表示e_{li}的隶属函数的左端点值和右端点值，即

$$e_{li}^{L}=\min_{2\leqslant j\leqslant m_{li}}\{\mathrm{slp}_{li(j-1)}\} \tag{5.29}$$

$$e_{li}^{R}=\max_{2\leqslant j\leqslant m_{li}}\{\mathrm{slp}_{li(j-1)}\} \tag{5.30}$$

通过二元最小二乘估计[116]对这些退化数据点进行线性拟合，可以得到e_{li}隶属函数的中心值，即

$$e_{li}^{C}=\frac{\mathrm{STY}_{li}}{\mathrm{STT}_{li}} \tag{5.31}$$

其中

$$\mathrm{STY}_{li}=\sum_{j=1}^{m_{li}}(t_{lij}-\bar{t}_{li})I_{Y}(y_{lij}-\bar{y}_{li}) \tag{5.32}$$

$$\mathrm{STT}_{li}=\sum_{j=1}^{m_{li}}(t_{lij}-\bar{t}_{li})^{2} \tag{5.33}$$

其中

$$\bar{t}_{li}=\frac{1}{m_{l\ i}}\sum_{j=1}^{m_{li}}t_{lij} \tag{5.34}$$

$$\bar{y}_{li}=\frac{1}{m_{l\ i}}\sum_{j=1}^{m_{li}}y_{lij} \tag{5.35}$$

(3) $\widetilde{\mu}_{e}(s_{l})$的估计。

由于加速退化试验中存在的小样本问题，在应力水平 s_l 下，每个e_{li}都会对$\widetilde{\mu}_{e}(s_{l})$的估计产生极大的影响。因此，采用对所有$e_{li}$取平均值的方法来估计$\widetilde{\mu}_{e}(s_{l})$，不仅太过绝对，也极有可能得到不合理的评估结果。为解决这一问题，我们提出了如下的加权平均计算公式：

$$\begin{aligned}\widetilde{\mu}_{e}(s_{l})&=\left(\sum_{i=1}^{n_l}\lambda_{li}e_{li}^{L},\sum_{i=1}^{n_l}\lambda_{li}e_{li}^{C},\sum_{i=1}^{n_l}\lambda_{li}e_{li}^{R}\right)\\&=(\mu_{e}^{L}(s_{l}),\mu_{e}^{C}(s_{l}),\mu_{e}^{R}(s_{l}))\end{aligned} \tag{5.36}$$

式中：λ_{li}为在应力水平 s_l 下e_{li}对应的权重。考虑到在应力水平 s_l 下，e_{li}的左端点值和右端点值的距离越大，其模糊性就越强，对$\widetilde{\mu}_{e}(s_{l})$的估计结果所产生的影响就越小。那么，$\lambda_{li}$计算公式如下：

$$\lambda_{li}=\frac{1/\mathrm{dis}_{i}(s_{l})}{\sum_{i=1}^{n_l}1/\mathrm{dis}_{i}(s_{l})} \tag{5.37}$$

式中：$\mathrm{dis}_i(s_l)$为应力水平 s_l 下第 i 个试验样品e_{li}的隶属函数的左端点值和右端点值的距离：

$$\mathrm{dis}_i(s_l)=e_{li}^R-e_{li}^L \tag{5.38}$$

(4) $\sigma_e(s_l)$的估计。

基于式(5.3)，可以得到e_{li}和$\widetilde{\mu}_e(s_l)$的期望值，分别记为$E[e_{li}]$和$E[\widetilde{\mu}_e(s_l)]$。那么，$\sigma_e(s_l)$的估计值可计算为

$$\sigma_e(s_l)=\sqrt{\sum_{i=1}^{n_l}\lambda_{li}\{E[e_{li}]-E[\widetilde{\mu}_e(s_l)]\}^2} \tag{5.39}$$

步骤二：估计未知参数向量 $\boldsymbol{\theta}$

(1) $\widetilde{a}$和$\widetilde{b}$的估计。

将由式(5.36)所得到的$\mu_e^L(s_l)$以及s_l都代入式(5.13)中，可以获得线性拟合曲线 $\ln\mu_e^L=a_1+b_1\varphi(s)$，然后采用二元最小二乘估计的方法得到$a_1$和$b_1$的估计值为

$$\hat{b}_1=\frac{\mathrm{SXY}(b_1,a_1)}{\mathrm{SXX}} \tag{5.40}$$

$$\hat{a}_1=\overline{\ln\mu_e^L}-\hat{b}_1\overline{\varphi(s)} \tag{5.41}$$

其中

$$\mathrm{SXY}(b_1,a_1)=\sum_{l=1}^{k}[(\ln\mu_e^L(s_l)-\overline{\ln\mu_e^L})(\varphi(s_l)-\overline{\varphi(s)})] \tag{5.42}$$

$$\mathrm{SXX}=\sum_{l=1}^{k}(\varphi(s_l)-\overline{\varphi(s)})^2 \tag{5.43}$$

$$\overline{\ln\mu_e^L}=\frac{1}{k}\sum_{l=1}^{k}(\ln\mu_e^L(s_l)) \tag{5.44}$$

$$\overline{\varphi(s)}=\frac{1}{k}\sum_{l=1}^{k}\varphi(s_l) \tag{5.45}$$

分别用由式(5.36)所得到的所有$\mu_e^C(s_l)$和$\mu_e^R(s_l)$代替$\mu_e^L(s_l)$代入式(5.40)~式(5.45)，还可以得到另外两条线性拟合曲线 $\ln\mu_e^C=a_2+b_2\varphi(s)$ 和 $\ln\mu_e^R=a_3+b_3\varphi(s)$ 的参数估计值$\hat{a}_2$、$\hat{b}_2$、$\hat{a}_3$和$\hat{b}_3$。根据这些结果，模糊变量$\widetilde{a}$和$\widetilde{b}$的估计值为

$$\widetilde{a}=(\min(\hat{a}_1,\hat{a}_3),\hat{a}_2,\max(\hat{a}_1,\hat{a}_3)) \tag{5.46}$$

$$\widetilde{b}=(\min(\hat{b}_1,\hat{b}_3),\hat{b}_2,\max(\hat{b}_1,\hat{b}_3)) \tag{5.47}$$

(2) v 和 u 的估计。

将由式(5.39)得到的所有$\sigma_e(s_l)$以及s_l代入式(5.12)中，并采用最小二乘估计的方法，得到 v 和 u 的估计值为

$$\hat{v}=\frac{\text{SXY}(u,v)}{\text{SXX}} \tag{5.48}$$

$$\hat{u}=\overline{\ln\sigma_e}-\hat{v}\cdot\overline{\varphi(s)} \tag{5.49}$$

其中,SXX 和$\overline{\varphi(s)}$计算公式分别如式(5.43)和式(5.45)所示,而 SXY(u,v)和$\overline{\ln\sigma_e}$的计算公式分别为

$$\text{SXY}(u,v)=\sum_{l=1}^{k}\{\{\ln[\sigma_e(s_l)]-\overline{\ln\sigma_e}\}[\varphi(s_l)-\overline{\varphi(s)}]\} \tag{5.50}$$

$$\overline{\ln\sigma_e}=\frac{1}{k}\sum_{l=1}^{k}\ln[\sigma_e(s_l)] \tag{5.51}$$

(3) σ 的估计。

由于已经得到了$\tilde{a}$和$\tilde{b}$的隶属函数,那么它们的期望可以通过式(5.3)进行计算,分别记为 $E[\tilde{a}]$ 和 $E[\tilde{b}]$。将式(5.23)中的 a、b、u 和 v 分别用 $E[\tilde{a}]$、$E[\tilde{b}]$、$\hat{u}$和$\hat{v}$代替,那么对数似然函数转化为一个仅和 σ 相关的函数,即

$$\ln L(\boldsymbol{\theta}\mid D,M_{\text{II}}^{\text{H}})=-\frac{1}{2}\sum_{l=1}^{k}\sum_{i=1}^{n_i}\sum_{j=1}^{m_{li}}\left\{\frac{[I_Y\Delta y_{lij}-\exp(E[\tilde{a}]+E[\tilde{b}]\varphi(s_l))\Delta t_{lij}]^2}{[\sigma^2+\exp(2(\hat{u}+\hat{v}\varphi(s_l)))\Delta t_{lij}]\Delta t_{lij}}+\ln(2\pi)+\ln(\sigma^2+\exp(2(\hat{u}+\hat{v}\varphi(s_l)))\Delta t_{lij})+\ln(\Delta t_{lij})\right\} \tag{5.52}$$

将 $\ln L(\boldsymbol{\theta}\mid D,M_{\text{II}}^{\text{H}})$对 σ 取一阶偏导数,得

$$\frac{\partial\ln L(\boldsymbol{\theta}\mid D,M_{\text{II}}^{\text{H}})}{\partial\sigma}=\sum_{l=1}^{k}\sum_{i=1}^{n_i}\sum_{j=1}^{m_{li}}\left\{\frac{\sigma\,[I_Y\Delta y_{lij}-\exp(E[\tilde{a}]+E[\tilde{b}]\varphi(s_l))\Delta t_{lij}]^2}{[\sigma^2+\exp(2(\hat{u}+\hat{v}\varphi(s_l)))\Delta t_{lij}]^2\Delta t_{lij}}-\frac{\sigma}{\sigma^2+\exp(2(\hat{u}+\hat{v}\varphi(s_l)))\Delta t_{lij}}\right\} \tag{5.53}$$

然后,求解方程$\partial\ln L(\boldsymbol{\theta}\mid D,M_{\text{II}}^{\text{H}})/\partial\sigma=0$ 得到 σ 的估计值,记为$\hat{\sigma}$。

步骤三:目标应力 s_g 下的可靠性与寿命评估

为开展目标应力水平 s_g 下的可靠性与寿命评估,首先要对$\tilde{\mu}_e(s_g)$和$\sigma_e(s_g)$进行估计。

(1) $\tilde{\mu}_e(s_g)$的估计。

在式(5.13)中分别用$(\hat{a}_1,\hat{b}_1,\varphi(s_g))$、$(\hat{a}_2,\hat{b}_2,\varphi(s_g))$和$(\hat{a}_3,\hat{b}_3,\varphi(s_g))$代替$(\tilde{a},\tilde{b},\varphi(s_g))$,可以得到 3 个估计值$\mu_{g1}$、$\mu_{g2}$和$\mu_{g3}$,那么$\tilde{\mu}_e(s_g)$可由下述公式估计得到

$$\begin{aligned}\tilde{\mu}_e(s_g)&=(\min(\mu_{g1},\mu_{g3}),\mu_{g2},\max(\mu_{g1},\mu_{g3}))\\&=(\mu_e^L(s_g),\mu_e^C(s_g),\mu_e^R(s_g))\end{aligned} \tag{5.54}$$

(2) $\sigma_e(s_g)$的估计。

在式(5.12)中,用$(\hat{u},\hat{v},\varphi(s_g))$代替$(u,v,\varphi(s_g))$,可以得到$\sigma_e(s_g)$的估计值为

$$\sigma_e(s_g)=\exp[\hat{u}+\hat{v}\varphi(s_g)] \tag{5.55}$$

(3) 目标应力s_g下的可靠性与寿命评估。

在式(5.17)~式(5.19)中,用$\widetilde{\mu}_e(s_g)$和$\sigma_e(s_g)$分别代替$\widetilde{\mu}_e$和σ_e,得到目标应力水平s_g下的可靠度$R(t\mid \boldsymbol{X},s_g,Y_{\text{th}})$,然后采用算法5.1对$R(t\mid \boldsymbol{X},s_g,Y_{\text{th}})$进行近似估计。

根据式(5.22),可以得到目标应力水平s_g下MTTF的估计值为

$$\text{MTTF}=\frac{4I_Y(Y_{\text{th}}-Y_0)}{\mu_e^L(s_g)+2\mu_e^C(s_g)+\mu_e^R(s_g)} \tag{5.56}$$

5.5 案例分析

本章采用锂离子电池步进应力加速退化试验(SSADT)来说明所提出模型的实用性,并采用仿真案例来分析所提出的模型对样本量的敏感性程度。

5.5.1 锂离子电池案例分析

1. 锂离子电池步进应力加速退化试验设置及数据

为了对本章所提出的模型进行案例分析,笔者所在课题组搭建了一个锂离子电池加速退化试验平台,选择美国A123 Systems公司研制生产的ANR26650M1B型锂离子电池开展加速退化试验。ANR26650M1B型锂离子电池具有寿命长、高功率和高安全性等优点,适合作为加速退化试验的试验对象。ANR26650M1B型锂离子电池如图5.2所示,其基本参数如表5.1所列。

图5.2 ANR26650M1B锂离子电池

表 5.1　ANR26650M1B 锂离子电池基本参数

参　数	数　值
额定容量	2.5A · h
额定电压	3.3V
最大连续放电电流	70A
循环寿命	大于 1000 次循环(10C 条件下放电,100%放电深度)
工作温度	-30～55℃

搭建的锂离子电池 ADT 平台包括可编程电源、可编程电子负载、温度采集器、工控机以及搭载的艾德克斯 IT9320 电池充放电测试软件,可以实现对 3 组电池进行独立地充放电控制,进行容量和电池表面温度测试,锂离子电池 ADT 测试平台如图 5.3 所示。

图 5.3　锂离子电池 ADT 测试平台

对锂离子电池开展了一个以放电速率为加速应力的 SSADT,即式(5.10)中的应力 S 为放电速率 I,试验中记录的电池的性能参数为容量退化百分比,SSADT 的基本试验信息如表 5.2 所列,基于试验获得的加速退化试验数据如图 5.4 所示。

表 5.2 锂离子电池 SSADT 基本信息

试验变量	取值	试验变量	取值
k	3	$\boldsymbol{n}=(n_1,n_2,n_3)$	$\boldsymbol{n}=(3,3,3)$
$\boldsymbol{I}$/C	$\boldsymbol{I}=(2.3,3.151,5)$	$\boldsymbol{m}=(m_1,m_2,m_3)$	$\boldsymbol{m}=(100,67,33)$
I_L/C	0.5	Δt/循环数	2
I_U/C	10	Y_{th}/%	30%
I_0/C	1		

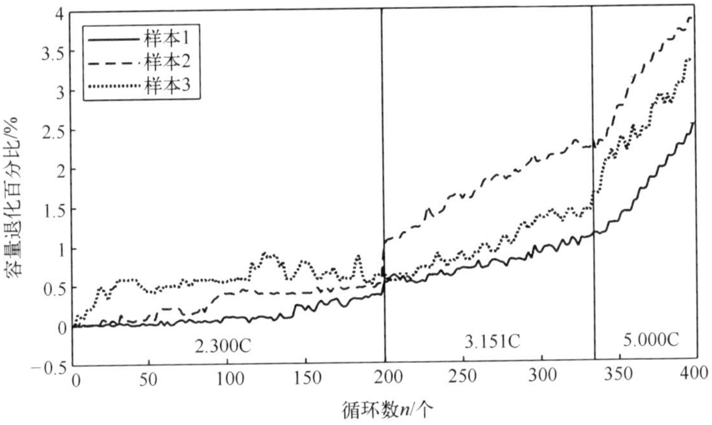

图 5.4 锂离子电池 SSADT 数据

2. 可靠度与寿命评估

如表 5.2 和图 5.4 所示，该案例只有 3 个样本，是典型的小样本情况，收集的加速退化数据中含有小样本情况导致的认知不确定性。因此，采用本章提出的方法来对该案例进行加速退化建模以及可靠度与寿命评估是合适的。

由于应力类型只有电应力，因此根据 2.2 节的内容，选择逆幂律模型的形式作为性能退化速率模型，在本案例中，性能退化速率的对数线性模型为

$$\ln \widetilde{\mu}_e=\widetilde{a}+\widetilde{b}\varphi(I) \tag{5.57}$$

式中：$\varphi(I)$ 为归一化应力，如式(4.52)所示。

首先，采用 AIC 准则，选择最符合各加速应力下各样本所有 $\mathrm{slp}_{li(j-1)}$ 的分布形式，得到其 $[k_L,k_U]$，结果如表 5.3 所列。然后，基于相应的分布形式，对异常值进行处理。

表 5.3 $[k_L,k_U]$ 选择结果

试验样品	$s_1=2.300$ C	$s_2=3.151$ C	$s_3=5.000$ C
1	[4.3,0.7]	[4.3,0.7]	[1.0,1.0]
2	[2.0,2.0]	[4.3,0.7]	[2.0,2.0]
3	[4.3,0.7]	[2.0,2.0]	[4.3,0.7]

然后，根据本章基于二维随机模糊加速退化模型的统计分析方法，可以得到e_{li}、$\widetilde{\mu}_e(s_l)$以及$\sigma_e(s_l)$的估计结果，分别如表 5.4 和表 5.5 所列。

表 5.4　e_{li}的估计结果

试验样品	1	2	3
$s_1=2.300$ C	$(6\times10^{-5}, 9.6\times10^{-4}, 1.29\times10^{-3})$	$(2.5\times10^{-4}, 2.73\times10^{-3}, 4.47\times10^{-3})$	$(2.61\times10^{-3}, 3.18\times10^{-3}, 9.11\times10^{-3})$
$s_2=3.151$ C	$(4.37\times10^{-3}, 5.19\times10^{-3}, 7.04\times10^{-3})$	$(1.21\times10^{-2}, 1.28\times10^{-2}, 2.49\times10^{-2})$	$(1.81\times10^{-3}, 6.84\times10^{-3}, 8.06\times10^{-3})$
$s_3=5.000$ C	$(1.14\times10^{-2}, 2.10\times10^{-2}, 2.18\times10^{-2})$	$(2.09\times10^{-2}, 2.55\times10^{-2}, 3.10\times10^{-2})$	$(2.55\times10^{-2}, 2.75\times10^{-2}, 3.97\times10^{-2})$

表 5.5　$\widetilde{\mu}_e(s_l)$和$\sigma_e(s_l)$的估计结果

应力水平	$\widetilde{\mu}_e(s_l)$	$\sigma_e(s_l)$
$s_1=2.300$ C	$(4.230\times10^{-4}, 1.588\times10^{-3}, 2.907\times10^{-3})$	1.295×10^{-3}
$s_2=3.151$ C	$(4.796\times10^{-3}, 6.626\times10^{-3}, 9.666\times10^{-3})$	3.459×10^{-3}
$s_3=5.000$ C	$(1.868\times10^{-2}, 2.438\times10^{-2}, 3.002\times10^{-2})$	4.532×10^{-3}

接着，我们可以得到未知参数向量$\boldsymbol{\theta}=(\widetilde{a}, \widetilde{b}, u, v, \sigma)$的估计结果，如表 5.6 所列。

表 5.6　模型未知参数$\boldsymbol{\theta}=(\widetilde{a}, \widetilde{b}, u, v, \sigma)$的估计结果

参数	$\widetilde{a}$	$\widetilde{b}$	u	v	σ
估计结果	$(-14.644, -11.608, -10.266)$	$(8.884, 10.381, 14.184)$	-8.809	4.605	0.037

一般来说，正常应力水平下的产品性能退化规律往往是最受关注的，因此在本案例中，我们设定目标应力水平为正常应力水平，即$s_g=s_0$。那么，根据表 5.6 的参数估计结果可以得到正常应力下$\widetilde{\mu}_e(s_0)$和$\sigma_e(s_0)$的估计结果，如表 5.7 所列。采用模糊仿真的方法（算法 5.1），得到锂离子电池的可靠度评估结果，如图 5.5 所列，同时计算得到 MTTF 为 247770 个循环。

表 5.7　正常应力下$\widetilde{\mu}_e(s_0)$和$\sigma_e(s_0)$的估计结果

参　　数	$\widetilde{\mu}_d(s_0)$	$\sigma_d(s_0)$
估计结果	$(1.16\times10^{-5}, 1.01\times10^{-4}, 2.72\times10^{-4})$	4.334×10^{-4}

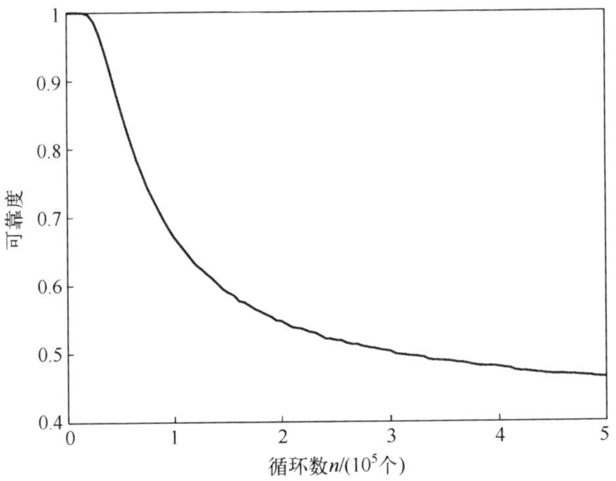

图 5.5　正常应力下锂离子电池的可靠度评估结果

5.5.2　仿真案例

本节采用一个 CSADT 仿真案例，探究所提出的模型$M_{\mathrm{II}}^{\mathrm{H}}$对样本量的敏感程度，其中每个应力水平下的样本量范围设为 3~25 个。假设某产品开展了一次以温度应力为加速应力的 CSADT，即式(5.10)中的应力 S 为温度 T，对比的模型为第 4 章提出的二维随机加速退化模型$M_{\mathrm{II_1}}^{\mathrm{R}}$，如式(4.3)所示。该仿真案例的模型和参数设置如表 5.8 所列。

表 5.8　CSADT 仿真案例的模型和参数设置

试验变量	取　　值	试验变量	取　　值
k	3	Y_0	0
$\boldsymbol{T}$/℃	$\boldsymbol{T}=(50,65,75)$	I_Y	1
T_L/℃	10	μ_{α_0}	6.2316×10^{-4}
T_U/℃	100	σ_{α_0}	$0.15\mu_{\alpha_0}$
T_0/℃	25	α_1	4.4861
$\boldsymbol{n}=(n_1,n_2,n_3)$	$n_1=n_2=n_3=N=3,4,\cdots,25$	σ	0.02
$\boldsymbol{m}=(m_1,m_2,m_3)$	$\boldsymbol{m}=(150,120,100)$	Y_{th}	40%
Δt/h	1	各样本量下仿真次数 R_S	5000

为了探究模型$M_{\mathrm{II}}^{\mathrm{H}}$和模型$M_{\mathrm{II_1}}^{\mathrm{R}}$对样本量的敏感性，提出了定量的相对 MTTF 指标，记为 Ratio，那么对于模型$M_{\mathrm{II}}^{\mathrm{H}}$和模型$M_{\mathrm{II_1}}^{\mathrm{R}}$，对于在样本量为 N 时基于第 r 次仿真得到加速退化数据，Ratio 的计算公式为

$$\mathrm{Ratio}_N^r(M_{\mathrm{II}}^{\mathrm{H}})=\frac{\mathrm{MTTF}_N^r(M_{\mathrm{II}}^{\mathrm{H}})}{\mathrm{MTTF}_{\mathrm{theory}}} \tag{5.58}$$

$$\mathrm{Ratio}_N^r(M_{\mathrm{II\_1}}^{\mathrm{R}})=\frac{\mathrm{MTTF}_N^r(M_{\mathrm{II\_1}}^{\mathrm{R}})}{\mathrm{MTTF}_{\mathrm{theory}}} \tag{5.59}$$

式中：$\mathrm{MTTF}_N^r(M_{\mathrm{II}}^{\mathrm{H}})$和$\mathrm{MTTF}_N^r(M_{\mathrm{II_1}}^{\mathrm{R}})$分别表示模型$M_{\mathrm{II}}^{\mathrm{H}}$和模型$M_{\mathrm{II_1}}^{\mathrm{R}}$在样本量为$N$时基于第$r$次仿真得到加速退化数据计算的正常应力水平下的MTTF值；$\mathrm{MTTF}_{\mathrm{theory}}$表示上述仿真设置中正常应力水平下的理论MTTF值，可由式(5.60)计算：

$$\mathrm{MTTF}_{\mathrm{theory}}=\frac{I_Y(Y_{\mathrm{th}}-Y_0)}{\mu_{\alpha_0}\exp[\alpha_1\varphi(T_0)]}=25180\mathrm{h} \tag{5.60}$$

进一步地，计算了在样本量为N时，$\mathrm{Ratio}_N(M_{\mathrm{II}}^{\mathrm{H}})$和$\mathrm{Ratio}_N(M_{\mathrm{II_1}}^{\mathrm{R}})$的均值和标准差：

$$\mu_{\mathrm{Ratio}}^N(M_{\mathrm{II}}^{\mathrm{H}})=\frac{1}{R_s}\sum_{r=1}^{R_s}\mathrm{Ratio}_N^r(M_{\mathrm{II}}^{\mathrm{H}}) \tag{5.61}$$

$$\sigma_{\mathrm{Ratio}}^N(M_{\mathrm{II}}^{\mathrm{H}})=\sqrt{\frac{1}{R_s-1}\sum_{r=1}^{R_s}[\mu_{\mathrm{Ratio}}^N(M_{\mathrm{II}}^{\mathrm{H}})-\mathrm{Ratio}_N^r(M_{\mathrm{II}}^{\mathrm{H}})]^2} \tag{5.62}$$

$$\mu_{\mathrm{Ratio}}^N(M_{\mathrm{II\_1}}^{\mathrm{R}})=\frac{1}{R_s}\sum_{r=1}^{R_s}\mathrm{Ratio}_N^r(M_{\mathrm{II\_1}}^{\mathrm{R}}) \tag{5.63}$$

$$\sigma_{\mathrm{Ratio}}^N(M_{\mathrm{II\_1}}^{\mathrm{R}})=\sqrt{\frac{1}{R_s-1}\sum_{r=1}^{R_s}(\mu_N(M_{\mathrm{II\_1}}^{\mathrm{R}})-\mathrm{Ratio}_N^r(M_{\mathrm{II\_1}}^{\mathrm{R}}))^2} \tag{5.64}$$

式中：$\mu_{\mathrm{Ratio}}^N(M_{\mathrm{II}}^{\mathrm{H}})$和$\mu_{\mathrm{Ratio}}^N(M_{\mathrm{II_1}}^{\mathrm{R}})$同样可以表示在样本量为$N$下模型$M_{\mathrm{II}}^{\mathrm{H}}$和模型$M_{\mathrm{II_1}}^{\mathrm{R}}$的寿命评估结果的准确性，其值越接近1，则表示该模型的寿命估计结果越准确；而$\sigma_{\mathrm{Ratio}}^N(M_{\mathrm{II}}^{\mathrm{H}})$和$\sigma_{\mathrm{Ratio}}^N(M_{\mathrm{II_1}}^{\mathrm{R}})$则可以表示在样本量为$N$下模型$M_{\mathrm{II}}^{\mathrm{H}}$和模型$M_{\mathrm{II_1}}^{\mathrm{R}}$的寿命评估结果的稳定性，其值越小，则表示该模型的寿命估计结果越稳定。

图5.6展示了寿命评估结果的均值$\mu_{\mathrm{Ratio}}^N(M_{\mathrm{II}}^{\mathrm{H}})$和$\mu_{\mathrm{Ratio}}^N(M_{\mathrm{II_1}}^{\mathrm{R}})$随样本量变化的结果，图5.7展示了寿命评估结果的标准差$\sigma_{\mathrm{Ratio}}^N(M_{\mathrm{II}}^{\mathrm{H}})$和$\sigma_{\mathrm{Ratio}}^N(M_{\mathrm{II_1}}^{\mathrm{R}})$随样本量变化的结果。从这两张图中可以发现，由模型$M_{\mathrm{II}}^{\mathrm{H}}$获得的寿命评估结果比由模型$M_{\mathrm{II_1}}^{\mathrm{R}}$获得的寿命评估结果更加稳定且略保守。在小样本情况下（样本量为3~10个），由模型$M_{\mathrm{II}}^{\mathrm{H}}$获得的寿命评估结果不仅要比由模型$M_{\mathrm{II_1}}^{\mathrm{R}}$获得的寿命评估结果更稳定，而且准确性更好，这表明在小样本情况下本章提出的模型$M_{\mathrm{II}}^{\mathrm{H}}$要比模型$M_{\mathrm{II_1}}^{\mathrm{R}}$更加合适。

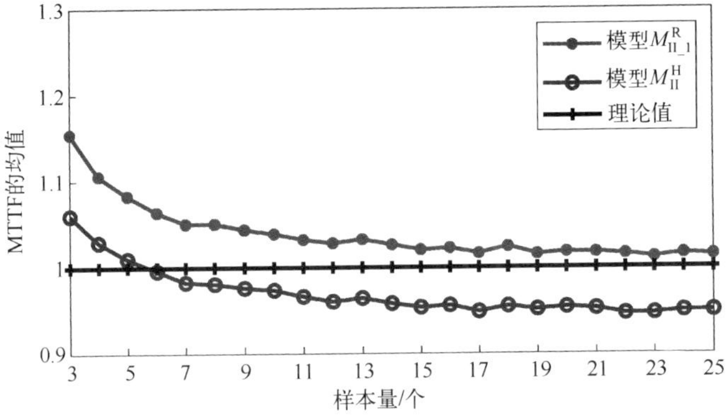

图 5.6 $\mu_{Ratio}^{N}(M_{II}^{H})$和$\mu_{Ratio}^{N}(M_{II_1}^{R})$随样本量的变化

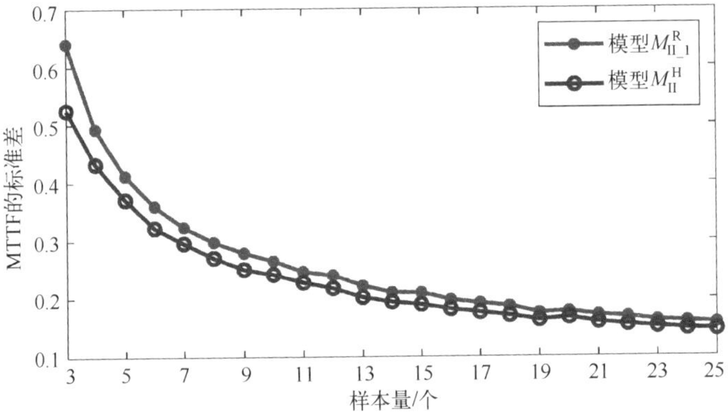

图 5.7 $\sigma_{Ratio}^{N}(M_{II}^{H})$和$\sigma_{Ratio}^{N}(M_{II_1}^{R})$随样本量的变化

为了进一步探究图 5.6 和图 5.7 的结果，我们将模型M_{II}^{H}和模型$M_{II_1}^{R}$在各个样本量下各次仿真获得的 MTTF 分到 4 个区间中，分别为$(0,0.5\mathrm{MTTF}_{theory}]$，$(0.5\mathrm{MTTF}_{theory},\mathrm{MTTF}_{theory}]$，$(\mathrm{MTTF}_{theory},1.5\mathrm{MTTF}_{theory}]$以及$(1.5\mathrm{MTTF}_{theory},+\infty)$，如图 5.8 所示。

如图 5.8 所示，在$(0.5\mathrm{MTTF}_{theory},\mathrm{MTTF}_{theory}]$区间中，由模型$M_{II}^{H}$获得的寿命评估结果数量要略多于由模型$M_{II_1}^{R}$获得的寿命评估结果，而在$(\mathrm{MTTF}_{theory},1.5\mathrm{MTTF}_{theory}]$区间内，由模型$M_{II_1}^{R}$获得的寿命评估结果数量要略多于由模型$M_{II}^{H}$获得的寿命评估结果。同时，由模型$M_{II}^{H}$获得的寿命评估结果多于一半是小于理论寿命值 MTTF_{theory}的，这也解释了为何由模型M_{II}^{H}获得的寿命评估结果要略保守。

从风险管理的角度来讲，决策者通常更倾向于选择稳定且略保守的评估结果，因为较激进的结果很有可能导致严重的后果和损失。因此，所提出的随机模糊加速退化模型是一个更加合适的选择。

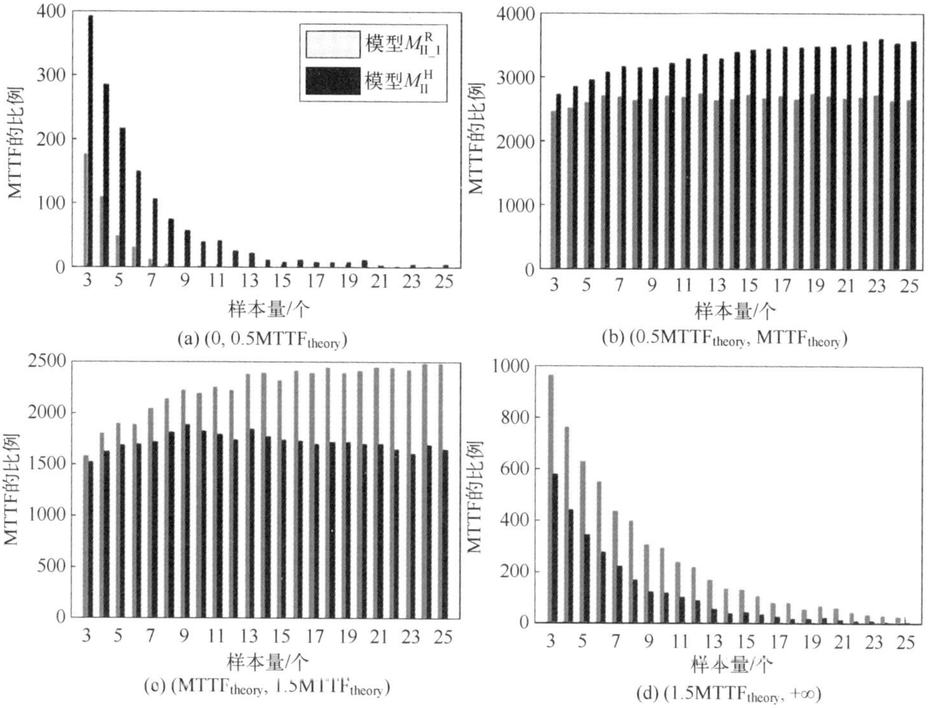

(a) (0, 0.5MTTF$_{\mathrm{theory}}$)　(b) (0.5MTTF$_{\mathrm{theory}}$, MTTF$_{\mathrm{theory}}$)

(c) (MTTF$_{\mathrm{theory}}$, 1.5MTTF$_{\mathrm{theory}}$)　(d) (1.5MTTF$_{\mathrm{theory}}$, +∞)

图 5.8　仿真案例的寿命评估结果统计分析

5.6 本章小结

本章从物理视角，在产品确定性的加速性能退化规律的基础上，综合考虑了加速性能退化过程的动态随机性、样本差异性导致的随机不确定性以及小样本导致的认知不确定性，引入随机模糊理论，提出了加速退化试验中二维混合不确定性的量化模型$M_{\mathrm{II}}^{\mathrm{H}}$及其统计分析方法。

锂离子电池步进应力加速退化试验案例验证了所提出模型的实用性，仿真案例探究了所提出的模型对样本量的敏感性程度。结果表明小样本情况下，基于二维随机模糊加速退化模型$M_{\mathrm{II}}^{\mathrm{H}}$获得的寿命评估结果比二维随机加速退化模型$M_{\mathrm{II_1}}^{\mathrm{R}}$获得的寿命评估结果更加稳定且略保守。尤其在样本量为 3~10 个的情况下，除稳定性的特征外，$M_{\mathrm{II}}^{\mathrm{H}}$获得的寿命评估结果与$M_{\mathrm{II_1}}^{\mathrm{R}}$获得的寿命评估结果相比，准确性更好。这意味着，在小样本情况下，若决策者想要降低风险，所提出的二维随机模糊加速退化模型会是一个更加合适的选择。

第6章

三维度随机不确定性的量化

在第4章和第5章考虑的加速退化试验中的时间维度和样品维度的不确定性的基础上，产品的性能退化过程还经常受到应力维度不确定性的影响。具体而言，产品在不同的应力水平上具有不同的性能退化速率，而产品的性能退化速率受到应力水平的影响，使得产品即使在相同的应力水平上，其性能退化速率仍存在不确定性，而且该不确定性具有随应力变化的动态随机变化的特征。因此，在第4章考虑样本差异性与退化动态随机性的退化模型基础上，本章进一步考虑应力维度的动态随机不确定性，即综合考虑第2章所述的时间、样品和应力维度的随机不确定性，提出三维随机加速退化模型，并给出相应的统计分析方法。

6.1 三维随机加速退化模型

基于3.1节和4.1节的内容可知，从考虑不确定性的来源角度看，经典的基于维纳过程的加速退化模型 M_{W} 仅考虑了时间维度的不确定性，二维随机加速退化模型 $M_{\mathrm{II}}^{\mathrm{R}}$、$M_{\mathrm{II\_1}}^{\mathrm{R}}$ 和 $M_{\mathrm{II\_2}}^{\mathrm{R}}$ 仅考虑了时间维度和样品维度的不确定性，均没有考虑应力维度的不确定性。基于本书第2章的分析，应力维度的不确定性指的是产品的性能退化速率的不确定性受到应力水平的影响，而且该不确定性具有随应力变化的动态随机变化的特征。因此，本章在考虑时间维度和样品维度不确定性的二维随机加速退化模型 $M_{\mathrm{II\_2}}^{\mathrm{R}}$ 的基础上，考虑性能退化速率 $e(\boldsymbol{S}\mid\widetilde{\boldsymbol{X}}_1)$ 受到应力维度不确定性的影响，记为 $\widetilde{e}(\boldsymbol{S}\mid\widetilde{\boldsymbol{X}}_1)$，其在性能退化速率 $e(\boldsymbol{S}\mid\widetilde{\boldsymbol{X}}_1)$ 的基础上，通过叠加的方式耦合一个不确定性因子 $\widetilde{\Omega}_e(\boldsymbol{S})$ 对应力维度的不确定性进行表征，进而构建考虑时间、样品和应力维度不确定性的三维随机加速退化模型 $M_{\mathrm{III}}^{\mathrm{R}}$（下标Ⅲ为希腊字母，表示考虑三维度不确定性，上标R取单词“Random”首字母，意为随机不确定性）：

$$\begin{aligned} M_{\mathrm{III}}^{\mathrm{R}}:\widetilde{Y}(\boldsymbol{S},t\mid\boldsymbol{X}) &= Y_0+I_Y\times[\widetilde{e}(\boldsymbol{S}\mid\widetilde{\boldsymbol{X}_1})\Lambda(t\mid\beta)+\sigma B(\Lambda(t\mid\beta))] \\ &= Y_0+I_Y\times[(e(\boldsymbol{S}\mid\widetilde{\boldsymbol{X}_1})+\widetilde{\Omega}_e(\boldsymbol{S}))\Lambda(t\mid\beta)+\sigma B(\Lambda(t\mid\beta))] \end{aligned} \tag{6.1}$$

式中：$e(S \mid \widetilde{\boldsymbol{X}}_1)$为性能退化速率函数，与式(2.16)相同，考虑样本差异性$\widetilde{\boldsymbol{X}}_1$的影响，为简单起见，假设式(2.17)中的$\alpha_0$服从均值为$\mu_{\alpha_0}$，方差为$\sigma_{\alpha_0}^2$的正态概率分布，即$\alpha_0 \sim N(\mu_{\alpha_0}, \sigma_{\alpha_0}^2)$；时间维度的随机不确定性用$\widetilde{\Omega}_F(t) = \sigma B(t)$描述；应力维度的随机不确定性用$\widetilde{\Omega}_e(\boldsymbol{S})$描述；式(6.1)中其他参数的含义均与第 2 章和 3.1.2 节相同。

考虑产品性能退化速率的不确定性受到应力的动态随机影响，而这种不确定性与应力类型和水平相关且随应力水平的增大而增大，因此，本章对于应力类型S_p，通过一个服从均值为 0、标准差为$\varphi(S_p)$的正态分布的随机变量ξ_p乘以一个与应力类型相关的常数σ_p来描述应力类型S_p的应力维度不确定性，并将各应力类型的应力维度不确定性通过加法进行耦合，即

$$\widetilde{\Omega}_e(\boldsymbol{S}) = \sum_{p=1}^{q} \sigma_p \xi_p, \xi_p \sim N(0, (\varphi(S_p))^2) \tag{6.2}$$

综上，由式(6.1)和式(6.2)得到的模型即为三维随机加速退化模型$M_{\mathrm{III}}^{\mathrm{R}}$，其考虑了加速退化试验中时间维度的动态随机不确定性、样品差异性的静态随机不确定性以及应力维度的动态随机不确定性，适用于单一应力($q=1$)和多种应力类型($q>1$)的情况，以及线性($\beta=1$)和非线性($\beta \neq 1$)的加速性能退化过程。

6.2　基于三维随机加速退化模型的可靠性分析

由式(6.1)可知，性能退化速率$\tilde{e}(\boldsymbol{S} \mid \widetilde{\boldsymbol{X}}_1)$同时受到样品维度和应力维度随机不确定性的影响，而且这两个维度的随机不确定性是相互独立的。为便于本章后续描述，将性能退化速率$\tilde{e}(\boldsymbol{S} \mid \widetilde{\boldsymbol{X}}_1)$简写为$e$，那么可以计算$e$的均值和方差为

$$\mu_e = \mu_{\alpha_0} \exp\left[\sum_{p=1}^{q} \alpha_p \varphi(S_p)\right] \tag{6.3}$$

$$\sigma_e^2 = \sigma_{\alpha_0}^2 \exp\left[\sum_{p=1}^{q} 2\alpha_p \varphi(S_p)\right] + \sum_{p=1}^{q} \sigma_p^2 \left[\varphi(S_p)\right]^2 \tag{6.4}$$

三维随机加速退化模型$M_{\mathrm{III}}^{\mathrm{R}}$的性能增量为$\Delta \widetilde{Y}(\boldsymbol{S}, t \mid \boldsymbol{X}) = \widetilde{Y}(\boldsymbol{S}, t+\Delta t \mid \boldsymbol{X}) - \widetilde{Y}(\boldsymbol{S}, t \mid \boldsymbol{X})$，对应的不重合转化时间间隔为$\Delta\Lambda(t \mid \beta) = \Lambda(t+\Delta t \mid \beta) - \Lambda(t \mid \beta)$。根据三维随机加速退化模型$M_{\mathrm{III}}^{\mathrm{R}}$易知，$I_Y \times \Delta \widetilde{Y}(\boldsymbol{S}, t \mid \boldsymbol{X})$服从正态分布，即

$$I_Y \times \Delta \widetilde{Y}(\boldsymbol{S}, t \mid \boldsymbol{X}) \sim N(\mu_e \Delta\Lambda(t \mid \beta), \sigma_e^2 (\Delta\Lambda(t \mid \beta))^2 + \sigma^2 \Delta\Lambda(t \mid \beta)) \tag{6.5}$$

其概率密度函数为

$$f(I_Y \Delta y \mid \boldsymbol{X}, \boldsymbol{S}) = \frac{1}{\sqrt{2\pi\sigma^2 \Delta\Lambda(t \mid \beta)}} \exp\left\{-\frac{\left[I_Y \Delta y - \mu_e \Delta\Lambda(t \mid \beta)\right]^2}{2\left[\sigma_e^2 (\Delta\Lambda(t \mid \beta))^2 + \sigma^2 \Delta\Lambda(t \mid \beta)\right]}\right\} \tag{6.6}$$

基于 2.1 节介绍的加速退化试验中的裕量方程(2.4)可知,假设产品的性能阈值为 Y_{th},则三维随机加速退化模型$M_{\mathrm{III}}^{\mathrm{R}}$的性能裕量方程为

$$\begin{aligned}\widetilde{M}(\boldsymbol{S},t\mid\boldsymbol{X})&=I_Y\times[Y_{\mathrm{th}}-\widetilde{Y}(\boldsymbol{S},t\mid\boldsymbol{X})]\\&=I_Y\times(Y_{\mathrm{th}}-Y_0)-\{[e(\boldsymbol{S}\mid\widetilde{\boldsymbol{X}_1})+\widetilde{\Omega}_e(\boldsymbol{S})]\Lambda(t\mid\beta)+\sigma B(\Lambda(t\mid\beta))\}\end{aligned}\tag{6.7}$$

当使用三维随机加速退化模型$M_{\mathrm{III}}^{\mathrm{R}}$描述产品的(加速)性能退化过程时,产品的性能裕量$\widetilde{M}(\boldsymbol{S},t\mid\boldsymbol{X})$首次穿越 0 值,即性能$\widetilde{Y}(\boldsymbol{S},t\mid\boldsymbol{X})$首次穿过其性能阈值 Y_{th},就可以视产品为失效,那么性能裕量$\widetilde{M}(\boldsymbol{S},t\mid\boldsymbol{X})$首次穿越 0 值的时间$T_{Y_{\mathrm{th}}}=\inf\{t:t>0,\widetilde{M}(\boldsymbol{S},t\mid\boldsymbol{X})\leqslant 0\}$,即首穿时或产品的寿命。

进一步地,与 4.2 节类似,将式(4.24)和式(4.26)中的μ_e和σ_e替换为式(6.3)和式(6.4),即为考虑三维随机不确定性的加速退化模型$M_{\mathrm{III}}^{\mathrm{R}}$的首穿时$T_{Y_{\mathrm{th}}}$的概率密度函数和产品的可靠度函数,分别如式(6.8)和式(6.9)所示。

$$f(t\mid\boldsymbol{X},\boldsymbol{S},Y_{\mathrm{th}})=\frac{I_Y(Y_{\mathrm{th}}-Y_0)}{\sqrt{2\pi t^3(\sigma_e^2t+\sigma^2)}}\exp\left[-\frac{(I_Y(Y_{\mathrm{th}}-Y_0)-\mu_e t)^2}{2t(\sigma_e^2t+\sigma^2)}\right]\tag{6.8}$$

$$\begin{aligned}R(t\mid\boldsymbol{X},\boldsymbol{S},Y_{\mathrm{th}})=\Phi&\left[\frac{I_Y(Y_{\mathrm{th}}-Y_0)-\mu_e t}{\sqrt{\sigma_e^2t^2+\sigma^2t}}\right]-\\&\exp\left[\frac{2\mu_e I_Y(Y_{\mathrm{th}}-Y_0)}{\sigma^2}+\frac{2\sigma_e^2\,(Y_{\mathrm{th}}-Y_0)^2}{\sigma^4}\right]\times\\&\Phi\left\{-\frac{2\sigma_e^2I_Y(Y_{\mathrm{th}}-Y_0)t+\sigma^2[\mu_e t+I_Y(Y_{\mathrm{th}}-Y_0)]}{\sigma^2\sqrt{\sigma_e^2t^2+\sigma^2t}}\right\}\end{aligned}\tag{6.9}$$

6.3 基于三维随机加速退化模型的统计分析

本节介绍基于三维随机加速退化模型$M_{\mathrm{III}}^{\mathrm{R}}$的加速退化试验数据统计分析方法。在$M_{\mathrm{III}}^{\mathrm{R}}$中,未知参数向量为 $\boldsymbol{\theta}=(\mu_{\alpha_0},\sigma_{\alpha_0},\alpha_1,\cdots,\alpha_q,\sigma_1,\cdots,\sigma_q,\beta,\gamma,\sigma)$。本节同样考虑最常见的恒定应力加速退化试验 CSADT 的统计分析,对于步进应力的情况可以参考本节提出的方法展开。CSADT 的试验设置和参数设置与 3.1.3 节相同。

为了估计三维随机加速退化模型$M_{\mathrm{III}}^{\mathrm{R}}$中的未知参数 $\boldsymbol{\theta}$,本书选择极大似然估计方法。基于 CSADT 中的性能退化增量数据,以及其对应的概率密度函数(6.6),可以获得 CSADT 的似然函数为

$$L(\boldsymbol{\theta}\mid D,M_{\mathrm{III}}^{\mathrm{R}})=\prod_{l=1}^{k}\prod_{i=1}^{n_l}\prod_{j=1}^{m_{li}-1}\frac{1}{\sqrt{2\pi\sigma^2\Delta\Lambda_{lij}}}\exp\left\{-\frac{(I_Y\Delta y_{lij}-\mu_e\Delta\Lambda_{lij})^2}{2[\sigma_e^2\,(\Delta\Lambda_{lij})^2+\sigma^2\Delta\Lambda_{lij}]}\right\}\tag{6.10}$$

进一步将μ_e和σ_e^2代入式(6.10)中,式(6.10)的对数似然函数为

$$\ln L(\boldsymbol{\theta}\mid D,M_{\mathrm{III}}^{\mathrm{R}}) = -\frac{1}{2}\sum_{l=1}^{k}\sum_{i=1}^{n_l}\sum_{j=1}^{m_{li}}\left\{\ln 2\pi + \ln[\sigma_e^2(\Delta\Lambda_{lij})^2+\sigma^2\Delta\Lambda_{lij}] + \frac{\left[I_Y\Delta y_{lij}-\mu_{\alpha_0}\exp\left(\sum_{p=1}^{q}\alpha_p\varphi(S_p)\right)\Delta\Lambda_{lij}\right]^2}{\left[\sigma_{\alpha_0}^2\exp\left(\sum_{p=1}^{q}2\alpha_p\varphi(S_p)\right)+\sum_{p=1}^{q}\sigma_p^2(\varphi(S_p))^2\right](\Delta\Lambda_{lij})^2+\sigma^2\Delta\Lambda_{lij}}\right\}$$

(6.11)

基于式(6.11)进行极大似然估计,通过令式(6.11)最大,得到的未知参数估计值即为极大似然估计结果$\hat{\boldsymbol{\theta}}=(\hat{\mu}_{\alpha_0},\hat{\sigma}_{\alpha_0},\hat{\alpha}_1,\cdots,\hat{\alpha}_q,\hat{\sigma}_1,\cdots,\hat{\sigma}_q,\hat{\beta},\hat{\sigma})$。

6.4 实际案例

本节以某微波电子产品退化数据作为应用案例(以下简称微波案例)对本章所提出的模型和方法进行说明。

6.4.1 微波案例试验信息及可靠性评估

微波电子产品具有长寿命和高可靠性的特点,笔者曾对某微波电子产品开展了以温度应力为加速应力的 CSADT,即式(6.1)中的应力向量 $\boldsymbol{S}$ 仅包含温度 T,试验中记录的微波电子产品的性能参数为功率增益,该 CSADT 的基本信息如表 6.1 所列,4 个应力水平下微波电子产品的性能退化路径如图 6.1 所示。有关微波退化数据的更多细节,读者可参见文献[117]。

表 6.1　微波案例:基本 CSADT 信息

试验变量	取　值	试验变量	取　值
k	4	$\boldsymbol{n}=(n_1,n_2,n_3,n_4)$	$\boldsymbol{n}=(3,3,3,3)$
$\boldsymbol{T}$/℃	$\boldsymbol{T}=(55,70,80,85)$	$\boldsymbol{m}=(m_1,m_2,m_3,m_4)$	$\boldsymbol{m}=(247,174,155,114)$
T_L/℃	−15	Δt/h	5
T_U/℃	120	Y_{th}/dB	7
T_0/℃	25		

由于加速应力的类型为温度应力,因此根据 2.2 节的内容,选择 Arrhenius 模型的形式作为性能退化速率模型,如式(4.45)所示。

根据 6.3 节的统计分析方法,得到三维随机加速退化模型$M_{\mathrm{III}}^{\mathrm{R}}$的参数估计

结果,如表 6.2 所列。

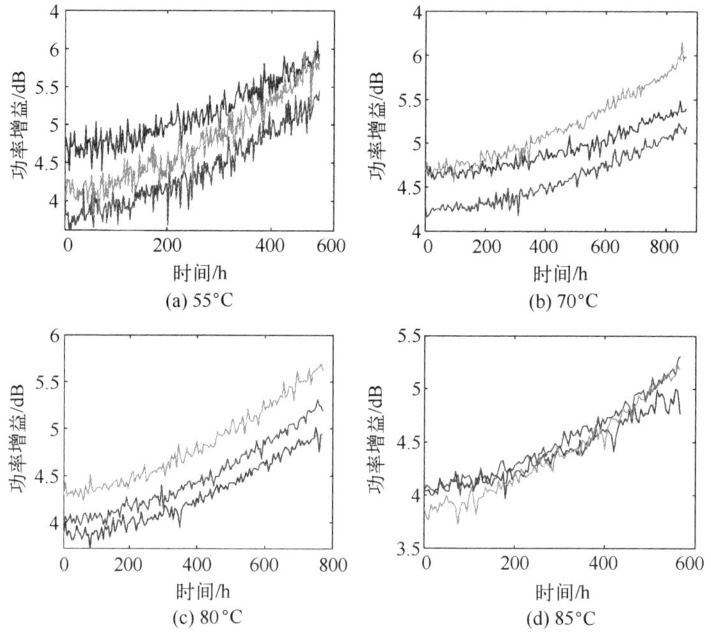

图 6.1　微波案例:加速性能退化数据

表 6.2　微波案例:参数估计结果

模型	μ_{α_0}	σ_{α_0}	α_1	σ_1	σ	β
$M_{\mathrm{III}}^{\mathrm{R}}$	2.71×10^{-5}	0.001	2.119	3.03×10^{-4}	0.033	0.990

将表 6.2 中的三维随机加速退化模型$M_{\mathrm{III}}^{\mathrm{R}}$的参数估计结果代入式(6.9)中,可以给出正常应力水平 25℃ 条件下的微波电子产品的可靠度,如图 6.2 所示。

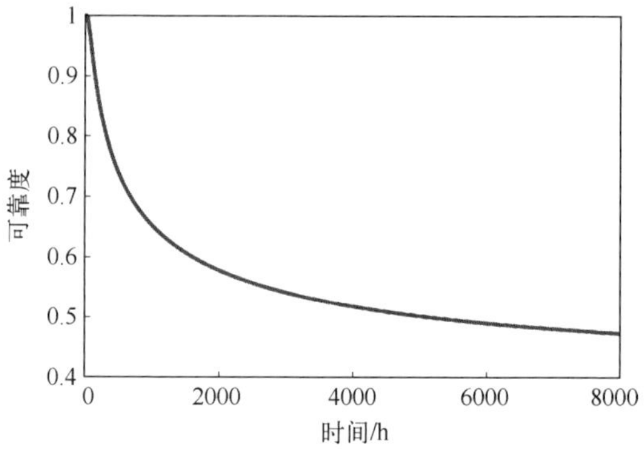

图 6.2　正常应力水平下的微波电子产品的可靠度(25℃)

6.4.2 不确定性分析

为了展示全面考虑并量化不确定性的重要性，本节将所提出的三维随机加速退化模型$M_{\mathrm{III}}^{\mathrm{R}}$与第3章基于维纳过程的加速退化模型$M_{\mathrm{W}}$（由于该模型实际上仅考虑时间维度不确定性，考虑本章的统一性，改记为$M_{\mathrm{I}}^{\mathrm{R}}$）和第4章提出的二维随机加速退化模型$M_{\mathrm{II}}^{\mathrm{R}}$进行对比，比较这3种模型的不确定性量化结果的优劣。

本节从外推的角度来对3种模型的不确定性量化结果进行对比。具体而言，基于微波案例在70℃、80℃和85℃下的实际数据，分别采用模型$M_{\mathrm{I}}^{\mathrm{R}}$、$M_{\mathrm{II}}^{\mathrm{R}}$和$M_{\mathrm{III}}^{\mathrm{R}}$进行统计分析，估计其模型中的未知参数，通过蒙特卡罗仿真，在55℃下分别使用这3种模型，各自仿真了300条微波电子产品的性能退化轨迹，然后取这300条性能退化轨迹中的最大值和最小值作为相应模型的预测性能退化轨迹上、下界，作为相应模型的不确定性量化结果，并将其与55℃下的实际数据对比，结果如图6.3所示。

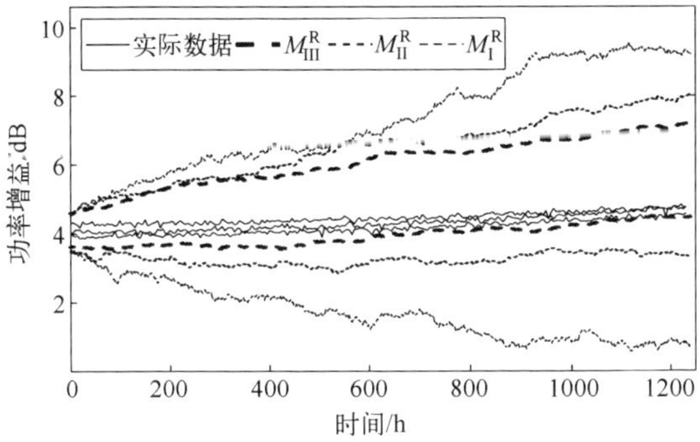

图6.3 微波案例：模型$M_{\mathrm{I}}^{\mathrm{R}}$、$M_{\mathrm{II}}^{\mathrm{R}}$和$M_{\mathrm{III}}^{\mathrm{R}}$的不确定性量化

为了对不确定性进行量化分析，采用如下两个定量化指标来量化各模型的性能退化上下界预测结果同实际数据之间的差异：

$$\begin{aligned}\overline{\mathrm{ER}}_l^U &= \frac{1}{m_l}\sum_{j=1}^{m_l}\mathrm{ER}_{lj}^U \quad (l=1,2,\cdots,k)\\ \overline{\mathrm{ER}}_l^L &= \frac{1}{m_l}\sum_{j=1}^{m_l}\mathrm{ER}_{lj}^L \quad (l=1,2,\cdots,k)\end{aligned} \tag{6.12}$$

式中：$\overline{\mathrm{ER}}_l^U$和$\overline{\mathrm{ER}}_l^L$分别为模型在应力水平$T_l$下的预测性能退化上界或下界与实际数据的性能退化上界或下界对比的平均误差值；ER_{lj}^U和ER_{lj}^L分别为模型在应力水平T_l下和时刻t_{lij}下预测的性能退化上界$y_{lj}^{\mathrm{pre}-U}$同所有试验样品中观测的性能最大值y_{lj}^U之间，以及预测的性能退化下界$y_{lj}^{\mathrm{pre}-L}$同所有试验样品中观测的性能最小值y_{lj}^{L}之间的相对距离。ER_{lj}^{U}和ER_{lj}^{L}的计算公式如下：

$$\begin{aligned}
&\mathrm{ER}_{lj}^{U}=\frac{y_{lj}^{\text{pre}-U}-y_{lj}^{U}}{y_{lj}^{U}},\quad y_{lj}^{U}=\max_{1\leqslant i\leqslant n_l}\{y_{lij}\}\quad(l=1,2,\cdots,k;j=1,2,\cdots,m_l)\\
&\mathrm{ER}_{lj}^{L}=\frac{y_{lj}^{L}-y_{lj}^{\text{pre}-L}}{y_{lj}^{L}},\quad y_{lj}^{L}=\min_{1\leqslant i\leqslant n_l}\{y_{lij}\}\quad(l=1,2,\cdots,k;j=1,2,\cdots,m_l)
\end{aligned}\tag{6.13}$$

注：根据式(6.12)和式(6.13)所得定量化指标$\overline{\mathrm{ER}}_{l}^{U}$或$\overline{\mathrm{ER}}_{l}^{L}$的值越接近0，则代表在应力水平$T_l$下，该模型所得到的性能退化上界或下界预测结果越接近实际数据范围的上界或下界。

根据各模型在55℃下的性能退化预测结果和微波案例在55℃下的实际数据，可得各模型在55℃下的定量化指标$\overline{\mathrm{ER}}_{l}^{U}$和$\overline{\mathrm{ER}}_{l}^{L}$，并计算了$\overline{\mathrm{ER}}_{l}^{U}$和$\overline{\mathrm{ER}}_{l}^{L}$的均值，结果如表6.3所列。

表6.3 微波案例：性能退化上、下界的定量指标

性能退化模型	$\overline{\mathrm{ER}}_{l}^{U}$	$\overline{\mathrm{ER}}_{l}^{L}$	$\overline{\mathrm{ER}}_{l}^{U}$和$\overline{\mathrm{ER}}_{l}^{L}$的均值
$M_{\mathrm{III}}^{\mathrm{R}}$	**0.325**	**0.058**	**0.192**
$M_{\mathrm{II}}^{\mathrm{R}}$	0.423	0.106	0.264
$M_{\mathrm{I}}^{\mathrm{R}}$	0.511	0.494	0.503

由图6.3和表6.3可见，不论是退化上、下界还是上、下界均值，根据$M_{\mathrm{III}}^{\mathrm{R}}$得到的结果均优于其他两个模型。相比于其他两个模型，在退化上、下界均值预测上，$M_{\mathrm{I}}^{\mathrm{R}}$和$M_{\mathrm{II}}^{\mathrm{R}}$的预测误差分别约为$M_{\mathrm{III}}^{\mathrm{R}}$预测误差的2.6倍和1.4倍。

6.5 本章小结

本章给出了一种同时考虑时间、样品和应力维度随机不确定性的三维随机加速退化试验模型$M_{\mathrm{III}}^{\mathrm{R}}$及其未知参数的统计分析方法。通过微波电子产品的实际案例发现，第3章仅考虑时间维度随机不确定性的一维随机加速退化模型$M_{\mathrm{I}}^{\mathrm{R}}$和第4章仅考虑时间和样品维度随机不确定性的二维随机加速退化模型$M_{\mathrm{II}}^{\mathrm{R}}$所得的预测误差约为本章所提模型$M_{\mathrm{III}}^{\mathrm{R}}$的预测误差的2.6倍和1.4倍。

尽管本章篇幅有限，未能对三维度随机不确定性模型进行全面分析，但本章结果仍然说明，对于某些产品的加速性能退化过程，必须对其不确定性来源进行细致的分类和量化，否则我们对产品加速性能退化规律的认知就会出现偏差，甚至错误。

第 7 章

加速退化模型的不确定性量化

在常规的加速退化建模中,通常选取某一特定的随机过程模型来描述性能退化中随机不确定性的动态变化。但是,对于一个加速退化试验数据集,可能存在多个不确定性量化模型均适用的情况。例如,在描述单调的性能退化过程时,通常采用伽马过程或者逆高斯过程进行加速退化建模,以保证性能退化过程中的单调特征,但是对于某些工程案例,同样也可以使用维纳过程描述单调性能退化过程中的动态不确定性[100,102,118]。这就导致了模型不确定性的问题,即无法确定哪种模型是最适用于某加速退化试验数据集的。显然,选择了不恰当的不确定性量化模型会增加对性能退化规律的认知偏差,从而增加可靠性和寿命的评估误差。

基于第 2 章的加速退化试验建模研究方法论可知,在加速退化建模中,主要可以分为确定性的性能退化速率模型和性能退化过程中的不确定性量化模型。由本书 1.2 节和 1.4.1 节的分析可知,确定性模型一般基于物理机理或经验模型,其正确与否取决于物理机理认知和数学推导的正确性,同时也取决于人们是否掌握了"足够多"信息(即经验)。然而不确定性量化模型量化的是不确定性,因此只有更适合而没有绝对正确的不确定性量化模型。换言之,不确定性量化模型的不确定性始终存在,不可避免。因此,本章将针对第 3 章介绍的维纳过程、伽马过程和逆高斯过程讨论不确定性量化模型的不确定性,引入贝叶斯模型平均方法,研究模型不确定性的量化问题,并进一步通过贝叶斯模型平均的方法对 3 个随机过程模型进行融合,开展可靠性评估。

7.1 统一随机过程模型

在常规加速退化试验分析中,通常假设性能退化过程$\widetilde{Y}(\boldsymbol{S},t \mid \boldsymbol{X})$服从一个平稳独立增量的随机过程,其中$\widetilde{Y}(\boldsymbol{S},t \mid \boldsymbol{X})$的期望和方差都与时间函数$\Lambda(t \mid \beta)$成正比。维纳过程、伽马过程和逆高斯过程是 3 种加速退化建模常用的随机过程模型，作为本章用于贝叶斯平均的候选模型，为了简化这3个备选模型的参数表达，定义一个具有统计独立增量的双参数统一随机过程模型 M_{USP}，基于第2章的核心方程，其表达式为

$$M_{\text{USP}}:\widetilde{Y}(\boldsymbol{S},t\mid\boldsymbol{X})=Y_0+I_Y\times\text{USP}(a(t),b(t)) \tag{7.1}$$

式中：Y_0为性能初值；I_Y为表征性能退化方向的示性函数，与式(2.2)相同；$USP(a(t),b(t))$为具有统计独立增量的双参数统一随机过程模型，其均值和方差满足

$$E[\text{USP}(a(t),b(t))]=e(\boldsymbol{S}\mid\boldsymbol{X}_1)\Lambda(t\mid\beta) \tag{7.2}$$

$$\text{Var}[\text{USP}(a(t),b(t))]=\sigma^2\Lambda(t\mid\beta) \tag{7.3}$$

式中：$e(\boldsymbol{S}\mid\boldsymbol{X}_1)$为性能退化速率函数，与式(2.16)相同；$\Lambda(t\mid\beta)$为时间的非负单调递增函数，基于第2章，常写作 $\Lambda(t\mid\beta)=t^{\beta}(\beta>0)$，本章简写为 $\Lambda(t)$；$\sigma>0$为常数。

对于给定产品，在应力水平 $\boldsymbol{S}$ 下，$\forall t>0$，$I_Y\times(\widetilde{Y}(\boldsymbol{S},t\mid\boldsymbol{X})-Y_0)$的概率密度函数依赖于两个参数 $a(t)$ 和 $b(t)$。具体来说，当$I_Y\times(\widetilde{Y}(\boldsymbol{S},t\mid\boldsymbol{X})-Y_0)\sim N(a(t),b(t))$时，统一随机过程模型是维纳过程模型 M_{W}，其中，$a(t)=e(\boldsymbol{S}\mid\boldsymbol{X}_1)\Lambda(t)$是均值，$b(t)=\sigma^2\Lambda(t)$是方差。

当$I_Y\times(\widetilde{Y}(\boldsymbol{S},t\mid\boldsymbol{X})-Y_0)\sim\text{Gamma}(a(t),b(t))$时，统一随机过程模型是伽马过程模型 M_{Ga}，其中，$a(t)=(e(\boldsymbol{S}\mid\boldsymbol{X}_1))^2\Lambda(t)/\sigma^2$是形状参数，$b(t)=\sigma^2/e(\boldsymbol{S}\mid\boldsymbol{X}_1)>0$是尺度参数。

当$I_Y\times(\widetilde{Y}(\boldsymbol{S},t\mid\boldsymbol{X})-Y_0)\sim\text{IG}(a(t),b(t))$时，统一随机过程模型是逆高斯过程模型 M_{IG}，其中，$a(t)=e(\boldsymbol{S}\mid\boldsymbol{X}_1)\Lambda(t)$是均值参数，$b(t)=(e(\boldsymbol{S}\mid\boldsymbol{X}_1))^3(\Lambda(t))^2/\sigma^2>0$是形状参数。

7.2 基于统一随机过程模型的可靠性分析

基于2.1节介绍的加速退化试验中的裕量方程(2.4)可知，假设产品的性能阈值为 Y_{th}，则统一随机过程模型 M_{USP}的性能裕量方程为

$$\begin{aligned}\widetilde{M}(\boldsymbol{S},t\mid\boldsymbol{X})&=I_Y\times[Y_{\text{th}}-\widetilde{Y}(\boldsymbol{S},t\mid\boldsymbol{X})]\\&=I_Y\times(Y_{\text{th}}-Y_0)-\text{USP}(a,b)\end{aligned} \tag{7.4}$$

当使用统一随机过程模型 M_{USP}描述产品的(加速)性能退化过程时，产品的性能裕量$\widetilde{M}(\boldsymbol{S},t\mid\boldsymbol{X})$首次穿越0值，即性能$\widetilde{Y}(\boldsymbol{S},t\mid\boldsymbol{X})$首次穿过其性能阈值 Y_{th}，就可以视产品为失效，那么性能裕量$\widetilde{M}(\boldsymbol{S},t\mid\boldsymbol{X})$首次穿越0值的时间$T_{Y_{\text{th}}}=\inf\{t:t>0,\widetilde{M}(\boldsymbol{S},t\mid\boldsymbol{X})\leqslant 0\}$，即首穿时或产品的寿命。

对于维纳过程 M_{W}，由3.1.2节可知，其首穿时$T_{Y_{\text{th}}}$服从逆高斯分布，$T_{Y_{\text{th}}}$的累

积分布函数为

$$F(t \mid \boldsymbol{X},\boldsymbol{S},Y_{\text{th}})=\Phi\left[\frac{e(\boldsymbol{S}\mid \boldsymbol{X}_1)\Lambda(t)-I_Y(Y_{\text{th}}-Y_0)}{\sigma\sqrt{\Lambda(t)}}\right]+\exp\left(\frac{2e(\boldsymbol{S}\mid \boldsymbol{X}_1)I_Y(Y_{\text{th}}-Y_0)}{\sigma^2}\right)\times \Phi\left[-\frac{I_Y(Y_{\text{th}}-Y_0)+e(\boldsymbol{S}\mid \boldsymbol{X}_1)\Lambda(t)}{\sigma\sqrt{\Lambda(t)}}\right] \tag{7.5}$$

式中，最后一项表示事件$\{\widetilde{M}(\boldsymbol{S},t\mid \boldsymbol{X})\geqslant 0\}\cup\{\widetilde{M}^*(\boldsymbol{S},t\mid \boldsymbol{X})\leqslant 0\}$大于零的概率[119]，其中$\widetilde{M}^*(\boldsymbol{S},t\mid \boldsymbol{X})=\inf\limits_{\tau\in[0,t]}\widetilde{M}(\boldsymbol{S},t\mid \boldsymbol{X})$。当$e(\boldsymbol{S}\mid \boldsymbol{X}_1)\gg\sigma$时，此项可忽略，因为此时维纳过程可认为是单调的。因此，首穿时的累积分布函数近似为

$$F(t \mid \boldsymbol{X},\boldsymbol{S},Y_{\text{th}})\approx 1-\Phi\left[\frac{I_Y(Y_{\text{th}}-Y_0)-e(\boldsymbol{S}\mid \boldsymbol{X}_1)\Lambda(t)}{\sigma\sqrt{\Lambda(t)}}\right] \tag{7.6}$$

同样，对于伽马过程和逆高斯过程而言，式(7.6)所示的近似解依然适用，参见文献[75,120]。

那么，基于首穿时$T_{Y_{\text{th}}}$的累积分布函数，可以得到可靠度函数为

$$\begin{aligned}R(t \mid \boldsymbol{X},\boldsymbol{S},Y_{\text{th}})&=1-F(t\mid \boldsymbol{X},\boldsymbol{S},Y_{\text{th}})\\&=\Phi\left[\frac{I_Y(Y_{\text{th}}-Y_0)-e(\boldsymbol{S}\mid \boldsymbol{X}_1)\Lambda(t)}{\sigma\sqrt{\Lambda(t)}}\right]\end{aligned} \tag{7.7}$$

7.3　基于统一随机过程模型的统计分析

本节介绍基于统一随机过程模型的加速退化试验数据统计分析方法，在基于统一随机过程模型的加速退化模型M_{USP}中，未知参数向量为$\boldsymbol{\theta}=(\alpha_0,\alpha_1,\cdots,\alpha_q,\beta,\sigma)$。本节同样考虑最常见的恒定应力加速退化试验 CSADT 的统计分析，对于步进应力的情况可以参考本节提出的方法展开。CSADT 的试验设置和参数设置与 3.1.3 节相同。

为了估计基于统一随机过程模型的加速退化模型M_{USP}中的未知参数$\boldsymbol{\theta}=(\alpha_0,\alpha_1,\cdots,\alpha_q,\beta,\sigma)$，本书选择极大似然估计方法。基于 CSADT 中的性能退化增量数据，可以获得 CSADT 的似然函数为

$$L(\boldsymbol{\theta}\mid D,M_{\text{USP}})=\prod_{l=1}^{k}\prod_{i=1}^{n_l}\prod_{j=1}^{m_{li}}f_{\text{USP}}(I_Y\Delta y_{lij}\mid a_{lij},b_{lij}) \tag{7.8}$$

可通过式(7.8)的对数形式来获得未知参数向量$\boldsymbol{\theta}$的极大似然估计值$\hat{\boldsymbol{\theta}}$，对于备选的维纳过程$M_{\text{W}}$，伽马过程$M_{\text{Ga}}$和逆高斯过程$M_{\text{IG}}$，其对应的对数似然函

数为式(7.9)~式(7.11)。

$$\ln L(\boldsymbol{\theta} \mid D, M_{\mathrm{W}}) = -\frac{1}{2}\sum_{l=1}^{k}\sum_{i=1}^{n_l}\sum_{j=1}^{m_{li}}\left\{\ln 2\pi + 2\ln\sigma + \ln(\Delta\Lambda_{lij}) + \frac{\left[I_Y\Delta y_{lij} - \alpha_0\exp\left(\sum_{p=1}^{q}\alpha_p\varphi(S_p)\right)\Delta\Lambda_{lij}\right]^2}{\sigma^2\Delta\Lambda_{lij}}\right\} \tag{7.9}$$

$$\begin{aligned}\ln L(\boldsymbol{\theta} \mid D, M_{\mathrm{Ga}}) = \sum_{l=1}^{k}\sum_{i=1}^{n_l}\sum_{j=1}^{m_{li}}\Bigg\{&-\ln\Gamma\left[\frac{\left[\alpha_0\exp\left(\sum_{p=1}^{q}\alpha_p\varphi(S_p)\right)\right]^2\Delta\Lambda_{lij}}{\sigma^2}\right] - \\ &\frac{\left[\alpha_0\exp\left(\sum_{p=1}^{q}\alpha_p\varphi(S_p)\right)\right]^2\Delta\Lambda_{lij}}{\sigma^2}\ln\left[\frac{\sigma^2}{\alpha_0\exp\left(\sum_{p=1}^{q}\alpha_p\varphi(S_p)\right)}\right] - \\ &\frac{\alpha_0\exp\left(\sum_{p=1}^{q}\alpha_p\varphi(S_p)\right)I_Y\Delta y_{lij}}{\sigma^2} + \\ &\left[\frac{\left[\alpha_0\exp\left(\sum_{p=1}^{q}\alpha_p\varphi(S_p)\right)\right]^2\Delta\Lambda_{lij}}{\sigma^2} - 1\right]\ln(I_Y\Delta y_{lij})\Bigg\}\end{aligned} \tag{7.10}$$

$$\begin{aligned}\ln L(\boldsymbol{\theta} \mid D, M_{\mathrm{IG}}) = \sum_{l=1}^{k}\sum_{i=1}^{n_l}\sum_{j=1}^{m_{li}}\Bigg\{&\ln(\Delta\Lambda_{lij}) - \frac{1}{2}\ln 2\pi - \ln\sigma - \frac{3}{2}\ln(I_Y\Delta y_{lij}) - \\ &\frac{3}{2}\ln\left[\alpha_0\exp\left(\sum_{p=1}^{q}\alpha_p\varphi(S_p)\right)\right] - \frac{\alpha_0\exp\left[\sum_{p=1}^{q}\alpha_p\varphi(S_p)\right]}{2\sigma^2\Delta y_{lij}} \times \\ &\left[I_Y\Delta y_{lij} - \alpha_0\exp\left(\sum_{p=1}^{q}\alpha_p\varphi(S_p)\right)\Delta\Lambda_{lij}\right]^2\Bigg\}\end{aligned} \tag{7.11}$$

7.4 基于贝叶斯模型平均的模型不确定性量化

为了量化退化模型不确定性对性能退化过程建模的影响,本章选用贝叶斯模型平均(bayesian model averaging,BMA)方法,通过集成各备选模型的推断结果来量化模型不确定性[121]。

假设 Δ 是关注的特征量,如性能参数$\widetilde{Y}(\boldsymbol{S},t \mid \boldsymbol{X})$,其依赖于加速退化数据集 D 的后验分布为

$$f(\Delta \mid D)=\sum_{c} f(\Delta \mid M_{c}, D) P(M_{c} \mid D) \tag{7.12}$$

式中：$f(\Delta \mid M_c, D)$ 表示假设 M_c 为真实模型时 Δ 的后验概率密度函数；$P(M_c \mid D)$ 为 M_c 为真实模型时的最高后验概率（maximum posterior probability，MPP），其作为模型平均的系数，即

$$P(M_c \mid D) \propto f(D \mid M_c) P(M_c) \tag{7.13}$$

式中：$P(M_c)$ 为 M_c 为真实模型时的先验模型概率；$f(D \mid M_c)$ 为模型 M_c 的集成似然函数。定义 $\boldsymbol{\theta}_c$ 为模型 M_c 的参数空间，其参数先验为 $f(\boldsymbol{\theta}_c \mid M_c)$，则式(7.13)中的集成似然函数为

$$f(D \mid M_c)=\int L(\boldsymbol{\theta}_c \mid D, M_c) f(\boldsymbol{\theta}_c \mid M_c) \mathrm{d} \boldsymbol{\theta}_c \tag{7.14}$$

式中：$L(\boldsymbol{\theta}_c \mid D, M_c)$ 为 M_c 为真实模型时加速退化数据集 D 的似然函数，如式(7.8)所示。

由式(7.13)和式(7.14)可知，集成似然函数的积分形式很难获取解析解。为了开展基于 BMA 的模型不确定性分析，本节给出一种马尔可夫链蒙特卡罗（Markov chain Monte Carlo，MCMC）实施方法，借助 WinBUGS 软件[122]从模型参数后验分布 $f(\boldsymbol{\theta}_c \mid D, M_c)$ 中抽取一定的样本，将参数样本基于 7.1 节的方法，针对不同的备选模型计算相应的统一随机过程模型 M_{USP} 中的参数，然后代入到式(7.1)即可预测性能退化过程。

1. 模型先验概率 $P(M_c)$

模型先验概率的设置可根据专家知识或者同类产品前期加速退化试验来获得，如果没有该类信息，可均匀分配概率值，如本章中仅考虑 3 种备选模型，那么 $P(M_c)=1/3$。

2. 参数先验 $f(\boldsymbol{\theta}_c \mid M_c)$

模型 M_c 的参数向量 $\boldsymbol{\theta}_c=(\alpha_{c0}, \alpha_{c1}, \cdots, \alpha_{cp}, \beta_c, \sigma_c)$。首先，由于性能退化速率非负，故 α_{c0} 应当大于零；其次，高应力水平会加速退化过程，故 $\alpha_{c1}, \cdots, \alpha_{cp}$ 应当大于零；然后，由统一随机过程模型 USP(a,b) 可知 $\sigma_c>0$；最后，对于表征退化非线性的参数 β_c，可通过公式 $y=e(\boldsymbol{S} \mid \alpha_{c0}, \alpha_{c1}, \cdots, \alpha_{cp}) t^{\beta_c}$ 对各退化路径进行非线性拟合来获取必要的先验信息。此外，由伽马过程和逆高斯过程的非负增量特性可知，β_c 必须大于零。因此，根据 7.3 节的极大似然结果 $\hat{\boldsymbol{\theta}}$，设置统计独立且有信息的先验如下所示：

$$f(\alpha_{cp} \mid M_c) \sim f_N(\alpha_{cp} \mid \hat{\alpha}_{cp}, \mathrm{Var}[\hat{\alpha}_{cp}]) \quad (p=0,1,\cdots,q) \tag{7.15}$$

$$f(\beta_c \mid M_c) \sim f_N(\beta_c \mid \hat{\beta}_c, \mathrm{Var}[\hat{\beta}_c]) \tag{7.16}$$

$$f(\sigma_c \mid M_c) \sim f_{\mathrm{Ga}}\left(\sigma_c \mid \frac{\hat{\sigma}_c^2}{\mathrm{Var}[\hat{\sigma}_c]}, \frac{\mathrm{Var}[\hat{\sigma}_c]}{\hat{\sigma}_c}\right) \tag{7.17}$$

式中:$f_N(\cdot)$为正态分布的概率密度函数;$f_{\mathrm{Ga}}(\cdot)$为伽马分布的概率密度函数。

实际应用中可以根据极大似然估计获得的参数方差来设定式(7.15)~式(7.17)中各参数的方差,其中 WinBUGS 软件中的参数精度设定为方差的倒数。针对参数$\alpha_{c0},\alpha_{c1},\cdots,\alpha_{cq}$和$\beta_c$,假设其服从正态分布,其中必须满足 $P(\alpha_{cp}<0)\approx 0(p=0,1,\cdots,q)$和 $P(\beta_c<0)\approx 0$ 来保证其非负特性,否则应当选取截尾正态、对数正态或者伽马分布。

3. 参数后验 $f(\boldsymbol{\theta}_c \mid D,M_c)$

当获取加速退化数据 D 时,由贝叶斯理论以及式(7.12)、式(7.15)~式(7.17)可知,参数$\boldsymbol{\theta}_c$的后验分布为

$$f(\boldsymbol{\theta}_c \mid D,M_c) \propto f(\boldsymbol{\theta}_c \mid M_c)\prod_{l=1}^{k}\prod_{i=1}^{n_l}\prod_{j=1}^{m_{li}} f_{\mathrm{USP}}(I_Y\Delta y_{lij} \mid a_{lij},b_{lij}) \tag{7.18}$$

从而,基于 Gibbs 抽样策略从式(7.18)中迭代抽取参数后验样本,根据 Gelman-Rubin 指标检验抽样链的收敛特性,即近似于 1 的程度[122]。类似应用可参见文献[99,123]。当抽样链收敛时,从参数后验向量中先丢弃一定样本作为老化阶段(如前 1000 个),然后抽取固定数量的样本用于后续计算。

注意式(7.15)~式(7.17)中的参数先验来源于真实数据的极大似然估计值,然后采用相同数据构造如式(7.18)中的似然函数来加以更新,因此该方法并不是完整的贝叶斯流程。然而,该方法能够生成类似于先验的后验参数,从而用于先验信息稀缺条件下的性能退化过程预测,并能提供较为理想的结果[124-125]。

4. 模型后验概率 $P(M_c \mid D)$

由式(7.13)及 $P(M_c)=1/3$ 可知,模型后验概率与集成似然函数$f(D \mid M_c)$成正比,从而可由式(7.15)~式(7.17)的参数先验$f(\boldsymbol{\theta}_c \mid M_c)$中抽取一定样本来近似获得,其中,假设抽取的参数的样本量均为 H,抽取得到的参数值分别为

$$\boldsymbol{\alpha}_{cp}^{\mathrm{prior}}=(\alpha_{cp1}^{\mathrm{prior}},\alpha_{cp2}^{\mathrm{prior}},\cdots,\alpha_{cpH}^{\mathrm{prior}}) \quad (p=0,1,\cdots,q) \tag{7.19}$$

$$\boldsymbol{\beta}_{cp}^{\mathrm{prior}}=(\beta_{cp1}^{\mathrm{prior}},\beta_{cp2}^{\mathrm{prior}},\cdots,\beta_{cpH}^{\mathrm{prior}}) \tag{7.20}$$

$$\boldsymbol{\sigma}_{cp}^{\mathrm{prior}}=(\sigma_{cp1}^{\mathrm{prior}},\sigma_{cp2}^{\mathrm{prior}},\cdots,\sigma_{cpH}^{\mathrm{prior}}) \tag{7.21}$$

并记

$$\boldsymbol{\theta}_c^{\mathrm{prior}}=(\boldsymbol{\alpha}_{c0}^{\mathrm{prior}},\boldsymbol{\alpha}_{c1}^{\mathrm{prior}},\cdots,\boldsymbol{\alpha}_{cq}^{\mathrm{prior}},\boldsymbol{\beta}_c^{\mathrm{prior}},\boldsymbol{\sigma}_c^{\mathrm{prior}}) \tag{7.22}$$

那么模型后验概率为

$$P(M_c \mid D) \propto \frac{1}{H}\sum_{h=1}^{H} L(\boldsymbol{\theta}_c^{\mathrm{prior}} \mid D,M_c) \tag{7.23}$$

定义

$$\mathrm{Sum}_c=\frac{1}{H}\sum_{h=1}^{H} L(\boldsymbol{\theta}_c^{\mathrm{prior}} \mid D,M_c) \tag{7.24}$$

那么

$$P(M_c \mid D) \propto \frac{\mathrm{Sum}_c}{\sum_{i=1}^{3} \mathrm{Sum}_c} \tag{7.25}$$

5. 性能退化量的模型平均

首先,对于每个模型 M_c,对于每个参数,从式(7.18)中抽取 U 组参数后验样本,分别为

$$\boldsymbol{\alpha}_{cp}^{\text{posterior}} = (\alpha_{cp1}^{\text{posterior}}, \alpha_{cp2}^{\text{posterior}}, \cdots, \alpha_{cpU}^{\text{posterior}}) \quad (p=0,1,\cdots,q) \tag{7.26}$$

$$\boldsymbol{\beta}_{cp}^{\text{posterior}} = (\beta_{cp1}^{\text{posterior}}, \beta_{cp2}^{\text{posterior}}, \cdots, \beta_{cpU}^{\text{posterior}}) \tag{7.27}$$

$$\boldsymbol{\sigma}_{cp}^{\text{posterior}} = (\sigma_{cp1}^{\text{posterior}}, \sigma_{cp2}^{\text{posterior}}, \cdots, \sigma_{cpU}^{\text{posterior}}) \tag{7.28}$$

并记

$$\boldsymbol{\theta}_{c}^{\text{posterior}} = (\boldsymbol{\alpha}_{c0}^{\text{posterior}}, \boldsymbol{\alpha}_{c1}^{\text{posterior}}, \cdots, \boldsymbol{\alpha}_{cq}^{\text{posterior}}, \boldsymbol{\beta}_{c}^{\text{posterior}}, \boldsymbol{\sigma}_{c}^{\text{posterior}}) \tag{7.29}$$

然后,对于模型 M_c,根据$\boldsymbol{\theta}_c^{\text{posterior}}$通过蒙特卡罗仿真可以得到应力水平 $\boldsymbol{s}_l$下的 U 组性能退化轨迹,其中第 u 组性能退化轨迹对应的数据点为$(t_{luj}^c, y_{luj}^c)$$(u=1,2,\cdots,U)$,每个模型的每组性能退化轨迹的性能检测时间相同,即$t_{luj}^c = t_{lj}$。令 $\boldsymbol{y}_{lu} = (y_{lu1}, y_{lu2}, \cdots, y_{lum_l})$,$\boldsymbol{z}_{lu} = I_Y \times (\boldsymbol{y}_{lu} - y_{lu0})$,那么对于模型 M_c,在同一应力水平 $\boldsymbol{s}_l$和性能检测时间 t_{lj}下,所对应的退化量$\boldsymbol{z}_{lu}$的概率密度函数 $f(\boldsymbol{z}_{lu} \mid M_c, D)$的函数形式一致,进而根据式(7.12),退化量$\boldsymbol{z}_{lu}$的后验密度函数 $f(\boldsymbol{z}_{lu} \mid D)$的函数形式一致。因此依赖于 $P(M_c \mid D)$直接对各个模型的性能退化轨迹进行模型平均,得到应力水平 $\boldsymbol{s}_l$下 BMA 方法的 U 组性能退化轨迹。具体地,在应力水平 $\boldsymbol{s}_l$和性能检测时间 t_{lj}下,基于 BMA 方法的性能退化量的仿真计算方法如下:

步骤 1:对于模型 M_c,在应力水平 $\boldsymbol{s}_l$和检测时间 t_{lj}下,根据式(7.18)抽取 U 组参数后验样本$\boldsymbol{\theta}_c^{\text{posterior}}$,通过蒙特卡罗仿真得到$(t_{luj}^c, y_{luj}^c)$$(u=1,2,\cdots,U)$;

步骤 2:令 $u=1$,从均匀分布$[0,1]$中生成随机数 r_u,若$r_u \in [0, P(M_{\mathrm{W}} \mid D)]$,则$y_{luj} = y_{luj}^{\mathrm{W}}$;若$r_u \in (P(M_{\mathrm{W}} \mid D), P(M_{\mathrm{W}} \mid D) + P(M_{\mathrm{Ga}} \mid D)]$,则$y_{luj} = y_{luj}^{\mathrm{Ga}}$;若 $r_u \in (P(M_{\mathrm{W}} \mid D) + P(M_{\mathrm{Ga}} \mid D), 1]$,则$y_{luj} = y_{luj}^{IG}$;置 $u=u+1$。

步骤 3:重复步骤 2,当 $u=U$ 时结束。

7.5 案例分析

本章选用疲劳裂纹扩展实际案例和仿真案例对所提出的贝叶斯模型平均方法进行应用,并对其有效性和优势进行分析。

7.5.1 疲劳裂纹扩展案例分析

本节采用疲劳裂纹扩展数据来说明加速退化试验中的模型不确定性,并开

展贝叶斯模型平均和可靠性分析。笔者课题组选用 7075-T6 铝合金开展了疲劳裂纹扩展试验,试验样品的几何尺寸如图 7.1 所示,试验是以恒幅载荷最大值为加速应力,即式(7.1)中的应力向量 $\boldsymbol{S}$ 仅包含恒幅载荷最大值 P,试验记录了样品的裂纹长度和载荷循环次数,疲劳裂纹扩展试验的基本信息如表 7.1 所列。试验记录了样品的裂纹长度和载荷循环次数,试验数据如图 7.2 所示。

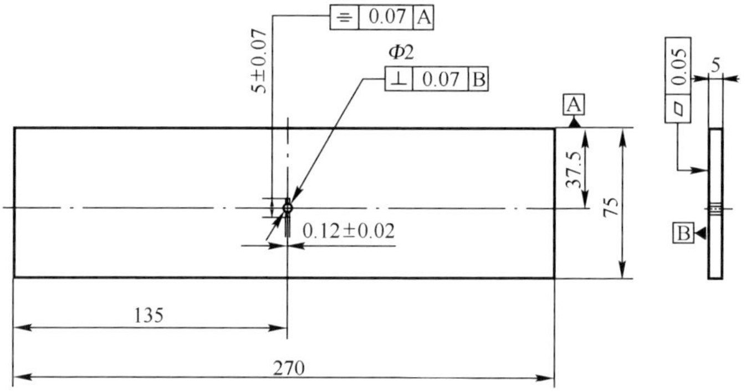

图 7.1 疲劳裂纹扩展试验样品的几何尺寸(单位:mm)

表 7.1 疲劳裂纹扩展试验的基本信息

试验变量	取值	试验变量	取值
k	3	$\boldsymbol{n}=(n_1,n_2,n_3)$	$\boldsymbol{n}=(1,2,2)$
$\boldsymbol{P}$/kN	$\boldsymbol{P}=(20,23,26)$	$\boldsymbol{m}=(m_1,m_2,m_3)$	$\boldsymbol{m}=(20,20,20)$
P_L/kN	15	Δt/循环数	2
P_U/kN	30	Y_0/mm	2.5
R	0	Y_{th}/mm	32.5

注:R 为试件加载的应力比。

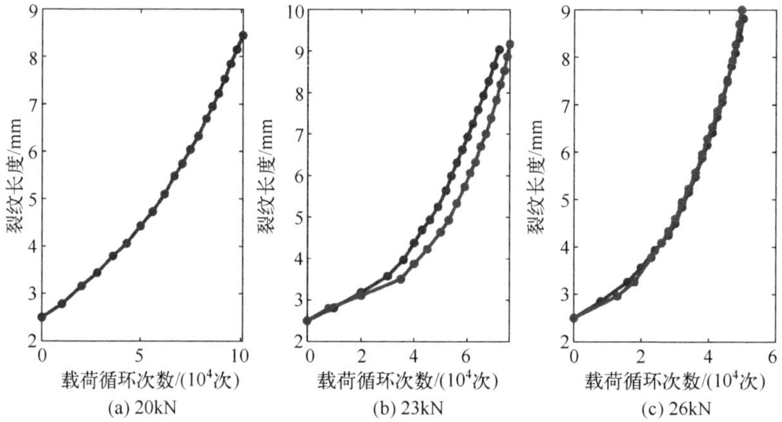

图 7.2 疲劳裂纹扩展数据

由于应力类型只有恒幅载荷最大值,因此根据 2.2 节的内容,选择幂律模型的形式作为性能退化速率模型,即

$$e(\sigma_m \mid \alpha_0,\alpha_1)=\alpha_0 \text{eps}[\alpha_1 \varphi(\sigma_m)]$$

式中:σ_m 为恒幅载荷最大值(kN)。

根据表 7.1 和图 7.2 所示试验数据信息,采用 7.3 节的统计分析方法,得到统一随机过程模型 M_{USP} 未知参数的极大似然估计结果,如表 7.2 所列,表 7.2 中也根据式(4.42)计算了各模型的 AIC 指标。

表 7.2　统一随机过程模型 M_{USP} 的参数估计结果

模　型	α_0	α_1	β	σ	AIC
M_W	4.59×10^{-10}	3.809	1.879	1.38×10^{-5}	−148.989
M_{Ga}	3.34×10^{-11}	4.113	2.097	3.71×10^{-6}	−156.277
M_{IG}	9.42×10^{-12}	4.277	2.202	2.07×10^{-6}	−156.372

将参数估计结果代入式(7.7),可得模型 M_W、M_{Ga} 和 M_{IG} 的可靠度随恒幅载荷最大值和时间(即载荷循环次数)的变化,结果如图 7.3 所示,图中也比较了恒幅载荷最大值为 20kN 时不同模型的可靠度评估结果。从图中可以发现,选取不同的模型得到的可靠度评估结果会存在差异,体现出模型不确定性对可靠度评估的影响。

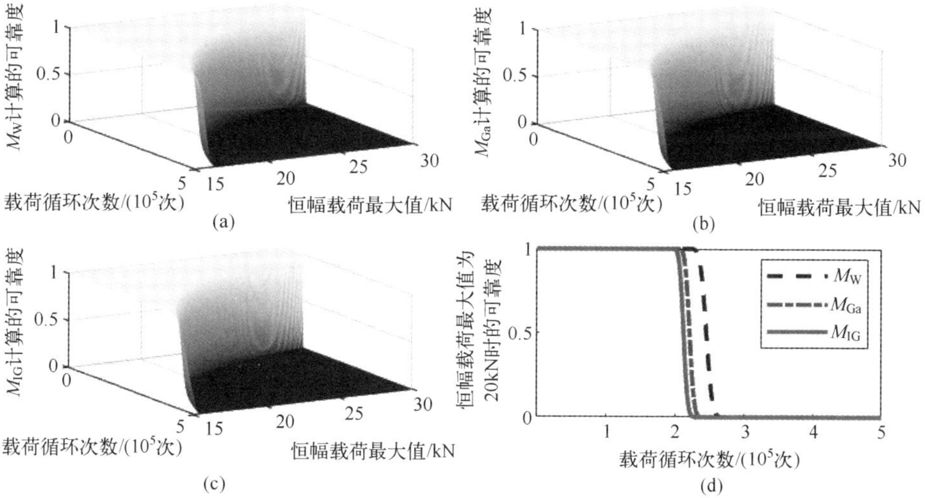

图 7.3　疲劳裂纹扩展案例的可靠度评估结果

根据 7.4 节,抽取 5000 个样本(即 $H=5000$)计算得到各备选模型的后验概率,分别为 $P(M_W \mid D)=0.013$,$P(M_{Ga} \mid D)=0.446$,$P(M_{IG} \mid D)=0.541$。该结

果表明对于疲劳裂纹扩展数据，逆高斯过程是最优的模型，该结论与基于 AIC 准则的模型选择结果相一致。从上述结果可以看出，模型 M_W 的贡献可以忽略不计。接着，基于参数估计结果，在 MCMC 方法中，对模型 M_W、M_{Ga} 和 M_{IG} 分别抽取 5000 组参数后验样本，基于蒙特卡罗仿真的方法分别获得各模型的 5000 条性能退化轨迹，然后依据模型后验概率进行模型平均，进而得到了基于 BMA 方法的 5000 条性能退化轨迹。为了分析 BMA 方法和单一模型相比的优势，基于模型 M_W、M_{Ga} 和 M_{IG} 以及 BMA 方法的上述 5000 条性能退化轨迹，计算了各方法的平均性能退化轨迹和 95%统计置信区间作为性能退化的上下界，以分别反映模型的确定性的退化趋势和不确定性的量化结果，如图 7.4 和图 7.5 所示。

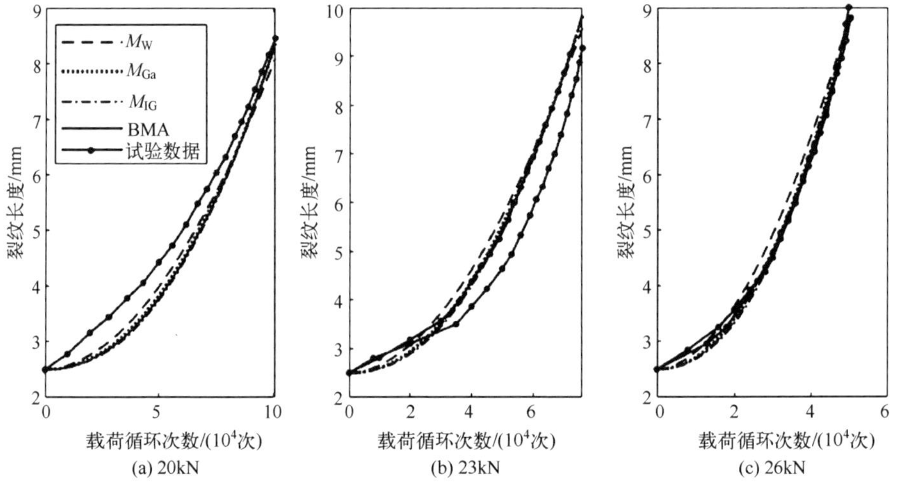

图 7.4　基于 4 种模型预测的疲劳裂纹扩展均值

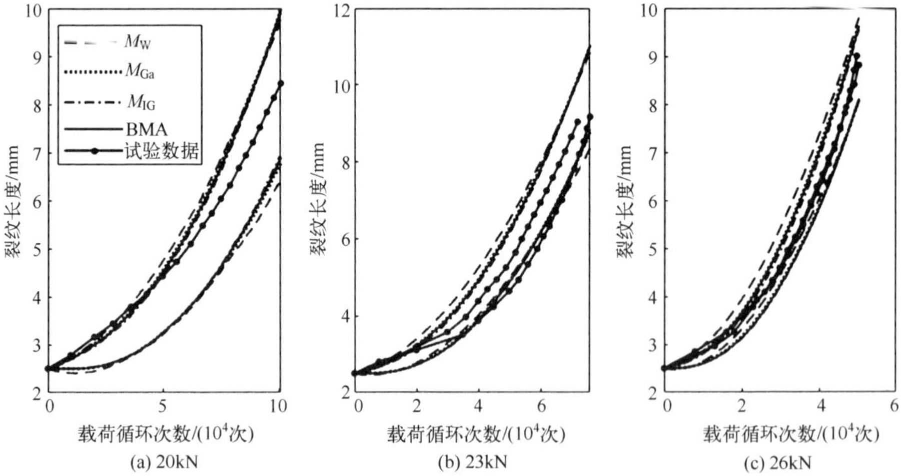

图 7.5　基于 4 种模型预测的疲劳裂纹扩展上下界

从图7.4和图7.5可以发现,模型M_{Ga}和M_{IG}对于确定性退化趋势和性能退化上下界的计算结果相比模型M_W更接近实际数据,说明模型M_{Ga}和M_{IG}对于实际数据的拟合程度更好,这与AIC的计算结果相吻合。同时,模型M_{Ga}、M_{IG}以及BMA方法对于确定性退化趋势和性能退化上下界的计算结果基本接近,原因是:模型M_{Ga}和M_{IG}的AIC计算结果和模型后验概率均接近,而BMA方法得到的性能退化轨迹是模型M_{Ga}和M_{IG}的模型平均结果。

上述结果表明,当多个备选模型对于性能退化历史数据的拟合程度相近时,模型不确定性会对决策者选择何种模型来预测性能退化过程带来困扰,BMA方法会对各模型的不确定性进行量化,综合各模型的优势进行平均,进而可以得到较准确的性能退化评估结果。

7.5.2 仿真案例

本节进一步通过仿真案例探究BMA方法的优势。在量化模型不确定性时,常用的方法还包括AIC方法(即根据最小AIC选择模型)和MPP方法(即根据最高后验概率选择模型),为此,本节将BMA方法与AIC方法和MPP方法进行对比分析。

产品的性能退化趋势由产品退化的物理机理决定。但其中的不确定性,却不能说能够选择一种准确的随机过程模型对其进行度量。因为不确定性的"不确定",因此通常的情况是几种不确定性量化模型都较为适用。这种情况下,不确定性量化模型的选择就存在着模型不确定性。本节考虑某产品具有严格单调的性能退化过程,备选模型在伽马过程和逆高斯过程这两种模型中选择,并通过仿真来说明这种情况下模型不确定性的重要性。假设产品的性能退化服从统一随机过程模型(7.1),以该模型为仿真模型,假设某产品开展了一次以温度应力为加速应力的CSADT,即式(7.1)中的应力向量$\boldsymbol{S}$仅包含温度T,加速退化数据由伽马过程和逆高斯过程加权获得。试验和仿真模型的参数设置如表7.3所列,仿真得到的加速退化数据如图7.6所示。

表7.3 仿真案例的参数设置

试验变量	取值	试验变量	取值
k	3	Y_0	0
$\boldsymbol{T}$/℃	$\boldsymbol{T}=(65,85,100)$	I_Y	1
T_L/℃	40	α_0	0.135
T_U/℃	100	α_1	1.5
$\boldsymbol{w}$	$\boldsymbol{w}=(0.5,0.5)$	β	0.5

续表

试验变量	取值	试验变量	取值
$\boldsymbol{n}=(n_1,n_2,n_3)$	$n=(10,10,10)$	α_1	0.5
$\boldsymbol{m}=(m_1,m_2,m_3)$	$m=(100,100,100)$	$Y_{th}/\%$	60
Δt/h	50		

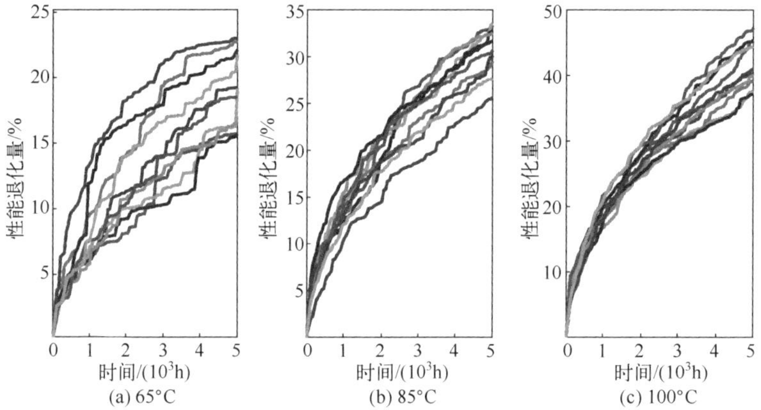

图 7.6 仿真案例的加速退化试验数据

将每个试验样品的前 40 次性能检测数据作为训练集,求解模型参数并开展贝叶斯模型平均,然后将每个试验样品的后 60 次性能检测数据作为测试集,比较不同方法在性能退化过程预测中的表现。基于每个试验样品前 40 次的性能检测数据,采用 7.3 节提出的极大似然估计方法,得到未知参数的极大似然估计结果,如表 7.4 所列,进一步根据式(4.42)计算得到各模型的 AIC 指标,根据 7.4 节的步骤(1)~(4),计算得到各模型的最高后验概率 MPP 指标,同样列在了表 7.4 中。

表 7.4 模型参数估计结果以及 AIC 和 MPP 指标

模型	α_0	α_1	β	σ	AIC	MPP
M_{Ga}	0.143	1.340	0.298	0.511	−293.71	0.388
M_{IG}	0.107	1.815	0.402	0.493	−293.59	0.612

根据表 7.4 可知,模型 M_{Ga} 和 M_{IG} 的 AIC 基本接近,表明这两个模型对于数据的拟合程度相近。根据 AIC 方法,应该选择具有较小 AIC 指标的模型,即模型 M_{Ga} 预测性能退化过程。但根据最高后验概率 MPP 方法,应当选择模型 M_{IG} 预测性能退化过程。两种模型选择方法给出的模型选择结果截然不同,在实际工程应用中给研究人员造成了模型选择的困扰。

为此,我们对 AIC 方法、MPP 方法和本章所提出的 BMA 方法的预测结果进行深入分析。对于 AIC 方法选择的模型 M_{Ga}，基于表 7.4 中模型 M_{Ga} 的极大似然估计结果，通过蒙特卡罗仿真的方法计算各试验应力水平下的 5000 组性能退化轨迹；对于 MPP 方法选择的模型 M_{IG}，基于 MCMC 方法中模型 M_{IG} 的参数后验向量，同样计算各试验应力水平下的 5000 组性能退化轨迹；最后基于本章所提出的方法，根据 7.4 节的 BMA 计算流程，同样计算各试验应力水平下的 5000 组性能退化轨迹。基于这 3 种方法的各 5000 条性能退化轨迹，分别计算其性能退化轨迹的均值和 95%统计置信区间，以表征各模型的确定性退化趋势和性能退化的不确定性量化结果，分别如图 7.7 和图 7.8 所示。

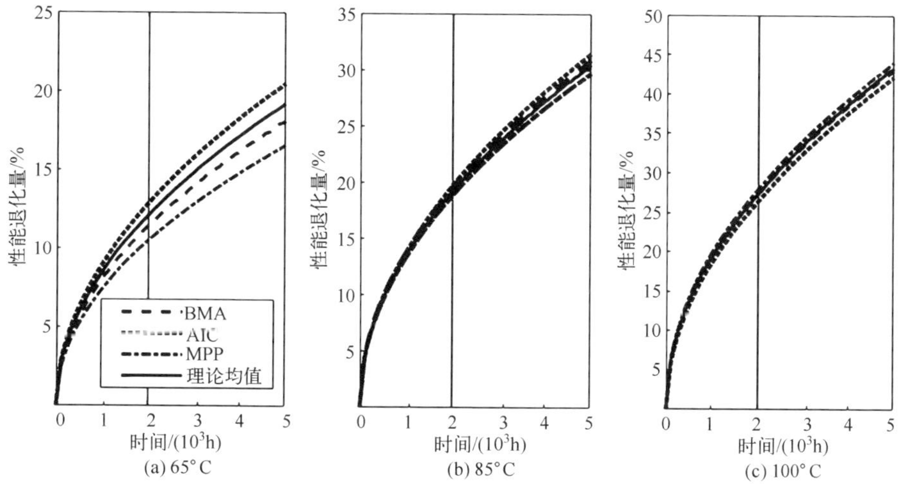

图 7.7 BMA、AIC 和 MPP 方法预测的性能退化均值

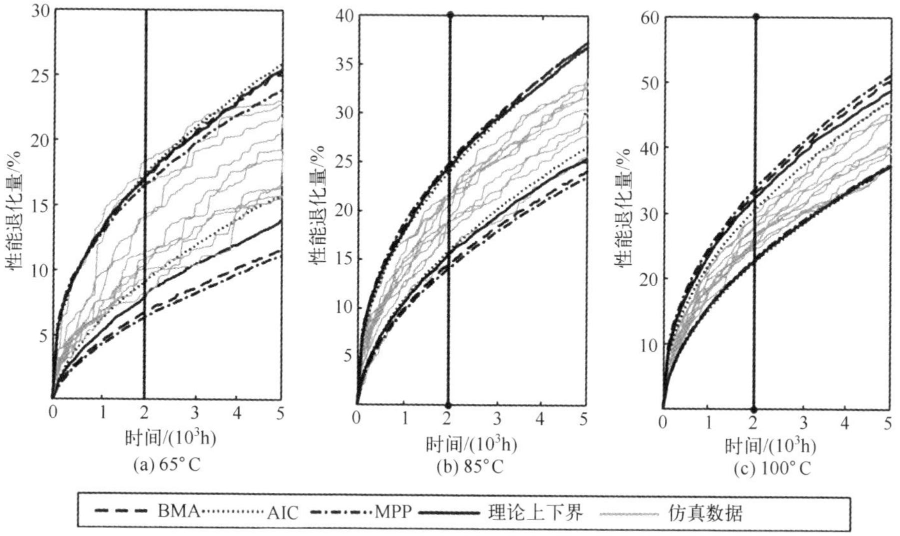

图 7.8 BMA、AIC 和 MPP 方法预测的性能退化上下界

为了进一步量化说明不同方法在性能退化的确定性趋势预测和不确定性量化方面的表现,类似本书 6.4.2 节提出的性能退化趋势预测指标,本章针对仿真数据给出如下 3 个指标:应力水平 T_l下的确定性退化趋势的平均相对预测误差$\overline{\mathrm{ER}}_l$,性能退化上界的平均相对预测误差$\overline{\mathrm{ER}}_l^U$,以及性能退化下界的平均相对预测误差$\overline{\mathrm{ER}}_l^L$,其计算公式为

$$\overline{\mathrm{ER}}_l = \frac{1}{m_l - m'_l}\sum_{j=m'_l+1}^{m_l}\mathrm{ER}_{lj} \tag{7.30}$$

$$\overline{\mathrm{ER}}_l^U = \frac{1}{m_l - m'_l}\sum_{j=m'_l+1}^{m_l}\mathrm{ER}_{lj}^U \tag{7.31}$$

$$\overline{\mathrm{ER}}_l^L = \frac{1}{m_l - m'_l}\sum_{j=m'_l+1}^{m_l}\mathrm{ER}_{lj}^L \tag{7.32}$$

其中

$$\mathrm{ER}_{lj} = \frac{y_{lj}^{\mathrm{pre}} - y_{li}^{\mathrm{theory}}}{y_{li}^{\mathrm{theory}}} \tag{7.33}$$

$$\mathrm{ER}_{lj}^U = \frac{y_{lj}^{\mathrm{pre}-U} - y_{lj}^{\mathrm{theory}-U}}{y_{lj}^{\mathrm{theory}-U}} \tag{7.34}$$

$$\mathrm{ER}_{lj}^L = \frac{y_{lj}^{\mathrm{pre}-L} - y_{lj}^{\mathrm{theory}-L}}{y_{lj}^{\mathrm{theory}-L}} \tag{7.35}$$

式中:m_l为应力水平 T_l下总性能检测次数;m'_l为训练集中应力水平 T_l下的性能检测次数;ER_{lj}、ER_{lj}^U和ER_{lj}^L分别为应力水平 T_l下第 j 次性能检测下模型的确定性退化趋势、性能退化上界和下界的相对预测误差;y_{lj}^{pre}、$y_{lj}^{\mathrm{pre}-U}$和$y_{lj}^{\mathrm{pre}-L}$分别为应力水平 T_l下第 j 次性能检测下模型预测的确定性退化趋势、性能退化上界和下界;y_{lj}^{theroy}、$y_{lj}^{\mathrm{thoroy}-U}$和$y_{lj}^{\mathrm{theroy}-L}$分别为相应的理论确定性退化趋势、理论性能退化上界和下界。$\overline{\mathrm{ER}}_l$、$\overline{\mathrm{ER}}_l^U$和$\overline{\mathrm{ER}}_l^L$越接近 0 表示模型对确定性退化趋势、性能退化上界和下界的预测越准确。

$\overline{\mathrm{ER}}_l$、$\overline{\mathrm{ER}}_l^U$和$\overline{\mathrm{ER}}_l^L$的计算结果如表 7.5 所列。

表 7.5 BMA、AIC 和 MPP 方法的平均相对预测误差

量化指标	方法	温度			平均绝对预测误差
		65℃	85℃	100℃	
$\overline{\mathrm{ER}}_l$结果	BMA	**−0.057**	**−0.015**	**0.006**	**0.026**
	AIC	0.065	0.015	−0.025	0.035
	MPP	−0.136	−0.036	0.024	0.065

续表

量化指标	方　法	温度			平均绝对预测误差
		65℃	85℃	100℃	
$\overline{\mathrm{ER}}_l^U$结果	BMA	**−0.0002**	**0.012**	**0.026**	**0.013**
	AIC	0.020	−0.006	−0.043	0.023
	MPP	−0.045	0.015	0.045	0.035
$\overline{\mathrm{ER}}_l^L$结果	BMA	**−0.164**	**−0.058**	**−0.003**	**0.075**
	AIC	0.148	0.035	−0.010	0.064
	MPP	−0.204	−0.082	0.009	0.098

根据图 7.7、图 7.8 和表 7.5 量化指标的结果，可以得到以下结论：

(1) 相比 MPP 方法，BMA 方法得到的确定性退化趋势和性能退化上下界均更接近理论确定性退化趋势和理论性能退化上下界。

(2) 相比 AIC 方法，BMA 方法对于确定性趋势的预测更加准确，且 BMA 方法得到的性能退化上界更接近理论上界；而对于性能退化下界的预测，虽然 BMA 方法不如 AIC 方法接近理论下界，但从图 7.8 中可以发现，AIC 方法得到的结果无法覆盖仿真数据，并且 AIC 方法的量化指标$\overline{\mathrm{ER}}_l^L$多数情况下大于 0，表明 AIC 方法得到的性能退化上下界对于数据的覆盖程度较差。

根据上述对比分析发现，该案例中伽马过程和逆高斯过程模型通过极大似然估计得到的 AIC 比较接近，通过贝叶斯分析得到的最高后验概率 MPP 也比较接近，对决策者选择何种模型来预测性能退化过程带来困扰。AIC 方法选择的伽马过程模型虽然对于确定性趋势预测最准确，但其性能退化上下界范围最窄，对于数据的覆盖程度较差；MPP 方法选择的逆高斯过程对于确定性退化趋势和性能退化上下界的预测均不如 AIC 方法和 BMA 方法；而 BMA 方法通过模型平均的方式，弥补了伽马过程模型对数据的覆盖程度较差和逆高斯过程模型的性能退化上下界范围较宽的不足，在确定性趋势预测和不确定性量化方面均体现出优势。

7.6　本章小结

加速退化试验中通常采用随机过程来描述性能退化过程中的动态不确定性。本章针对这些随机过程模型本身存在的模型不确定性问题，基于贝叶斯模型平均方法研究了模型不确定性对性能退化过程建模的影响，并通过融合各备选模型的推断结果来进行模型平均，开展可靠性和寿命预测。通过疲劳裂纹扩展案例和仿真案例的分析可知,当多个备选不确定性量化模型均适用于加速退化试验数据时,模型选择带来的不确定性会对性能退化过程的预测以及可靠度的评估产生重要影响。而 BMA 方法可以综合备选模型的优势并弥补备选模型的不足,在预测性能退化确定性趋势和性能退化上下界时给出更加合理的预测结果。但是,对于某个备选模型绝对占优的应用场景,可以直接选择该模型来预测性能退化过程,而不用开展 BMA。

第 8 章

加速退化试验中的不确定性控制目标

根据第 1 章的分析和第 2 章的内容可知，加速退化试验在时间维度、样品维度和应力维度都存在不确定性，如果想要通过加速退化试验辨识准确的退化规律，就必须对加速退化试验中的不确定性进行控制。传统的加速退化试验优化设计将加速退化模型的参数确定为精确的数值，但是当通过评估获得的参数与实际值偏差较大时，传统优化设计就无法对不确定性进行控制，从而使获得的方案不是最优方案。而贝叶斯优化设计采用先验分布描述模型参数，可以表征模型参数的不确定性，并通过在参数空间和样本空间寻优来控制不确定性。因此本章从贝叶斯优化设计的角度出发，阐述加速退化试验中对不确定性的控制方法。

8.1 贝叶斯加速退化试验优化设计理论

8.1.1 优化目标

贝叶斯加速退化试验优化设计是以不确定条件下的最优决策理论为基础的，试验设计的目的在于最大化试验设计的期望效用。Lindely[126]中提出了一种贝叶斯试验设计的决策论方法，通过建立效用函数表征试验目标，选择最大化期望效用的方案作为最优方案。期望效用函数为

$$E(\boldsymbol{\eta}) = \int_y \int_\Theta U(\boldsymbol{\eta}, y, \boldsymbol{\theta}) p(\boldsymbol{\theta} \mid y, \boldsymbol{\eta}) \mathrm{d}\theta \mathrm{d}y \tag{8.1}$$

式中：$E(\boldsymbol{\eta})$为方案$\boldsymbol{\eta}$的期望效用函数；$U(\boldsymbol{\eta}, y, \boldsymbol{\theta})$为试验方案$\boldsymbol{\eta}$的效用函数；$y$为试验数据；$\Theta$为模型参数$\boldsymbol{\theta}$的取值空间；$p(\boldsymbol{\theta} \mid y, \boldsymbol{\eta})$为在试验方案$\boldsymbol{\eta}$以及试验数据$y$下的参数后验分布。根据贝叶斯理论，后验分布为

$$p(\boldsymbol{\theta} \mid y,\boldsymbol{\eta}) = \frac{L(\boldsymbol{\theta} \mid y,\boldsymbol{\eta})p(\boldsymbol{\theta})}{\int_{\Theta} L(\boldsymbol{\theta} \mid y,\boldsymbol{\eta})p(\boldsymbol{\theta})\mathrm{d}\theta} \tag{8.2}$$

式中:$p(\boldsymbol{\theta})$为参数$\boldsymbol{\theta}$的先验分布;$L(\boldsymbol{\theta}|y,\boldsymbol{\eta})$为在试验方案$\boldsymbol{\eta}$以及试验数据$y$下的似然函数。

在试验方案集合空间P内,对每一方案$\boldsymbol{\eta}$,计算其期望效用函数$E(\boldsymbol{\eta})$,最大期望效用函数$E(\boldsymbol{\eta})$对应的试验设计方案即为最优的试验方案$\boldsymbol{\eta}_{\text{optimal}}$:

$$\boldsymbol{\eta}_{\text{optimal}} = \arg\max_{\boldsymbol{\eta}\in P} E(\boldsymbol{\eta}) \tag{8.3}$$

8.1.2 约束条件

加速退化试验优化设计中的约束主要包括成本约束和试验变量的取值范围约束两部分。本章对于试验参数的设置,均与 3.1.3 节相同。

1. 成本约束

通过试验获取信息评估结果的准确程度与成本是相关的:试验成本越高,可利用的试验资源越多,获得的试验信息也越多,因此评估结果也会越准确。但是在实际的工程试验中,试验成本通常是有限的。试验优化设计就是要在有限的试验成本条件下,通过寻优获得使评估结果最准确的试验方案。在加速退化试验中,试验成本主要包括两部分:试验样品成本和试验实施成本。试验样品成本表示为样本的单价C_1与试验样品总数N的乘积。试验实施成本主要包括试验设计成本、人力成本、电力资源成本以及检测成本等。在本节中,试验实施成本表示为试验实施成本的单价C_2与试验总时间T的乘积。综上,对于试验方案$\boldsymbol{\eta}$,试验成本约束表示为

$$C(\boldsymbol{\eta}) = C_1N + C_2T \leqslant C_0 \tag{8.4}$$

式中:C_0为试验的总成本。

在实际的加速退化试验中,考虑试验样本间的差异性,通常要求试验样本量不小于某最小样本量$N_{\min}$,在工程实际中,一般取$N_{\min}=3$;此外,实际的试验中通常也会有最大样本量的限制,即试验样本量不大于最大样本量$N_{\max}$。综上,对于样本量的约束有$N_{\min} \leqslant N \leqslant N_{\max}$。

2. 试验变量的取值范围约束

本节介绍加速退化试验中涉及的试验变量的取值范围约束,包括应力水平约束、试验时间约束、性能检测约束和样本量分配约束。

1) 应力水平约束

基于加速退化试验的统计分析要在应力维度和时间维度上开展回归分析,以探寻产品性能退化的规律。在进行应力维度的外推时,如果应力水平数太

少,会导致外推准确度不高;如果应力水平数过多会加大试验成本和试验难度。为了保证应力维度上外推的可行性和准确性,在实际的加速退化试验中,建议应力水平数 k 取 3~6,且一般情况下各应力水平满足 $s_{pL}<s_{p1}<s_{p2}<\cdots<s_{pk}<s_{pU}(p=1,2,\cdots,q)$。其中,$s_{pL}$ 和 s_{pU} 分别为第 p 个应力类型关注的应力范围下限和上限,q 为应力类型的个数。

2）试验时间约束

产品在较高的应力水平下呈现较快的性能退化,在较低的应力水平下呈现较慢的性能退化。因此,在总试验时间确定的条件下,为了保证在所有的应力水平下获得足够的产品性能退化信息,低应力水平下的试验时间应比高应力水平下长,即各应力水平下的试验时间满足:$t_1 \geqslant t_2 \geqslant \cdots \geqslant t_k$ 和 $\sum_{l=1}^{k} t_l = T$。

3）性能检测约束

在加速退化试验中,需要对产品进行性能检测,每次性能检测都有相应的成本,因而性能检测的总次数对试验成本有影响。但本书不单独考虑性能检测次数对试验成本的影响,而是将试验检测成本划入到试验实施成本中。在实际的加速退化试验中,对产品进行的性能检测主要可以分为实时检测和定时检测两种。实时检测又可以称之为在线检测,可以连续地对产品的性能参数进行检测,但即使是实时检测,由于性能检测系统在检测性能时具有检测频率,因此存在性能检测间隔;定时检测则受限于性能检测的条件,需要每隔一段时间对产品的性能参数进行检测,即离散地对产品的性能参数进行检测。为了后续的计算方便,本书仅考虑性能检测间隔相同的加速退化试验,那么各应力水平下的性能检测次数为

$$m_l = \frac{t_l}{\Delta t} \tag{8.5}$$

式中:t_l 为应力水平 $\boldsymbol{s}_l$ 下的试验时间;Δt 为性能检测间隔。

根据试验时间约束可知,各应力水平下的性能检测次数满足:$m_1 \geqslant m_2 \geqslant \cdots \geqslant m_k$ 和 $\sum_{l=1}^{k} m_l = M = T/\Delta t$。当性能检测间隔相同时,试验时间约束和性能检测约束一致。

4）样本量分配约束

样本量分配约束指的是对各应力水平下投入试验的样本量的约束。在步进应力加速退化试验中,试验样品会依次经历各加速应力水平,每个应力下的试验样品数量不变,仅此对于步进应力加速退化试验而言,不存在样本量分配约束。在恒定应力加速退化试验中,会将试验样品分配到各应力水平下开展试验,考虑试验样本间的差异性,通常要求各应力水平下的试验样品量不小于某

最小样本量 $n_{\min}$，即满足 $n_l \geqslant n_{\min}(l=1,2,\cdots,k)$，且 $\sum_{l=1}^{k} n_l = N$。

综合上述分析，本章主要研究在给定成本约束、试验应力水平数和性能检测间隔条件 Δt 的下，对试验样本量、试验应力水平和性能检测次数（试验时间）进行优化设计。因此在贝叶斯优化理论中，可以构建优化模型为

$$
\begin{aligned}
\max\quad & E(\boldsymbol{\eta}) \\
\text{s.t.}\quad & C_1 N + C_2 T \leqslant C_0 \\
& n_l \geqslant n_{\min} \quad (l = 1,2,\cdots,k) \\
& \sum_{l=1}^{k} n_l = N \\
& N_{\min} \leqslant N \leqslant N_{\max} \\
& s_{pL} < s_{p1} < s_{p2} < \cdots < s_{pk} \leqslant s_{pU}(p = 1,2,\cdots,q) \\
& m_1 \geqslant m_2 \geqslant \cdots \geqslant m_k > 0 \\
& \sum_{l=1}^{k} m_l = M = \frac{T}{\Delta t}
\end{aligned}
\tag{8.6}
$$

式中：优化模型的决策变量为 $\boldsymbol{s}_l=(s_{1l},s_{2l},\cdots,s_{ql})$、$m_l$和 $n_l(l=1,2,\cdots,k)$。

8.1.3 方案集合空间及曲面拟合

根据 8.1.2 小节的约束条件分析，通过成本约束确定试验的总样本量 N 和总试验时间 T，将总样本量 N 在各应力水平下的分配根据模型(8.6)进行离散化处理，确定样本量取值空间 Ω_n；基于成本约束获得的总试验时间 T，根据预先设定的性能检测间隔确定总试验性能检测次数 M，将总性能检测次数 M 在各应力水平下的分配根据模型(8.6)进行离散化处理，确定性能检测次数取值空间 Ω_m；将试验应力水平进行离散化处理，并根据应力类型对应力水平进行归一化处理，如式(2.19)所示，并增加归一化应力水平等间隔设置的约束条件，例如，对于温度应力可以采用倒数等间隔，电应力采用对数等间隔等，然后解出中间应力水平，并确定应力取值空间 Ω_s。

举例说明通过归一化应力等间隔设置确定中间应力水平的计算方式：假设某三应力水平的加速退化试验，通过式(2.19)对应力水平进行归一化处理，根据归一化应力水平等间隔的要求可以得到，中间应力水平 s_2与 s_1和 s_3的关系为

$$
\varphi(s_2)=\frac{1}{2}[\varphi(s_1)+\varphi(s_3)] \tag{8.7}
$$

以此解出中间应力水平的取值。

将上述变量的取值空间构成整个优化问题的试验方案集合 P,即 $P=\Omega_n\times\Omega_m\times\Omega_s$。方案集合 P 如图 8.1 所示。

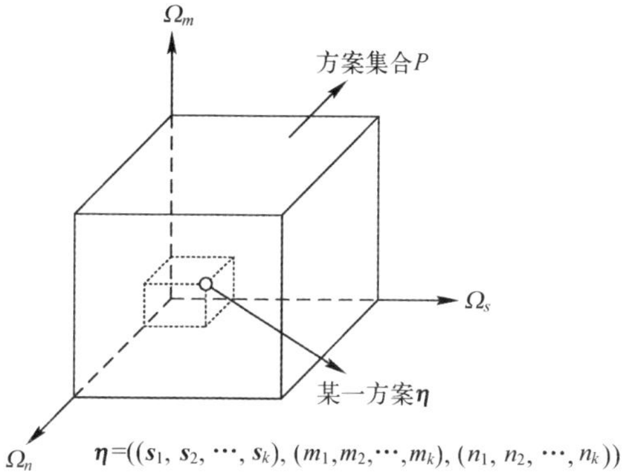

图 8.1　试验方案集合

本章采用曲面拟合的方法求解最优方案。首先对方案集合中的每一个试验方案计算相应的优化目标值,然后通过局部加权回归散点平滑法的曲面拟合方法[127]求解最优试验方案。

本章基于贝叶斯优化理论的求解算法可分为以下步骤。

步骤一:根据约束条件确定试验方案集合 P;

步骤二:从集合 P 内(共 r 个方案)取方案 $\boldsymbol{\eta}_i(i=1,2,\cdots,r)$;

步骤三:根据式(8.1)计算方案 $\boldsymbol{\eta}_i$的优化目标 $E(\boldsymbol{\eta}_i)$;

步骤四:重复步骤一和步骤二,直到计算出所有的试验方案的优化目标;

步骤五:对得到的试验方案 $\boldsymbol{\eta}_i$及优化目标值 $E(\boldsymbol{\eta}_i)$采用曲面拟合的方法进行拟合,最后选择优化目标值最大的试验方案为最优试验方案。

优化求解算法如图 8.2 所示。

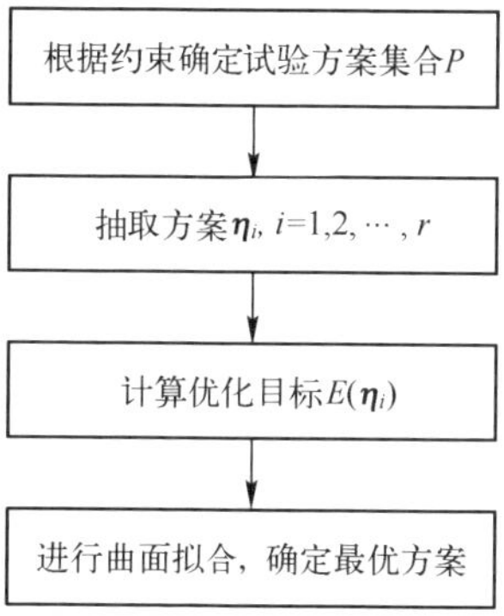

图 8.2　最优方案求解算法

8.2 基于贝叶斯相对熵的加速退化试验优化设计

8.2.1 贝叶斯相对熵

相对熵(relative entropy)[49]在信息论和概率论中又称为信息熵、KL 散度或者信息增益,是两个概率分布 H 和 L 之间差别的非对称度量。在一般情况下,分布 H 表示真实分布,L 表示理论分布。而相对熵可以定量地用来衡量这两个分布之间的差异。相对熵满足非负要求,此外,当且仅当两个分布相同时,相对熵的值才为 0。对于连续随机变量,概率分布 H 和 L 的相对熵定义为

$$\mathrm{Re}(H//L)=\int_{-\infty}^{\infty}h(y)\log\frac{h(y)}{l(y)}\mathrm{d}y \tag{8.8}$$

式中:$h(x)$ 和 $l(x)$ 分别为分布 H 和 L 的概率密度函数。式中的对数运算均为任意底,根据实际需求可取 10 为底或自然对数 e 为底,分别写作 lg 和 ln。

在贝叶斯设计理论中,相对熵是模型参数的先验分布和后验分布之间距离的度量。从香农信息的角度来讲,相对熵还表示通过试验获得的信息增益。Lindley 在文献[126]中将试验中获得的期望信息增益作为效用函数,选择最大化期望信息增益,即最大化参数先验分布与后验分布之间的相对熵作为优化设计目标。在贝叶斯理论中,试验方案 $\boldsymbol{\eta}$ 的贝叶斯相对熵表示为

$$\mathrm{Re}(\boldsymbol{\eta})=\iint\log\frac{p(\boldsymbol{\theta}\mid\Delta y,\boldsymbol{\eta})}{p(\boldsymbol{\theta})}p(\Delta y,\boldsymbol{\theta}\mid\boldsymbol{\eta})\,\mathrm{d}\theta\mathrm{d}\Delta y \tag{8.9}$$

式中:$p(\Delta y,\boldsymbol{\theta}\mid\boldsymbol{\eta})$ 为在试验方案 $\boldsymbol{\eta}$ 的条件下模型参数 $\boldsymbol{\theta}$ 和加速退化试验观测的退化增量数据 Δy 的联合概率密度函数;$\boldsymbol{\theta}$ 的取值空间为 $\boldsymbol{\Theta}$。根据文献[128],贝叶斯试验设计理论中,相对熵还可以表示为

$$\mathrm{Re}(\boldsymbol{\eta})=\iint\log[p(\boldsymbol{\theta}\mid\Delta y,\boldsymbol{\eta})]p(\boldsymbol{\theta}\mid\Delta y,\boldsymbol{\eta})\,\mathrm{d}\boldsymbol{\theta}\mathrm{d}\Delta y-\int\log(p(\boldsymbol{\theta}))p(\boldsymbol{\theta})\,\mathrm{d}\theta \tag{8.10}$$

当式(8.10)中变量为独立坐标系时,式(8.10)还可以等价表示为

$$\mathrm{Re}(\boldsymbol{\eta})=\iint\log[p(\Delta y\mid\boldsymbol{\theta},\boldsymbol{\eta})]p(\Delta y\mid\boldsymbol{\theta},\boldsymbol{\eta})\,\mathrm{d}\boldsymbol{\theta}\mathrm{d}\Delta y-\int\log[p(\Delta y)]p(\Delta y)\,\mathrm{d}\Delta y \tag{8.11}$$

式中:$p(\Delta y\mid\boldsymbol{\theta},\boldsymbol{\eta})$ 为对于试验方案 $\boldsymbol{\eta}$ 在参数 $\boldsymbol{\theta}$ 已知条件下的退化增量数据 Δy 的联合概率密度函数,因而式(8.11)即

$$\mathrm{Re}(\boldsymbol{\eta})=E_{\Delta y}E_{\theta}\log[p(\Delta y\mid\boldsymbol{\theta},\boldsymbol{\eta})]-E_{\Delta y}\log[p(\Delta y)] \tag{8.12}$$

式中:$p(\Delta y)$ 为边际似然函数。

8.2.2　相对熵求解算法

由于很难获得式(8.12)的显示表达式,因此本节采用文献[51]中的方法进行马尔可夫链蒙特卡罗(MCMC)方法仿真求解。式(8.12)中,$p(\Delta y|\boldsymbol{\theta},\boldsymbol{\eta})$是联合概率密度函数,可以直接采用 MCMC 方法在参数空间和样本空间求解 $E_{\Delta y}E_{\theta}\log(p(\Delta y|\boldsymbol{\theta},\boldsymbol{\eta}))$。对于 $p(\Delta y)$,根据文献[122],本节采用 Laplace-Metropolis 算法来计算,计算公式为

$$p(\Delta y)\approx(2\pi)^{\frac{d}{2}}|\boldsymbol{\Sigma}_{\theta}|^{\frac{1}{2}}p(\Delta y|\bar{\boldsymbol{\theta}})p(\bar{\boldsymbol{\theta}}) \tag{8.13}$$

其中

$$\bar{\boldsymbol{\theta}}=\frac{1}{R_M}\sum_{g=1}^{R_M}\boldsymbol{\theta}_g \tag{8.14}$$

$$\boldsymbol{\Sigma}_{\theta}=\frac{1}{R_M-1}\sum_{g=1}^{R_M}(\boldsymbol{\theta}_g-\bar{\boldsymbol{\theta}})(\boldsymbol{\theta}_g-\bar{\boldsymbol{\theta}})^{\mathrm{T}} \tag{8.15}$$

式中:$\bar{\boldsymbol{\theta}}$和 $\boldsymbol{\Sigma}_{\boldsymbol{\theta}}$分别为参数的后验均值和后验的方差-协方差矩阵;$d$ 为模型参数向量的维数;R_M为后验分布中参数抽样$\{\boldsymbol{\theta}_1,\boldsymbol{\theta}_2,\cdots,\boldsymbol{\theta}_{R_M}\}$的个数。

基于上述基本理论,求解 $\mathrm{Re}(\boldsymbol{\eta})$的求解算法可分为以下步骤。

(1) 从集合 P 内(共 r 个方案)取方案 $\boldsymbol{\eta}_i(i=1,2,\cdots,r)$。

(2) 对于方案 $\boldsymbol{\eta}_i$,从先验分布中抽取 J_1次参数 $\boldsymbol{\theta}_{j_1}(j_1=1,2,\cdots,J_1)$;并根据获得参数 $\boldsymbol{\theta}_{j_1}$从样本分布函数中抽取试验方案对应的产品退化增量数据 $\Delta\boldsymbol{y}_{j_1}$。

(3) 根据抽样获得的 $\boldsymbol{\theta}_{j_1}$和 $\Delta\boldsymbol{y}_{j_1}$,计算 $E_{\Delta y}E_{\boldsymbol{\theta}_{j_1}}\log(p(\Delta y|\boldsymbol{\theta}_{j_1},\boldsymbol{\eta}_i))$。

(4) 根据 $\boldsymbol{\theta}_{j_1}$重复抽取 J_2次性能退化增量数据 $\Delta\boldsymbol{y}_{j_1j_2}(j_2=1,2,\cdots,J_2)$,利用 MCMC 方法,获得参数 $\boldsymbol{\theta}$ 的后验$\bar{\boldsymbol{\theta}}$和 $\boldsymbol{\Sigma}_{\theta}$,从而求得 $E_{\Delta y}\log(p(\Delta y))$。

(5) 根据式(8.12)求得 $\mathrm{Re}(\boldsymbol{\eta}_i)$;

(6) 重复完成上述步骤,计算其余方案的相对熵 Re,再根据 7.1.3 小节提出的曲面拟合方法给出 $\mathrm{Re}(\boldsymbol{\eta})$。

8.3　基于贝叶斯二次损失函数的加速退化试验设计

8.3.1　贝叶斯二次损失函数

在贝叶斯优化设计理论中,二次损失函数目标是指可靠性或者寿命指标的预后验渐近方差,是常用的贝叶斯效用函数[52]。二次损失函数的优化设计在于选择能使可靠性或者寿命指标评估最准确的试验方案。根据文献[18],试验方案 $\boldsymbol{\eta}$ 的产品 p 分位寿命指标 T_p的期望预后验渐近方差 $\mathrm{AVar}(T_p)$可以表示为

$$\mathrm{AVar}(T_p)=E_{\Delta y,\boldsymbol{\theta}|\boldsymbol{\eta}}[\mathrm{Var}(T_p)] \tag{8.16}$$

式中：$\boldsymbol{\theta}$ 为模型参数；Δy 为加速退化试验观测的退化增量数据；Var 为方差算子。

本章选择对于试验方案 $\boldsymbol{\eta}$ 的 p 分位寿命指标 T_p 的期望预后验渐近方差 $\mathrm{AVar}(T_p)$ 最小作为优化目标，其中 p 分位寿命指标 T_p 的预后验渐近方差 $\mathrm{Var}(T_p)$ 可以根据第 3 章的内容进行计算：

（1）对于基于维纳过程的加速退化模型 M_{W}，根据式(3.14)，预后验渐近方差为

$$\mathrm{Var}(T_p)=\mathrm{Var}\{[R^{-1}(t\,|\,\boldsymbol{X},\boldsymbol{S},Y_{\mathrm{th}})\,|_{R=p}]^{\frac{1}{\beta}}\} \tag{8.17}$$

（2）对于基于伽马过程的加速退化模型 M_{Ga}，根据式(3.34)，预后验渐近方差为

$$\mathrm{Var}(T_p)=\mathrm{Var}\left\{\left[\frac{(\sqrt{z_p^2a^2+4}-z_pa)^2b}{4}\right]^{\frac{1}{\beta}}\right\} \tag{8.18}$$

（3）对于基于逆高斯过程的加速退化模型 M_{IG}，根据式(3.44)，预后验渐近方差为

$$\mathrm{Var}(T_p)=\mathrm{Var}\left\{\left[\frac{e(\boldsymbol{S}\,|\,\boldsymbol{X}_1)}{4\lambda}\left(z_p+\sqrt{(z_p)^2+\frac{4I_Y(Y_{\mathrm{th}}-Y_0)\lambda}{(e(\boldsymbol{S}\,|\,\boldsymbol{X}_1))^2}}\right)\right]^{\frac{1}{\beta}}\right\} \tag{8.19}$$

试验方案 $\boldsymbol{\eta}$ 的优化目标，即期望预后验渐近方差可计算为

$$\begin{aligned}\mathrm{AVar}(\boldsymbol{\eta})&=E_{\Delta y}E_{\boldsymbol{\theta}}\mathrm{Var}(T_p)\\&=\iint\mathrm{Var}(T_p)p(\boldsymbol{\theta}\,|\,\Delta y,\boldsymbol{\eta})f_{\Delta y}(\Delta y\,|\,\boldsymbol{\theta},\boldsymbol{\eta})\,\mathrm{d}\boldsymbol{\theta}\mathrm{d}\Delta y\end{aligned} \tag{8.20}$$

8.3.2 二次损失函数求解算法

由于式(8.20)的显示表达式很难获得，本章采用 MCMC 的仿真方法进行求解，求解算法可分为以下步骤。

（1）从集合 P 内（共 r 个方案）取方案 $\boldsymbol{\eta}_i(i=1,2,\cdots,r)$。

（2）对于方案 $\boldsymbol{\eta}_i$，从先验分布中抽取 J_1 次参数 $\boldsymbol{\theta}_{j_1}(j_1=1,2,\cdots,J_1)$；并根据获得参数 $\boldsymbol{\theta}_{j_1}$ 从样本分布函数中抽取 J_2 次试验方案对应的产品退化增量数据 $\Delta\boldsymbol{y}_{j_1j_2}(j_2=1,2,\cdots,J_2)$。

（3）通过 MCMC 方法及退化增量数据 $\Delta\boldsymbol{y}_{j_1j_2}$，获得参数 $\boldsymbol{\theta}_{j_1j_2}$ 的后验分布 $p(\boldsymbol{\theta}_{j_1j_2}\,|\,\Delta\boldsymbol{y}_{j_1j_2},\boldsymbol{\eta}_i)$。

（4）从 $\boldsymbol{\theta}_{j_1j_2}$ 的预后验分布 $p(\boldsymbol{\theta}_{j_1j_2}\,|\,\Delta\boldsymbol{y}_{j_1j_2},\boldsymbol{\eta}_i)$ 中随机抽取参数 $\boldsymbol{\theta}_{j_1j_2j_3}(j_3=1,2,$

$\cdots,J_3)$，对于维纳过程、伽马过程或者逆高斯过程，根据相应的分位寿命，即式(3.14)、式(3.34)和式(3.44)计算 $T_p(\boldsymbol{\theta}_{j_1j_2j_3}\mid\boldsymbol{\eta}_i)$，然后使用蒙特卡罗积分可以计算 $\mathrm{Var}(T_p\mid\boldsymbol{\eta}_i)$ 为

$$\mathrm{Var}(T_p\mid\boldsymbol{\eta}_i)=\frac{1}{J_3}\sum_{r=1}^{J_3}\left[T_p(\boldsymbol{\theta}_{j_1j_2j_3}\mid\boldsymbol{\eta}_i)-\frac{1}{J_3}\sum_{r=1}^{J_3}T_p(\boldsymbol{\theta}_{j_1j_2j_3}\mid\boldsymbol{\eta}_i)\right]^2 \tag{8.21}$$

(5) 重复 2~4 步 $J_1\times J_2$ 次，对所有得到的 $\mathrm{Var}(T_p\mid\boldsymbol{\eta}_i)$ 求均值，得到 $\mathrm{AVar}(T_p\mid\boldsymbol{\eta}_i)$。

(6) 重复完成上述步骤，计算其余方案的二次损失函数 AVar，再根据 7.1.3 小节提出的曲面拟合方法给出 $\mathrm{AVar}(\boldsymbol{\eta})$。

8.4　基于贝叶斯 D 优化的加速退化试验设计

8.4.1　贝叶斯 D 优化

贝叶斯字母优化是一种基于信息的优化方法，关注模型未知参数的评估精度，以模型参数估计误差最小为目标[55-56]。贝叶斯字母优化主要包括 D 优化和 A 优化，其中 D 优化是最小化参数方差和协方差矩阵行列式，A 优化是最小化方差和协方差矩阵的迹。本节针对贝叶斯 D 优化进行介绍。

根据文献[129]，在试验方案 $\boldsymbol{\eta}$ 和参数 $\boldsymbol{\theta}$ 的条件下，贝叶斯 D 优化目标可以表示为

$$\Pi(\boldsymbol{\eta})=\det[\boldsymbol{I}(\boldsymbol{\eta},\boldsymbol{\theta})] \tag{8.22}$$

式中：$\boldsymbol{I}(\cdot)$ 为 Fisher 信息矩阵；det 为对矩阵取行列式。

本节以基于逆高斯过程描述产品的性能退化过程为例，介绍贝叶斯 D 优化目标的计算方法。首先，对式(3.38)取对数可以得到

$$\begin{aligned} l(\Delta y\mid\boldsymbol{\theta}) &= \ln f_{\mathrm{IG}}(\Delta y\mid\boldsymbol{X},\boldsymbol{S}) \\ &= \frac{1}{2}\ln\lambda+\ln[\Delta\Lambda(t\mid\beta)]-\frac{1}{2}\ln(2\pi)-\frac{3}{2}\ln(I_Y\Delta y)- \\ &\quad \frac{\lambda\left\{I_Y\Delta y-\alpha_0\exp\left[\sum_{p=1}^{q}\alpha_p\varphi(S_p)\right]\Delta\Lambda(t\mid\beta)\right\}^2}{2\alpha_0^2\exp\left[2\sum_{p=1}^{q}\alpha_p\varphi(S_p)\right]I_Y\Delta y} \end{aligned} \tag{8.23}$$

为了更加容易地得到 $\boldsymbol{I}(\boldsymbol{\eta},\boldsymbol{\theta})$，令

$$g(\Delta y\mid\boldsymbol{\theta})=\frac{\partial\, l(\Delta y\mid\boldsymbol{\theta})}{\partial\boldsymbol{\theta}} \tag{8.24}$$

则

$$g(\Delta y|\boldsymbol{\theta})=\left(\frac{\partial l(\Delta y|\boldsymbol{\theta})}{\partial \alpha_0},\frac{\partial l(\Delta y|\boldsymbol{\theta})}{\partial \alpha_1},\cdots,\frac{\partial l(\Delta y|\boldsymbol{\theta})}{\partial \alpha_q},\frac{\partial l(\Delta y|\boldsymbol{\theta})}{\partial \beta},\frac{\partial l(\Delta y|\boldsymbol{\theta})}{\partial \lambda}\right)' \tag{8.25}$$

式(8.25)中的各因子如式(8.26)~式(8.29)所示：

$$\frac{\partial l(\Delta y|\boldsymbol{\theta})}{\partial \alpha_0}=\frac{\lambda\left\{\alpha_0\exp\left[\sum_{p=1}^{q}\alpha_p\varphi(S_p)\right]\Delta\Lambda(t|\beta)-I_Y\Delta y\right\}}{(\alpha_0)^3\exp\left[2\sum_{p=1}^{q}\alpha_p\varphi(S_p)\right]} \tag{8.26}$$

$$\frac{\partial l(\Delta y|\boldsymbol{\theta})}{\partial \alpha_p}=\frac{\lambda\left\{I_Y\Delta y-\alpha_0\exp\left[\sum_{p=1}^{q}\alpha_p\varphi(S_p)\right]\Delta\Lambda(t|\beta)\right\}}{\alpha_0\exp\left[\sum_{p=1}^{q}\alpha_p\varphi(S_p)\right]I_Y\Delta y}\times$$
$$\Delta\Lambda(t|\beta)[\varphi(S_p)+1]-I_Y\Delta y \tag{8.27}$$

$$\frac{\partial l(\Delta y|\boldsymbol{\theta})}{\partial \lambda}=\frac{1}{2\lambda}-\frac{\left\{I_Y\Delta y-\alpha_0\exp\left[\sum_{p=1}^{q}\alpha_p\varphi(S_p)\right]\Delta\Lambda(t|\beta)\right\}^2}{2\alpha_0^2\exp\left[2\sum_{p=1}^{q}\alpha_p\varphi(S_p)\right]I_Y\Delta y} \tag{8.28}$$

$$\frac{\partial l(\Delta y|\boldsymbol{\theta})}{\partial \beta}=\frac{\beta\Delta\Lambda(t|\beta-1)}{\Delta\Lambda(t|\beta)}+\lambda\beta\Delta\Lambda(t|\beta)\Delta\Lambda(t|\beta-1)\times$$
$$\frac{I_Y\Delta y-\alpha_0\exp\left[\sum_{p=1}^{q}\alpha_p\varphi(S_p)\right]}{\alpha_0\exp\left[\sum_{p=1}^{q}\alpha_p\varphi(S_p)\right]I_Y\Delta y} \tag{8.29}$$

在试验方案 $\boldsymbol{\eta}$ 下，$\boldsymbol{I}(\boldsymbol{\eta},\boldsymbol{\theta})$ 表示为

$$\boldsymbol{I}(\boldsymbol{\eta},\boldsymbol{\theta})=\int\begin{pmatrix}
\frac{\partial l}{\partial\alpha_0}\frac{\partial l}{\partial\alpha_0} & \frac{\partial l}{\partial\alpha_0}\frac{\partial l}{\partial\alpha_1} & \cdots & \frac{\partial l}{\partial\alpha_0}\frac{\partial l}{\partial\alpha_q} & \frac{\partial l}{\partial\alpha_0}\frac{\partial l}{\partial\lambda} & \frac{\partial l}{\partial\alpha_0}\frac{\partial l}{\partial\beta}\\
\frac{\partial l}{\partial\alpha_1}\frac{\partial l}{\partial\alpha_0} & \frac{\partial l}{\partial\alpha_1}\frac{\partial l}{\partial\alpha_1} & \cdots & \frac{\partial l}{\partial\alpha_1}\frac{\partial l}{\partial\alpha_q} & \frac{\partial l}{\partial\alpha_1}\frac{\partial l}{\partial\lambda} & \frac{\partial l}{\partial\alpha_1}\frac{\partial l}{\partial\beta}\\
\vdots & \vdots & \ddots & \vdots & \vdots & \vdots\\
\frac{\partial l}{\partial\alpha_q}\frac{\partial l}{\partial\alpha_0} & \frac{\partial l}{\partial\alpha_q}\frac{\partial l}{\partial\alpha_1} & \cdots & \frac{\partial l}{\partial\alpha_q}\frac{\partial l}{\partial\alpha_q} & \frac{\partial l}{\partial\alpha_q}\frac{\partial l}{\partial\lambda} & \frac{\partial l}{\partial\alpha_q}\frac{\partial l}{\partial\beta}\\
\frac{\partial l}{\partial\lambda}\frac{\partial l}{\partial\alpha_0} & \frac{\partial l}{\partial\lambda}\frac{\partial l}{\partial\alpha_1} & \cdots & \frac{\partial l}{\partial\lambda}\frac{\partial l}{\partial\alpha_q} & \frac{\partial l}{\partial\lambda}\frac{\partial l}{\partial\lambda} & \frac{\partial l}{\partial\lambda}\frac{\partial l}{\partial\beta}\\
\frac{\partial l}{\partial\beta}\frac{\partial l}{\partial\alpha_0} & \frac{\partial l}{\partial\beta}\frac{\partial l}{\partial\alpha_1} & \cdots & \frac{\partial l}{\partial\beta}\frac{\partial l}{\partial\alpha_q} & \frac{\partial l}{\partial\beta}\frac{\partial l}{\partial\lambda} & \frac{\partial l}{\partial\beta}\frac{\partial l}{\partial\beta}
\end{pmatrix}\mathrm{d}\boldsymbol{\eta} \tag{8.30}$$

矩阵 $\boldsymbol{I}(\boldsymbol{\eta},\boldsymbol{\theta})$ 需要满足非奇异的条件。

那么，D 优化的目标为

$$\begin{aligned}\Pi(\boldsymbol{\eta}) &= E_p[\log(\det(I(\boldsymbol{\eta},\boldsymbol{\theta})))] \\ &= \int\log(\det(I(\boldsymbol{\eta},\boldsymbol{\theta})))\mathrm{d}p(\boldsymbol{\theta})\end{aligned} \tag{8.31}$$

8.4.2 贝叶斯 D 优化求解算法

由于式(8.31)的显示表达式很难获得，因此本节采用 MCMC 仿真的方法进行求解。

基于上述基本理论，求解 $\Pi(\boldsymbol{\eta})$ 的求解算法可分为以下步骤。

(1) 从集合 P 内(共 r 个方案)取方案 $\boldsymbol{\eta}_i(i=1,2,\cdots,r)$。

(2) 对于方案 $\boldsymbol{\eta}_i$，从先验分布中抽取 J_1 次参数 $\boldsymbol{\theta}_{j_1}(j_1=1,2,\cdots,J_1)$；并根据获得参数 $\boldsymbol{\theta}_{j_1}$ 从样本分布函数中抽取试验方案对应的产品退化增量数据 $\Delta\boldsymbol{y}_{j_1}$，利用蒙特卡罗积分仿真求解式(8.30)，得到 $\boldsymbol{I}(\boldsymbol{\eta}_i,\boldsymbol{\theta}_{j_1})$；

(3) 利用蒙特卡罗积分仿真求解式(8.31)获得 $\Pi(\boldsymbol{\eta}_i)$，即

$$\Pi(\boldsymbol{\eta}_i) - \sum_{j_1=1}^{J_1}\log\{\det[\boldsymbol{I}(\boldsymbol{\eta}_i,\boldsymbol{\theta}_{j_1})]\} \tag{8.32}$$

(4) 重复完成上述步骤，计算其余方案的 D 优化目标，再根据 7.1.3 小节提出的曲面拟合方法给出 $\Pi(\boldsymbol{\eta})$。

8.5 本章小结

本章在贝叶斯理论框架下，给出了贝叶斯加速退化试验设计的基本方法，介绍了基于贝叶斯相对熵、贝叶斯二次损失函数和贝叶斯 D 优化作为优化目标的加速退化试验优化设计方法，并分别阐述了求解算法和求解步骤，初步实现了对加速退化试验中模型不确定性的控制。

第9章

加速退化试验设计中的模型不确定性控制

如果按照第8章方法制定好的加速退化试验方案实施加速退化试验，过程中不调整试验方案，则这类试验设计可以称之为“静态设计”。然而，当预先给定的参数取值范围与实际情况相差较大时，采用静态加速退化试验设计方法得到的最优方案可能会导致试验资源消耗过大或采集的加速退化试验数据不足等问题。为了避免这类问题，可以通过试验过程中获得的试验信息实时动态地对试验方案进行调整，降低模型中存在的不确定性对试验设计的影响，即通过“动态设计”方法进一步对模型的不确定性进行控制。为此，本章引入序贯试验方法，提出序贯步降加速退化试验框架以及贝叶斯优化设计方法，全面利用加速退化试验得到的性能退化数据对先验信息进行更新，通过动态决策调整后续试验方案，从而高效地利用试验资源，降低模型不确定性以提供最有效的可靠性和寿命信息。

9.1 贝叶斯序贯步降加速退化试验设计框架

贝叶斯序贯试验设计是一种动态试验设计方法，可以通过试验过程中获得的试验信息对先验信息进行更新，通过动态决策调整后续试验方案。贝叶斯序贯试验设计的主要思想为：首先根据试验约束条件确定试验设计的方案集合空间，根据先验信息，通过贝叶斯优化设计方法得到试验的初始方案 $\boldsymbol{\eta}_k$，实施第一步试验，得到试验数据后，基于试验信息做出决策 D_{k-1}，并将后续试验方案调整为 $\boldsymbol{\eta}_{k-1}$，然后实施第二步试验，基于第二步试验的数据做出决策 D_{k-2}，并将后续试验方案调整为 $\boldsymbol{\eta}_{k-2}$，如此下去，最后做出最终决策 D_1，给出最后一步的试验方案 $\boldsymbol{\eta}_1$。该方法可以实现全面地利用试验信息，开展动态试验设计，以更合理地利用试验资源，获得更有效的试验数据。贝叶斯序贯试验设计的流程示意如图9.1所示。

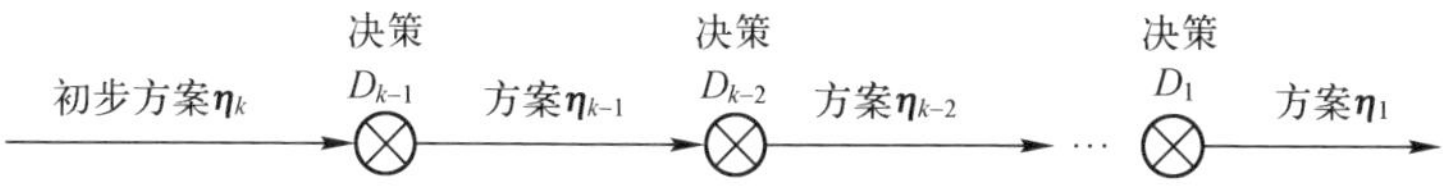

图9.1　贝叶斯序贯试验设计流程示意

由于在高应力水平下,产品的性能退化速率更快,可以在短时间内获得更多的性能退化数据,因此在贝叶斯序贯加速退化试验设计中,通常会先开展高应力水平下的加速退化试验,后开展低应力水平下的加速退化试验,这类加速退化试验称之为步降加速退化试验。设某待开展的加速退化试验的应力水平数为k,一般而言,序贯步降加速退化试验可分为k个阶段,在每个应力水平的试验结束后,对后续试验进行方案设计。本节以$k=3$的贝叶斯序贯步降加速退化试验设计为例进行说明,其中对于试验参数的设置,均与3.1.3节相同。其各阶段的流程具体包括:

阶段1:最高应力水平$\boldsymbol{s}_3$下的试验设计

(1)首先根据相似产品信息和历史试验数据等确定产品性能退化过程的数学模型,进而根据模型参数的先验信息确定参数的先验分布$p_3(\boldsymbol{\theta})$。

(2)明确试验优化目标与约束,本章以贝叶斯D优化为优化目标(关于贝叶斯D优化的介绍和算法可参见8.4节),确定试验样本量N,总试验时间T,性能检测间隔Δt,以及最高和最低试验应力水平。

(3)确定试验实施前的初始方案。根据8.1节的贝叶斯加速退化试验优化设计理论,可以得到初始试验方案的优化模型为

$$\begin{aligned}\max\quad & \Pi(\boldsymbol{\eta})\\ \text{s.t.}\quad & s_{pL}<s_{p1}<s_{p2}<s_{p3}\leqslant s_{pU}\quad(p=1,2,\cdots,q)\\ & m_1\geqslant m_2\geqslant m_3>0,\ \sum_{l=1}^{3}m_l=M=\frac{T}{\Delta t}\end{aligned}\tag{9.1}$$

通过对优化模型(9.1)进行求解,可以得到最优的初始试验方案$\boldsymbol{\eta}_3=((\boldsymbol{s}_1,\boldsymbol{s}_2,\boldsymbol{s}_3^*),(m_1,m_2,m_3^*),(N,N,N))$(对于初始试验方案$\boldsymbol{\eta}_3$,应力水平$\boldsymbol{s}_3$和相应的性能检测次数$m_3$是即将要实施的,即是确定的,因此增加了上标*进行标注;而应力水平$\boldsymbol{s}_2$和$\boldsymbol{s}_1$下的试验方案会基于应力水平$\boldsymbol{s}_3$的试验数据进行调整,即是不确定的,故在初始试验方案$\boldsymbol{\eta}_3$中不增加上标*的标注)。由于采用步降应力的方式,所有样品一起经历各应力水平,因此各应力水平下的试验样本量相等,均为N。那么,步降加速退化试验的试验方案简写成$\boldsymbol{\eta}_3=((\boldsymbol{s}_1,\boldsymbol{s}_2,\boldsymbol{s}_3^*),(m_1,m_2,m_3^*),N)$。

(4)根据试验方案$\boldsymbol{\eta}_3$,首先实施最高应力水平$\boldsymbol{s}_3^*$下的加速退化试验,采集应力水平$\boldsymbol{s}_3^*$下的产品性能退化增量数据$\Delta\boldsymbol{y}_3$。

阶段 2:中间应力水平 $\boldsymbol{s}_2$ 下的试验设计

(1) 基于模型参数的先验分布 $p_3(\boldsymbol{\theta})$ 和最高应力水平 $\boldsymbol{s}_3^*$ 下的性能退化增量数据 $\Delta\boldsymbol{y}_3$,通过贝叶斯推断计算参数后验分布 $p_3(\boldsymbol{\theta}\mid\Delta\boldsymbol{y}_3,\boldsymbol{\eta}_3)$,并将其作为应力水平 $\boldsymbol{s}_2$ 和 $\boldsymbol{s}_1$ 下进行试验设计的先验分布。

(2) 结合剩余的试验资源,可以构建应力水平 $\boldsymbol{s}_2$ 和 $\boldsymbol{s}_1$ 下的试验设计优化模型:

$$\begin{aligned}
\max\quad & \Pi(\boldsymbol{\eta}) \\
\text{s. t.}\quad & s_{pL} < s_{p1} < s_{p2} < s_{p3}^* \quad (p=1,2,\cdots,q) \\
& m_1 \geqslant m_2 > 0,\ \sum_{l=1}^{2} m_l = \frac{T}{\Delta t} - m_3^*
\end{aligned} \tag{9.2}$$

通过对优化模型(9.2)进行求解,可以得到最优的应力水平 $\boldsymbol{s}_2$ 和 $\boldsymbol{s}_1$ 下试验方案 $\boldsymbol{\eta}_2=((\boldsymbol{s}_1',\boldsymbol{s}_2^*),(m_1',m_2^*),N)$。这表明,经过应力水平 $\boldsymbol{s}_3^*$ 下的加速退化试验后,原定的应力水平 $\boldsymbol{s}_1$ 和 $\boldsymbol{s}_2$ 下的试验方案由初始试验方案 $\boldsymbol{\eta}_3$ 中的 $((\boldsymbol{s}_1,\boldsymbol{s}_2),(m_1,m_2))$ 调整为 $((\boldsymbol{s}_1',\boldsymbol{s}_2^*),(m_1',m_2^*))$,各试验变量都相应有所调整,应力水平 $\boldsymbol{s}_1\to\boldsymbol{s}_1'$,$\boldsymbol{s}_2\to\boldsymbol{s}_2^*$;性能检测次数 $m_1\to m_1'$,$m_2\to m_2^*$。

(3) 根据试验方案 $\boldsymbol{\eta}_2$,实施中间应力水平 $\boldsymbol{s}_2^*$ 下的加速退化试验,采集应力水平 $\boldsymbol{s}_2^*$ 下的产品性能退化增量数据 $\Delta\boldsymbol{y}_2$。

阶段 3:最低应力水平 $\boldsymbol{s}_1$ 下的试验设计

(1) 基于模型参数的先验分布 $p_2(\boldsymbol{\theta})$ 和中间应力水平 $\boldsymbol{s}_2^*$ 下的性能退化增量数据 $\Delta\boldsymbol{y}_3$,通过贝叶斯推断计算参数后验分布 $p_2(\boldsymbol{\theta}\mid\Delta\boldsymbol{y}_2,\boldsymbol{\eta}_2)$,并将其作为应力水平 $\boldsymbol{s}_1$ 下进行试验设计的先验分布。

(2) 结合剩余的试验资源,可以构建应力水平 $\boldsymbol{s}_1$ 下的试验设计优化模型:

$$\begin{aligned}
\max\quad & \Pi(\boldsymbol{\eta}) \\
\text{s. t.}\quad & s_{pL}<s_{p1}<s_{p2}^* \quad (p=1,2,\cdots,q) \\
& m_1=\frac{T}{\Delta t}-m_3^*-m_2^*
\end{aligned} \tag{9.3}$$

通过对优化模型(9.3)进行求解,可以得到最优的应力水平 $\boldsymbol{s}_1$ 下试验方案 $\boldsymbol{\eta}_1=(\boldsymbol{s}_1^*,m_1^*,N)$。这表明,经过应力水平 $\boldsymbol{s}_2^*$ 下的加速退化试验后,原定的应力水平 $\boldsymbol{s}_1$ 下的试验方案有了进一步调整,由试验方案 $\boldsymbol{\eta}_2$ 中的 $(\boldsymbol{s}_1',m_1')$ 调整为 $(\boldsymbol{s}_1^*,m_1^*)$,其中,应力水平有所调整,$\boldsymbol{s}_1'\to\boldsymbol{s}_1^*$;由于总性能检测次数和前两个应力水平的性能检测次数都是确定的,因而最低应力水平的性能检测次数未发生变化,即 $m_1'=m_1^*$。

(3) 根据试验方案 $\boldsymbol{\eta}_1$,实施最低应力水平 $\boldsymbol{s}_1^*$ 下的加速退化试验,采集应力水平 $\boldsymbol{s}_1^*$ 下的产品性能退化增量数据 $\Delta\boldsymbol{y}_1$。

9.2　电连接器案例研究

9.2.1　电连接器加速退化模型及其统计分析

本节选用某电连接器的应力松弛加速退化试验数据作为应用案例。应力松弛是在恒定应力加载下产品的应力损失，电连接器会因过度的应力松弛而失效。电连接器的应力松弛数据来源于以温度应力为加速应力的 CSADT，即其应力向量 $\boldsymbol{S}$ 仅包含温度 T，试验中记录的电连接器的性能参数为应力松弛，试验的基本信息如表 9.1 所列，试验收集到的应力松弛退化数据如图 9.2 所示。详细的试验信息和数据信息可参见文献[130]。

表 9.1　电连接器加速退化试验的基本信息

试验变量	取　值	试验变量	取　值
k	3	$\boldsymbol{n}=(n_1,n_2,n_3)$	$\boldsymbol{n}=(6,6,6)$
T/℃	$\boldsymbol{T}=(65,85,100)$	$\boldsymbol{m}=(m_1,m_2,m_3)$	$\boldsymbol{m}=(12,11,11)$
T_L/℃	40	Δt/h	5
T_U/℃	100	Y_{th}/%	30
T_0/℃	40		

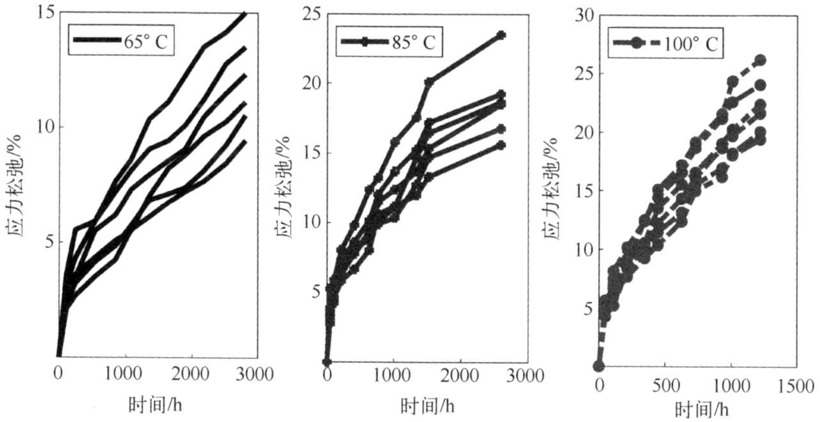

图 9.2　电连接器应力松弛退化数据

Ye 等[75]研究表明收集的应力松弛数据可以用逆高斯过程 M_{IG} 进行很好地描述，即

$$\widetilde{Y}(T,t\,|\,\boldsymbol{X})=Y_0+I_Y\times\text{IG}\left[e(T\,|\,\alpha_0,\alpha_1)t^{\beta},\lambda\,(t^{\beta})^2\right] \tag{9.4}$$

式中：$Y_0=0$；$I_Y=1$。由于应力类型只有温度，因此根据2.2节的内容，选择Arrhenius模型的形式作为性能退化速率模型，如式(4.45)所示。

模型(9.4)的未知参数向量为$\boldsymbol{\theta}=(\alpha_0,\alpha_1,\beta,\lambda)$。基于3.3.3节介绍的统计分析方法和通过求Fisher信息矩阵的逆矩阵的行列式的平方根，可以计算得到模型参数的均值和方差，如表9.2所列。

表9.2 模型参数估计值

参数	$\hat{a}_0$	$\hat{a}_1$	$\hat{\beta}$	$\hat{\lambda}$
均值	0.150	1.738	0.449	0.634
方差	0.015	0.174	0.018	0.197

由于在贝叶斯序贯步降加速退化试验实施之前可以获得历史数据，因此可以将$\boldsymbol{\theta}$中的参数视为贝叶斯方法中量化这些信息和知识的贡献的随机变量。已知退化增量Δy服从逆高斯分布，β和λ应为正数；因此，常见的随机变量为正数的概率分布（如伽马分布、Logistic分布和威布尔分布）可用于描述β和λ，而正态分布、Logistic分布和极值分布可用于描述α_0和α_1。为此，我们假设参数α_0和α_1服从正态分布，参数β和λ服从伽马分布，根据表9.2中的参数估计结果和所选择的先验分布类型，可以确定各参数先验分布中的超参数如表9.3所列。

表9.3 试验设计前模型先验分布

参数	α_0	α_1	β	λ
先验分布	$N(0.15, 0.015)$	$N(1.74, 0.17)$	Gamma(11.34, 0.04)	Gamma(2.04, 0.31)

9.2.2 贝叶斯序贯步降加速退化试验设计

根据9.1节，贝叶斯序贯步降加速退化试验设计如下：

阶段1：最高应力水平T_3下的试验设计

(1) 根据先验信息确定加速退化模型参数的先验分布，如表9.3所列，记为$p_3(\boldsymbol{\theta})$。

(2) 根据试验资源确定试验约束：样本量$N=3$；总试验时间$T=120$，性能检测间隔$\Delta t=1$，那么总性能检测次数$M=120$；受试产品的使用工作应力（即目标应力水平）$T_0=40$℃，因此待开展的加速退化试验中的最低和最高加速应力分别设定为50℃和100℃。

(3) 确定试验实施前的初始方案$\boldsymbol{\eta}_3$。第一步是确定方案集合空间P_3，考虑应力水平和性能检测的限制，结合工程经验构建应力取值空间和性能检测次数取值空间。首先，确定应力水平 T_1 的取值空间为 $\Omega_{T_1}=\{50, 55, 60, 65, 70, 75, 80\}$ ℃；T_3 取最高加速应力水平，即 $T_3=100$℃，那么 T_3 的取值空间为 $\Omega_{T_3}=\{100\}$ ℃；根据归一化应力水平等间隔的要求（式（8.7））确定 T_2，即 T_2 取 T_1 与 T_3 绝对温度的倒数均值：

$$\frac{1}{273.15+T_2}=\frac{1}{2}\left(\frac{1}{273.15+T_1}+\frac{1}{273.15+T_3}\right) \tag{9.5}$$

可以计算得到，对应 T_1 各元素的 T_2 取值空间为 $\Omega_{T_2}\approx\{73, 76, 78, 81, 84, 87, 89\}$ ℃。

其次，确定性能检测次数 m_1 的取值空间为 $\Omega_{m_1}=\{40,50,60,70\}$，为保证各应力水平下都获得较为充足的性能退化数据，一般有 $m_1\geqslant m_2\geqslant m_3$，我们令中间应力水平 T_2 下的性能检测次数为高和低两水平下性能检测次数和的一半，即 $m_2=0.5(m_1+m_3)$，则有 $m_2=40$ 和 $m_3=80-m_1$，那么 m_2 的取值空间为 $\Omega_{m_2}=\{40\}$，m_3 的取值空间为 $\Omega_{m_3}=\{40,30,20,10\}$。根据各应力水平和各应力水平下性能检测次数的取值空间构成试验方案集合 P_3（应力水平有 7 组，性能检测次数有 4 组，共有 28 个试验方案）。根据 9.1 节提出的方法，以贝叶斯 D 优化为优化目标，构建优化模型（9.1）并求解，可以得到试验方案的优化目标曲面拟合结果，如图 9.3 所示，最优的初始试验方案 $\boldsymbol{\eta}_3$ 如表 9.4 所列。

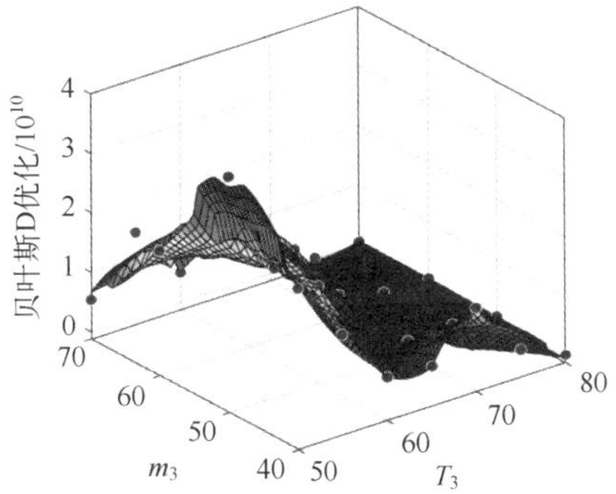

(a) 曲面拟合结果

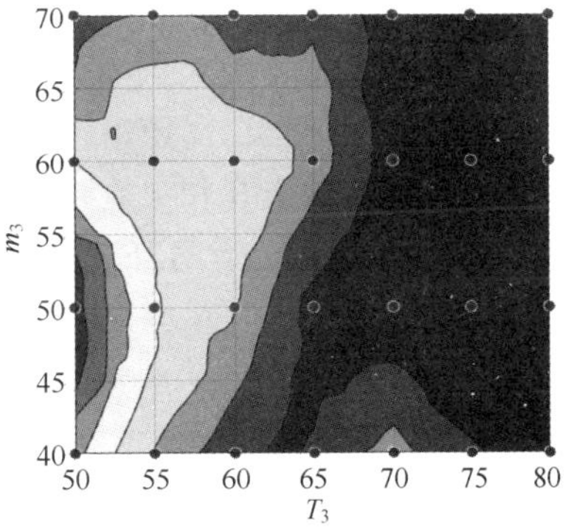

(b) 云图

图 9.3　序贯加速退化试验阶段一的试验方案优化目标结果

表 9.4　序贯加速退化试验阶段一的最优初始试验方案 $\boldsymbol{\eta}_3$

T_1, T_2, T_3^* /℃	m_1, m_2, m_3^*	N	$\Pi(\boldsymbol{\eta}_3)/10^{10}$
50, 73, 100	50, 40, 30	3	3.847

（4）根据试验方案 $\boldsymbol{\eta}_3$，实施最高应力水平 T_3^* 下的加速退化试验。实际上，我们并没有开展试验，而是通过仿真的方式生成试验数据。假设模型（9.4）为

电连接器应力松弛的理论模型，其中表 9.2 中的参数估计结果为模型参数理论值，表 9.3 中的参数分布表征模型参数的理论不确定性，在此基础上，基于模型(9.4)和表 9.3 中的参数分布，在应力水平 $T_3^* = 100℃$ 下，通过蒙特卡罗方法仿真生成性能退化增量数据 $\Delta\boldsymbol{y}_3$。

阶段 2：中间应力水平 T_2 下的试验设计

(1) 基于模型参数的先验分布 $p_3(\boldsymbol{\theta})$ 和最高应力水平 T_3 下的性能退化增量数据 $\Delta\boldsymbol{y}_3$，通过 MCMC 方法生成应力水平 T_3 下的后验样本。为了更好地基于后验样本拟合后验分布 $p_3(\boldsymbol{\theta} \mid \Delta\boldsymbol{y}_3, \boldsymbol{\eta}_3)$，通过对数似然比检验对候选的后验概率分布 $p_3(\boldsymbol{\theta} \mid \Delta\boldsymbol{y}_3, \boldsymbol{\eta}_3)$ 进行选择，其结果如表 9.5 所列。

表 9.5　应力水平 T_3 下后验样本的不同分布形式的对数似然比检验结果

参　数	分布形式		
	正态分布	极值分布	Logistic 分布
a	-1027.05	-1268.49	-1046.75
b	-1029.14	-1521.26	-1032.19
参　数	分布形式		
	伽马分布	Logistic 分布	威布尔分布
λ	-350.384	-546.081	-467.518
β	4955.42	4908.82	4721.6

基于表 9.5 的结果，选择正态分布作为 α_0 和 α_1 在应力水平 T_3 下的后验分布，选择伽马分布作为 β 和 λ 在应力水平 T_3 下的后验分布，也即应力水平 T_2 和 T_1 下进行试验设计的先验分布 $p_2(\boldsymbol{\theta})$，其结果如表 9.6 所列，应力水平 T_3 下的参数先验分布、后验样本以及应力水平 T_2 下的先验分布如图 9.4 所示。

表 9.6　应力水平 T_2 下的先验分布 $p_2(\boldsymbol{\theta})$

参　数	α_0	α_1	β	λ
先验分布	$N(0.14, 0.003)$	$N(1.68, 0.12)$	Gamma(92.94, 0.005)	Gamma(5.48, 0.13)

(2) 结合剩余资源，确定应力水平 T_1 和 T_2 下的方案集合空间 P_2。对于应力水平的取值空间，由于 $T_3^* = 100℃$，选取应力水平 T_1 的取值空间为 $\Omega_{T_1} = \{50, 55, 60, 65, 70, 75, 80\}$℃，同样根据归一化应力水平等间隔的要求(式(8.7))，可以确定 T_2 的取值空间为 $\Omega_{T_2} \approx \{73, 76, 78, 81, 84, 87, 89\}$℃；对于性能检测次数的取值空间，由于 $m_3^* = 30$，因此，$m_1 + m_2 = M - m_3^* = 90$，令性能检测次数 m_1 的取值空间为 $\Omega_{m_1} = \{45, 50, 55, 60\}$，那么性能检测次数 m_2 的取值空间为 $\Omega_{m_2} = \{45, 40, 35, 30\}$。根据各应力水平和各应力水平下性能检测次数的取

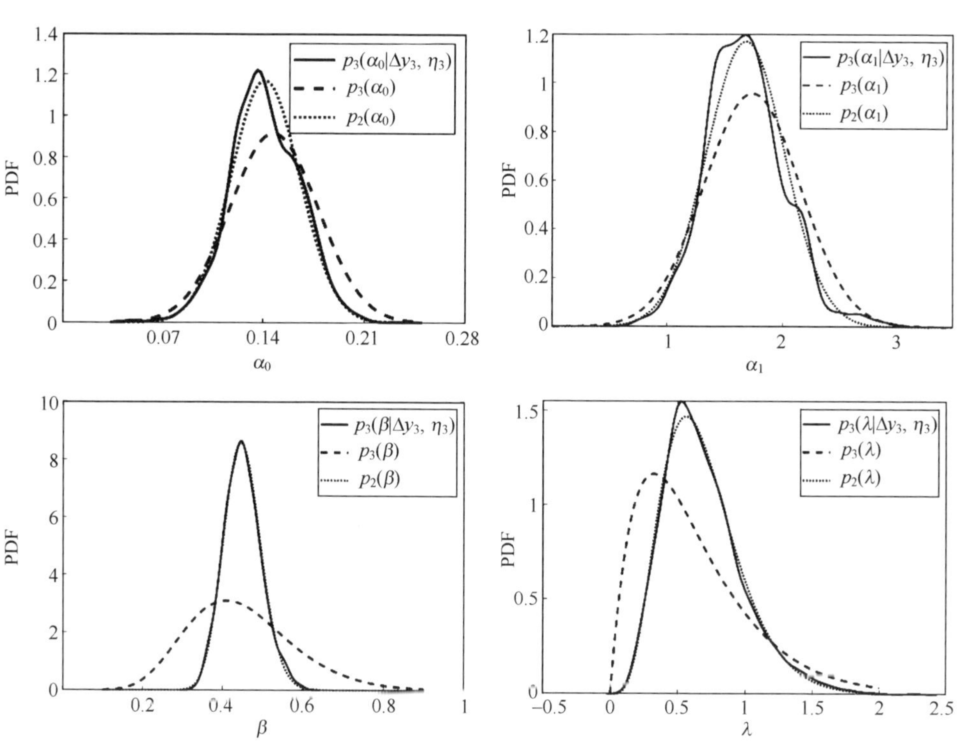

图 9.4　应力水平 T_3 下的参数先验分布、后验分布以及应力水平 T_2 下的先验分布

值空间构成试验方案集合 P_2（应力水平有 7 组，性能检测次数有 4 组，共有 28 个试验方案）。根据 9.1 节提出的方法，以贝叶斯 D 优化为优化目标，构建优化模型(9.2)并求解，可以得到试验方案的优化目标曲面拟合结果，如图 9.5 所示，最优的应力水平 T_1 和 T_2 下的试验方案 $\boldsymbol{\eta}_2$ 如表 9.7 所列。

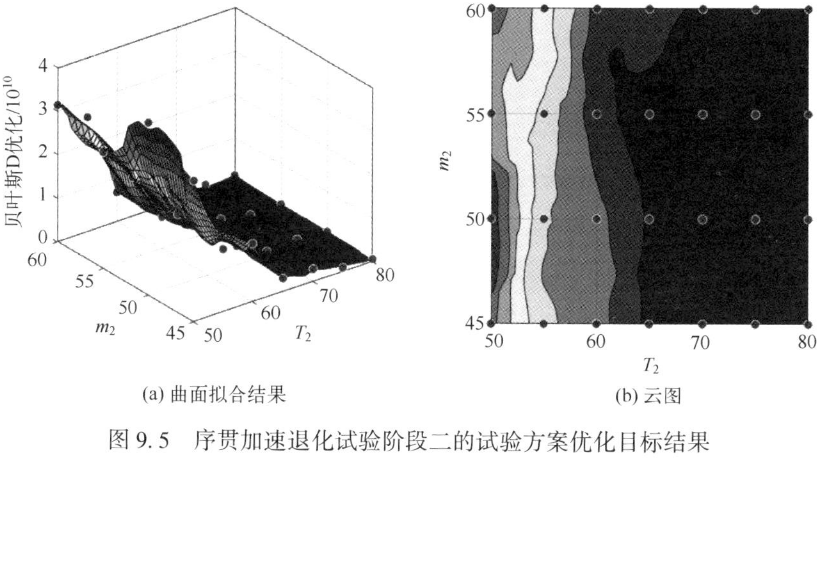

图 9.5　序贯加速退化试验阶段二的试验方案优化目标结果

表 9.7　序贯加速退化试验阶段二的最优试验方案 $\boldsymbol{\eta}_2$

T_1, T_2^*/℃	m_1, m_2^*	N	$\Pi(\boldsymbol{\eta}_2)/10^{10}$
50, 73	55, 35	3	3.972

(3) 根据试验方案 $\boldsymbol{\eta}_2$，基于模型(9.4)和表 9.3 中的参数分布，在应力水平 $T_2^*=73$℃下，通过蒙特卡罗方法仿真生成性能退化增量数据 Δy_2。

阶段 3：最低应力水平 T_1下的试验设计

(1) 基于模型参数的先验分布 $p_2(\boldsymbol{\theta})$ 和最高应力水平 T_2下的性能退化增量数据 $\Delta \boldsymbol{y}_2$，通过 MCMC 方法生成应力水平 T_2下的后验样本。同样通过对数似然比检验对候选的后验概率分布进行选择 $p_2(\boldsymbol{\theta} \mid \Delta \boldsymbol{y}_2, \boldsymbol{\eta}_2)$，其结果如表 9.8 所列。

表 9.8　应力水平 T_2下后验样本的不同分布形式的对数似然比检验结果

参　数	分布形式		
	正态分布	极值分布	Logistic 分布
a	89.273	45.844	-1268.49
b	-872.846	-890.798	-1521.26
参　数	分布形式		
	伽马分布	Logistic 分布	威布尔分布
λ	697.036	591.541	530.585
β	6477.74	6444.57	6252.95

基于表 9.8 的结果，选择正态分布作为 α_0 和 α_1 在应力水平 T_2下的后验分布，选择伽马分布作为 β 和 λ 在应力水平 T_2下的后验分布，也即应力水平 T_1下进行试验设计的先验分布 $p_1(\boldsymbol{\theta})$，其结果如表 9.9 所列，应力水平 T_2下的参数先验分布、后验样本以及应力水平 T_1下的先验分布如图 9.6 所示。

表 9.9　应力水平 T_1下的先验分布 $p_1(\boldsymbol{\theta})$

参数	α_0	α_1	β	λ
先验分布	$N(0.15, 0.002)$	$N(1.72, 0.10)$	Gamma(259.81, 0.002)	Gamma(13.19, 0.055)

(2) 结合剩余资源，确定应力水平 T_1下的方案集合空间 P_1。对于应力水平的取值空间，由于 $T_2^*=73$℃，选取应力水平 T_1的取值空间为 $\Omega_{T_1}=\{50, 52, 54, 56, 58, 60, 62, 64, 66, 68, 70, 72\}$℃；对于性能检测次数的取值空间，由于 $m_2^*=35, m_3^*=30$，因此，$m_1=M-m_2^*-m_3^*=55$，即性能检测次数 m_1的取值空间为 $\Omega_{m_1}=\{55\}$。根据应力水平和性能检测次数的取值空间构成试验方案集合 P_1（应力水平有 12 个值，性能检测次数有 1 个值，共有 12 个试验方案）。根据 9.1

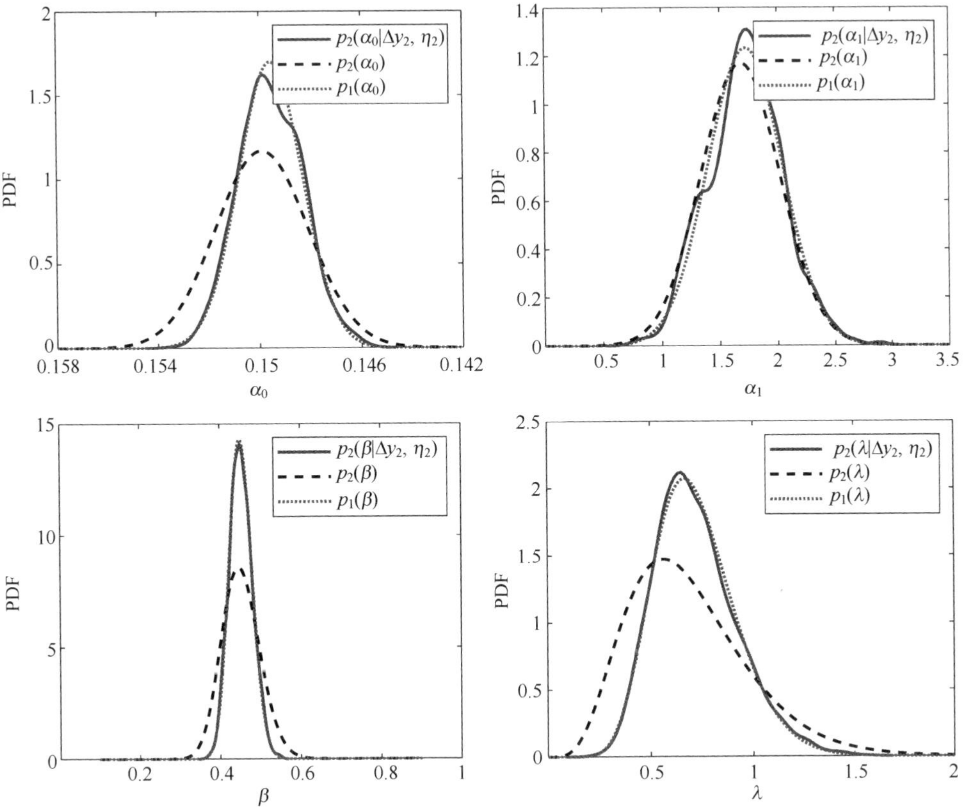

图 9.6　应力水平 T_2 下的参数先验分布、后验样本以及应力水平 T_1 下的先验分布

节提出的方法，以贝叶斯 D 优化为优化目标，构建优化模型（9.3）并求解，可以得到试验方案的优化目标结果，如图 9.7 所示。

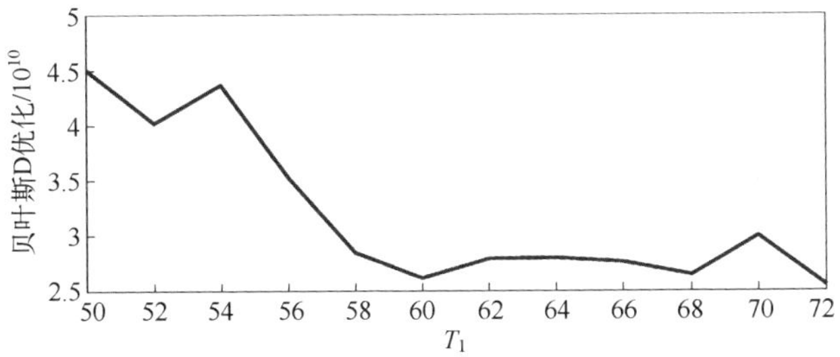

图 9.7　序贯加速退化试验阶段三的试验方案优化目标结果

最后，贝叶斯序贯步降加速退化试验的最优试验方案如表 9.10 所列。

表 9.10 贝叶斯序贯步降加速退化试验的最优试验方案

T_1^*, T_2^*, T_3^*/℃	m_1^*, m_2^*, m_3^*	N	$\Pi(\boldsymbol{\eta})/10^{10}$
50, 73, 100	55, 35, 30	3	2.504

9.2.3 静态设计与动态设计对比分析

如前所述,如果按照第 8 章方法制定好的加速退化试验方案实施加速退化试验,过程中不调整试验方案,这类试验设计可以称之为“静态设计”。然而,当预先给定的参数取值范围与实际情况相差较大时,采用静态加速退化试验设计方法得到的最优方案可能会导致试验资源消耗过大或采集的加速退化试验数据不足等问题。Li 等[131]研究了以贝叶斯 D 优化为优化目标的静态贝叶斯加速退化试验设计方法,该方法仅是基于初始先验分布进行试验设计,而没有对试验方案进行动态调整,为此,本节将提出的动态贝叶斯序贯加速退化试验设计结果与 Li 等[131]的静态贝叶斯加速退化试验设计结果进行对比。

考虑到所提出的贝叶斯序贯加速退化试验设计方法可以通过动态决策缓解由于取值范围与实际情况相差较大导致的问题,因此,本节同样基于电连接器应力松弛数据,假设用于试验数据仿真的参数 $\boldsymbol{\theta}$ (简记为仿真值)偏离理论值 $\pm2\sigma$,如表 9.11 所列。

表 9.11 模型参数的仿真值

参　数	α_0	α_1	β	λ
仿真值 $\boldsymbol{\theta}_1(+2\sigma)$	−1.02	2.57	0.72	1.52
仿真值 $\boldsymbol{\theta}_2(-2\sigma)$	−2.77	0.90	0.18	0.10

考虑到仿真生成的退化数据中含有不确定性,因此针对仿真值 $\boldsymbol{\theta}_1$ 和 $\boldsymbol{\theta}_2$,分别开展了 5 次贝叶斯序贯加速退化试验方案设计,以使结果更具说服力,其序贯方案结果如表 9.12 和表 9.13 所列。

表 9.12 仿真值 $\boldsymbol{\theta}_1$ 的贝叶斯序贯加速退化试验方案设计结果

序贯方案序号	T_1^*, T_2^*, T_3^*/℃	m_1^*, m_2^*, m_3^*	$\Pi(\boldsymbol{\eta})/10^{10}$
1	54, 73, 100	55, 35, 30	4.233
2	50, 73, 100	60, 30, 30	3.122
3	50, 73, 100	60, 30, 30	2.850
4	52, 73, 100	55, 35, 30	2.520
5	50, 73, 100	55, 35, 30	2.724

表 9.13　仿真值 $\boldsymbol{\theta}_2$ 的贝叶斯序贯加速退化试验方案设计结果

序贯方案序号	T_1^*, T_2^*, T_3^*/℃	m_1^*, m_2^*, m_3^*	$\Pi(\boldsymbol{\eta})/10^{10}$
1	60, 76, 100	45, 45, 30	4.606
2	62, 73, 100	45, 40, 30	5.4770
3	58, 73, 100	50, 40, 30	1.446
4	52, 73, 100	50, 40, 30	1.893
5	54, 73, 100	50, 40, 30	2.656

通常,基于加速退化试验数据要评估产品的可靠性和寿命,那么可以说可靠性和寿命评估越准确,设计的加速退化试验就越好。因此,本节选择模型参数的估计结果和 p 分位寿命估计结果作为评价加速退化试验优劣的度量指标。其中,将模型参数后验分布的均值作为模型参数的估计结果,p 分位寿命可以近似由式(3.44)计算。那么,贝叶斯后验 p 分位寿命为

$$T_p(\boldsymbol{\theta} \mid \Delta\boldsymbol{y},\boldsymbol{\eta})=\left[\frac{e(\boldsymbol{S}\mid\boldsymbol{X}_1)}{4\lambda}\left(z_p+\sqrt{(z_p)^2+\frac{4I_Y(Y_{\text{th}}-Y_0)\lambda}{(e(\boldsymbol{S}\mid\boldsymbol{X}_1))^2}}\right)\right]^{\frac{1}{\beta}}p_3(\boldsymbol{\theta}\mid\Delta\boldsymbol{y},\boldsymbol{\eta}) \quad (9.6)$$

式中:$\boldsymbol{\eta}$ 为加速退化试验方案;$\Delta\boldsymbol{y}$ 为相应的加速退化试验观测的退化增量数据。

对于表 9.12 和表 9.13 中给出的动态序贯 ADT 方案以及基于相同仿真试验数据 $\Delta\boldsymbol{y}$ 计算得到的静态方案,估计其模型参数和贝叶斯后验 p 分位寿命,这些结果分别展示在图 9.8~图 9.11 中。

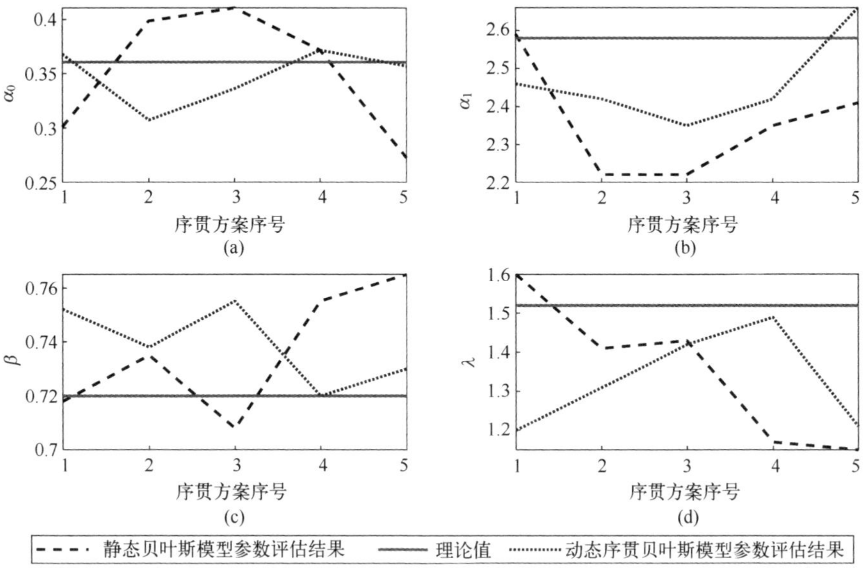

图 9.8　使用 θ_1 的模型参数评估结果

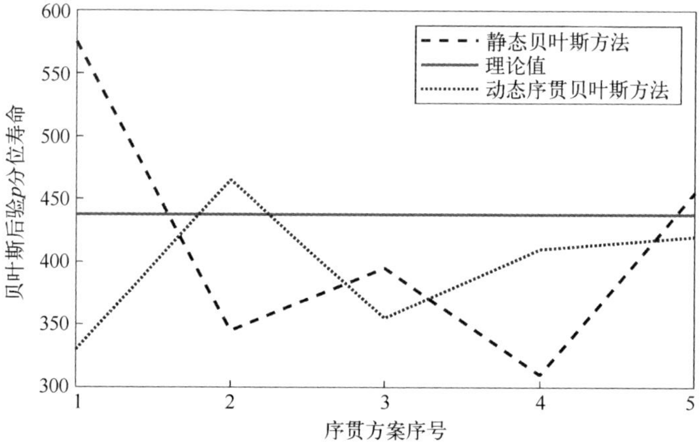

图 9.9 使用 θ_1 的 p 分位寿命评估结果

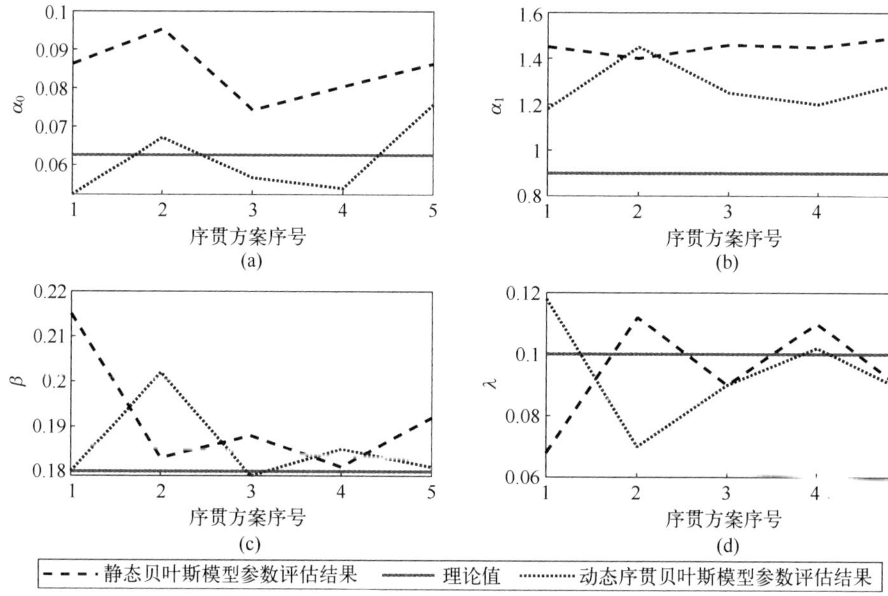

图 9.10 使用 θ_2 的模型参数评估结果

为了更好地度量两种设计方法的评估精度,定义相对偏差为

$$\varepsilon = \sqrt{\sum (\varpi - \varpi_T)^2} \tag{9.7}$$

式中:ϖ为估计值;ϖ_T为模型参数或 p 分位寿命的理论值。相对偏差结果如表 9.14 所列。

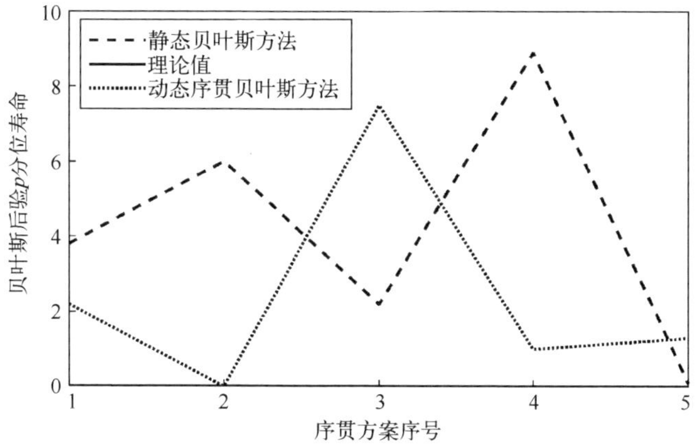

图 9.11　使用 θ_2 的 p 分位寿命评估结果

表 9.14　相对偏差结果

仿 真 值	方　法	ε_a	ε_b	ε_λ	ε_β	$\varepsilon_{T_p}/10^{17}$
θ_{T1}	静态方法	0.394	0.547	0.525	0.058	215.743
	序贯方法	0.150	0.345	0.495	0.051	132.913
θ_{T2}	静态方法	0.727	1.256	0.041	0.039	11.572
	序贯方法	0.322	0.881	0.039	0.023	8.002

根据表 9.14 可以得到：

（1）通过所提出的序贯方法获得的所有相对偏差都小于静态方法，也就是说，所提出的贝叶斯序贯加速退化试验方案可以更好地估计模型参数和分位寿命；

（2）序贯加速退化试验优化设计给出的估计值波动程度小于静态加速退化试验优化设计的波动程度，表明了序贯加速退化试验优化设计具有较高的鲁棒性。

9.3　本章小结

由于加速退化试验设计中存在模型不确定性问题，当采用静态试验设计方法时，如果先验分布与实际情况相差较大，会导致试验资源消耗过大或采集的加速退化试验数据不足等问题。为此，本章提出一种动态的贝叶斯序贯步降加速退化试验设计方法，可以通过试验过程中获得的试验信息实时动态地对试验方案进行调整，降低模型中存在的不确定性对试验设计的影响，实现对模型不确定性的控制。

在本章提出的贝叶斯序贯步降加速退化试验设计方法中，首先根据初始试验方案开展最高应力水平下的试验，在获得高应力水平下的性能退化数据后，基于前序应力水平下的先验信息，基于贝叶斯推断获得参数的后验分布，并以贝叶斯 D 优化为效用函数，开展贝叶斯加速退化试验设计进行后续应力水平试验方案的设计，最后通过电连接器案例进行模型的比较分析。结果表明，当先验分布和实际情况之间存在较大差异时，通过该方法可以全面地利用加速退化试验得到的性能退化数据对先验信息进行更新，通过动态决策调整后续试验方案，从而高效地利用试验资源，降低模型不确定性，提供最有效的可靠性和寿命信息。因此，与静态贝叶斯设计方法相比，在模型参数和寿命评估的准确性和先验分布与实际情况差异较大时的评估鲁棒性上均表现出了较大的优势。

第 10 章

加速退化试验设计中的目标不确定性控制

基于贝叶斯理论的加速退化试验优化设计方法是当前理论研究和工程应用中的常用方法。在贝叶斯优化设计中,优化设计结果取决于指定的期望效用目标,比如相对熵[51]表示由加速退化试验提供的信息增益,二次损失函数[53]关注的是可靠度或寿命等指标值的评估精度,贝叶斯字母优化[132]旨在最小化模型参数的评估误差等。如本书 1.4.3 节所述,这些优化目标选择中的不确定性给研究人员带来了困惑:哪个效用目标对于加速退化试验设计来说才是合适的?只有对目标不确定性进行控制,才能使获得的加速退化试验方案取得最佳的试验效果。因此,本章针对加速退化试验优化设计的目标不确定性问题,基于贝叶斯理论,以相对熵、二次损失函数和试验成本为试验优化目标,研究了多目标试验方案优化设计,并基于贪婪 NSGA-Ⅱ生成了帕累托最优前沿解,实现了对目标不确定性的控制。多目标优化只解决了不确定性控制目标的不确定性问题,但先验分布与实际情况相差较大等此类模型不确定性问题依然存在。为此,本章将基于数据包络分析,从模型认知精准度层面生成模型分析变量,对帕累托解集进行精简,从而实现加速退化试验最优方案的设计。

10.1 贝叶斯加速退化试验多目标设计模型

贝叶斯加速退化试验多目标设计本质上是一个贝叶斯决策问题,旨在通过平衡最大化期望效用和最小化试验成本来生成加速退化试验方案的帕累托最优解集。根据第 8 章的分析可知,在步进应力加速退化试验设计中,试验方案 $\boldsymbol{\eta}$ 的决策变量包括加速应力水平 $\boldsymbol{s}=(\boldsymbol{s}_1,\boldsymbol{s}_2,\cdots,\boldsymbol{s}_k)$,其中 $\boldsymbol{s}_l=(s_{1l},s_{2l},\cdots,s_{ql})$ 为 q 个应力类型的第 l 个应力水平值的向量,各加速应力水平下的性能检测次数 $\boldsymbol{m}=(m_1,m_2,\cdots,m_k)$ 和投入试验的样本量 N,即 $\boldsymbol{\eta}=(\boldsymbol{s},\boldsymbol{m},N)$。

在第 8 章介绍的贝叶斯优化目标中,相对熵描述了试验提供的信息增益,二次损失函数关注的是可靠度或寿命等指标值的评估精度，这两个目标反映了加速退化试验效用的两个不同方面。此外，试验成本在实际应用中始终是有限的，试验成本直接影响试验资源的投入，并进一步对获得的性能退化数据量产生影响。因此本章选择贝叶斯相对熵、贝叶斯二次损失函数和试验成本作为多目标问题的3个目标。

1. 贝叶斯相对熵

试验方案 $\boldsymbol{\eta}$ 的基于贝叶斯相对熵的优化目标函数如式(8.12)所示，即

$$\mathrm{Re}(\boldsymbol{\eta})=E_{\Delta y}E_{\theta}\log[p(\Delta y\mid\boldsymbol{\theta},\boldsymbol{\eta})]-E_{\Delta y}\log[p(\Delta y)] \tag{10.1}$$

贝叶斯相对熵被认为是一种试验方案的信息增益，因此在提出的多目标优化方法中，选取最大化贝叶斯信息熵 $\mathrm{Re}(\boldsymbol{\eta})$ 作为第一个优化目标。$\mathrm{Re}(\boldsymbol{\eta})$ 的计算过程可参照8.2.2小节。

2. 贝叶斯二次损失函数

本章的二次损失函数关注的是使用条件下的 p 分位寿命 T_p 的评估精度，根据8.3节的内容，即为 T_p 的期望预后验渐近方差。因此，试验方案 $\boldsymbol{\eta}$ 的贝叶斯二次损失函数目标 $\mathrm{AVar}(\boldsymbol{\eta})$ 可计算为

$$\mathrm{AVar}(\boldsymbol{\eta})=E_{\Delta y}E_{\theta}\{\mathrm{Var}[T_p(\boldsymbol{\theta}\mid\Delta y,\boldsymbol{\eta})]\} \tag{10.2}$$

二次损失函数关注的是分位寿命的评估精度，$\mathrm{AVar}(\boldsymbol{\eta})$ 越小，代表评估精度越高。因此，选取最小化二次损失函数 $\mathrm{AVar}(\boldsymbol{\eta})$ 作为第二个优化目标。$\mathrm{AVar}(\boldsymbol{\eta})$ 的计算过程可以参照8.3.2小节。

3. 试验成本

根据8.1.2小节的内容可知，加速退化试验的成本主要包括试验样品成本和试验实施成本，试验方案 $\boldsymbol{\eta}$ 的试验成本目标函数可以根据式(8.4)得到，即

$$\begin{aligned}C(\boldsymbol{\eta})&=C_1N+C_2T\\&=C_1N+C_2\Delta t\sum_{l=1}^{k}m_l\end{aligned} \tag{10.3}$$

在实际的工程应用中，通常想要最小化试验成本，以获得最多的试验信息。因此，选择最小化试验成本 $C(\boldsymbol{\eta})$ 作为第三个优化目标。

通常，决策变量因为加速退化试验的实际条件受到约束，根据8.1.2小节的内容可知，所提出的模型中涉及的主要约束包括3个部分：

(1) 加速应力水平的约束：为了确保应力维度外推的准确性，在实际的加速退化试验中通常会预先给定加速应力水平 k 的数量(例如，预先给定 $k=3$)，且一般情况下各应力水平满足 $s_{pL}<s_{p1}<s_{p2}<\cdots<s_{pk}<s_{pU}(p=1,2,\cdots,q)$。其中，$s_{pL}$ 和 s_{pU} 分别为第 p 个应力类型关注的应力范围下限和上限，q 为应力类型的

个数。

（2）各应力水平下的性能检测次数 $\boldsymbol{m}=(m_1,m_2,\cdots,m_k)$：为了保证在所有应力水平下都能获得足够的性能退化信息，应使较低应力水平下的性能检测次数不低于较高应力水平下的性能检测次数，即 $m_1\geqslant m_2\geqslant\cdots\geqslant m_k>0$。

（3）试验样本量 N：考虑到样本间的差异和最大可用样本量，应该在 $[N_{\min},N_{\max}]$ 的范围内取值（例如，$N\in[3,5]$）。

通过上述分析和讨论，贝叶斯加速退化试验多目标优化设计模型为

$$\begin{cases}\max\quad \mathrm{Re}(\boldsymbol{\eta})=E_{\Delta y}E_{\theta}[\log p(\Delta y\,|\,\boldsymbol{\theta},\boldsymbol{\eta})]-E_{\Delta y}\log[p(\Delta y)]\\ \min\quad \mathrm{AVar}(\boldsymbol{\eta})=E_{\Delta y}E_{\theta}\{\mathrm{Var}[T_p(\boldsymbol{\theta}\,|\,\Delta y,\boldsymbol{\eta})]\}\\ \min\quad C(\boldsymbol{\eta})=C_1N+C_2\Delta t\sum_{l=1}^{k}m_l\\ \mathrm{s.\,t.}\quad s_{pL}<s_{p1}<s_{p2}<\cdots<s_{pk}\leqslant s_{pU}\quad(p=1,2,\cdots,q)\\ \qquad\ \ m_1\geqslant m_2\geqslant\cdots\geqslant m_k>0\\ \qquad\ \ N_{\min}\leqslant N\leqslant N_{\max}\end{cases}\tag{10.4}$$

通过求解上述提出的多目标优化模型（10.4）就可以得到帕累托最优试验方案 $\boldsymbol{\eta}^*(\boldsymbol{s}^*,\boldsymbol{m}^*,N^*)$。

10.2　多目标模型求解

10.2.1　帕累托解集求解：贪婪 NSGA-Ⅱ

10.1 节提出的贝叶斯加速退化试验多目标优化模型（10.4）是一个包含 3 个优化目标的典型多目标优化问题，通过求解这个多目标优化模型，可以得到其帕累托最优解集。在求解多目标优化模型的方法中，启发式算法是最好的解决方法之一，其中，贪婪 NSGA-Ⅱ具有良好的全局搜索能力和在帕累托最优前沿上有良好分布的非优势解[133]，其中的贪婪遗传算子可以调整解的适应度，以维持种群中稳定的选择压力，防止种群过早收敛到次优解。因此本节选择贪婪 NSGA-Ⅱ方法寻找模型（10.4）的帕累托最优解集。

贪婪 NSGA-Ⅱ方法的主要分为以下步骤。

1. 初始化

首先，给出贪婪 NSGA-Ⅱ的参数，包括最大迭代次数 $G_{\max}$、种群规模 nPop、交叉比例 p_c、变异比例 p_m 和变异概率 μ。根据试验设计问题和相应的约束，随机生成一个可行的父代种群 $\mathcal{P}_g$。设定遗传代数 $g=1$，每个染色体 $\boldsymbol{\eta}\in\mathcal{P}_g$ 由试验方案 $\boldsymbol{\eta}=(\boldsymbol{s},\boldsymbol{m},N)$ 表示。

2. 快速非支配排序

定义 10.1 帕累托支配关系(Deb 等[133]):给定两个解 $\boldsymbol{\eta}_1$ 和 $\boldsymbol{\eta}_2$,如果满足以下条件,则解 $\boldsymbol{\eta}_1$ 优于解 $\boldsymbol{\eta}_2$:①对于所有目标,解 $\boldsymbol{\eta}_1$ 并不比解 $\boldsymbol{\eta}_2$ 差;②至少有一个目标,解 $\boldsymbol{\eta}_1$ 严格优于 $\boldsymbol{\eta}_2$。

快速非支配排序算法旨在依据定义 10.1 给出的帕累托支配关系将当前可行父代种群 $\mathcal{P}_g$ 排序到不同的非支配前沿。第一个前沿表示当前种群中的完全非支配集,第二个前沿由优于第一个前沿的染色体组成,依次计算后续的前沿。基于它们所属的前沿,每个前沿的每个染色体被分配等级值(适应度),例如,第一前沿的染色体的适应度为 1,第二前沿的染色体的适应度为 2,依此类推。对于每个可行的染色体,计算:支配次数 n_η;支配可行染色体的可行染色体数量 $\boldsymbol{\eta}$;占主导地位的染色体 $\boldsymbol{\eta}$ 的染色体集 $\mathcal{H}_{\boldsymbol{\eta}}$。快速非支配排序算法可以用文献[133]中的算法来说明。

3. 拥挤度分配

基于适应度和拥挤度选择最佳染色体。快速非支配排序后的拥挤度分配旨在基于 d 维空间中的 d 个目标函数找到前沿中每个染色体之间的欧几里得距离。由于处在边界中的染色体具有无限大的距离,因此这些染色体会被直接选中。此外,比较不同前沿的两条染色体之间的拥挤度是没有意义的。拥挤度分配算法如文献[104]中所述,其图解计算过程如图 10.1 所示,其中用实心圆圈标记的点表示相同非支配前沿的解。

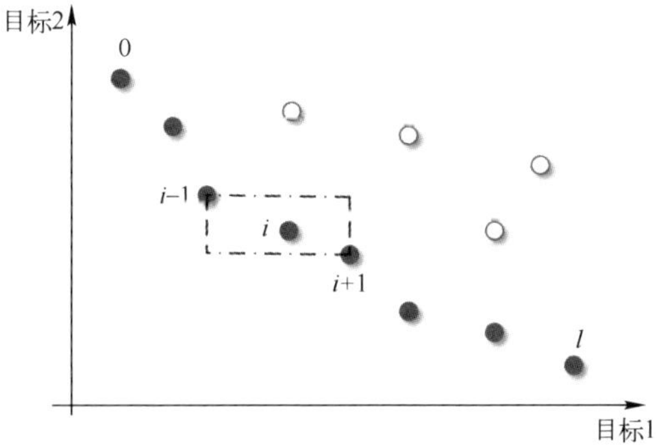

图 10.1 拥挤度计算的图解过程

4. 选择过程

基于快速非支配排序方法对个体进行排序之后,会通过拥挤度分配方法来开展选择过程。定义拥挤度比较算子($<_n$)引导贪婪 NSGA-Ⅱ的相关程序朝向全局帕累托最优前沿进行选择。鉴于种群 $\mathcal{P}_g$ 中的每个可行染色体 $\boldsymbol{\eta}$ 具有两

个属性:非支配等级 $\boldsymbol{\eta}_{\text{rank}}$ 和拥挤度 $\boldsymbol{\eta}_{\text{dis}}$。如果两个染色体 $\boldsymbol{\eta}^1$ 和 $\boldsymbol{\eta}^2$,$\boldsymbol{\eta}^1_{\text{rank}}<\boldsymbol{\eta}^2_{\text{rank}}$ 或 $\boldsymbol{\eta}^1_{\text{rank}}=\boldsymbol{\eta}^2_{\text{rank}}$ 且 $\boldsymbol{\eta}^1_{\text{dis}}<\boldsymbol{\eta}^2_{\text{dis}}$,则偏序算子 $\prec_n$ 定义为 $\boldsymbol{\eta}^1\prec_n\boldsymbol{\eta}^2$。也就是说,两个非支配等级不同的解,等级更低的解是更优的。否则,如果两个解属于同一前沿,则更倾向于选择位于较少拥挤区域的解。通过使用具有拥挤度比较算子的二元锦标赛选择法来选择染色体。

5. 贪婪遗传算子

尽管贪婪 NSGA-Ⅱ已被证明是最有效和最著名的多目标优化算法之一,但在解决所提出的贝叶斯加速退化试验多目标设计模型(10.4)时,因为有许多决策变量以及约束,其收敛能力有限。为此,为了提高贪婪 NSGA-Ⅱ的收敛性能,我们用二元锦标赛选择的思想来设计贪婪遗传算子(包括交叉和变异),这样每个锦标赛的胜者(最优的个体)能够在贪婪遗传算子中优先被选择出来。二元锦标赛选择的过程包含进行两次从当前种群中随机选择出来的"锦标赛"(或染色体)。例如,种群 $\mathcal{P}_g$ 的胜者可以通过二元锦标赛选择 BTSelect($\mathcal{P}_g$)获得,如算法 10.1 所示。

算法 10.1:二元锦标赛选择:$\boldsymbol{\eta}=\text{BTSelect}(\mathcal{P}_g)$

给定两个可行解 $\boldsymbol{\eta}^1,\boldsymbol{\eta}^2\in\mathcal{P}_g$

If $\boldsymbol{\eta}^1_{\text{rank}}<\boldsymbol{\eta}^2_{\text{rank}}$

    $\eta=\boldsymbol{\eta}^1$

else if $\boldsymbol{\eta}^2_{\text{rank}}<\boldsymbol{\eta}^1_{\text{rank}}$

    $\boldsymbol{\eta}=\boldsymbol{\eta}^2$

    if $\boldsymbol{\eta}^1_{\text{dis}}<\boldsymbol{\eta}^2_{\text{dis}}$

        $\boldsymbol{\eta}=\boldsymbol{\eta}^1$

    else

        $\boldsymbol{\eta}=\boldsymbol{\eta}^2$

    end if

end if

交叉算子:交叉算子是一种遗传算子,用于改变父代到子代间的染色体编码。考虑到所提出的优化模型及其约束结构,考虑贪婪选择,我们提出了交叉算子的算法,如算法 10.2 所示,交叉算子的示意图如图 10.2 所示。此外,这种交叉的方式同时保证了生成子染色体的可能。

算法 10.2:贪婪交叉

$C=p_c\times|\mathcal{P}_g|$ //解的个数

for any $i=1:C$

  $\boldsymbol{\eta}^1=\text{BTSelect}(\mathcal{P}_g)=(\boldsymbol{s},\boldsymbol{m},\boldsymbol{N})$ //父染色体

  $\boldsymbol{\eta}^2=\text{BTSelect}(\mathcal{P}_g)=(\boldsymbol{s}',\boldsymbol{m}',N')$ //母染色体

  $\boldsymbol{c}_1=(\boldsymbol{s},\boldsymbol{m},N')$

  $\boldsymbol{c}_2=(\boldsymbol{s}',\boldsymbol{m}',N)$

  $\boldsymbol{c}_3=(\boldsymbol{s},\boldsymbol{m}',N)$

  $\boldsymbol{c}_4=(\boldsymbol{s}',\boldsymbol{m},N')$

  $\mathcal{F}_c=\text{fast-non-dominated-assignment}(\mathcal{F}_c)$ //非支配前沿

  $\boldsymbol{\eta}_r^1=\mathcal{F}_1,\boldsymbol{\eta}_r^2=\mathcal{F}_2$ //最好的两个染色体

end for

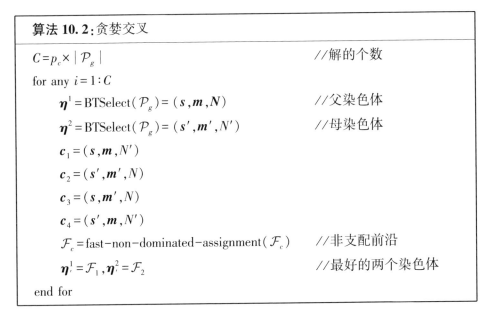

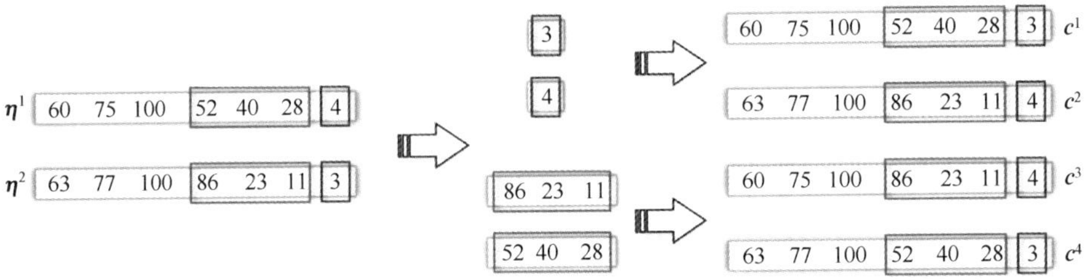

图 10.2 交叉算子示例

变异算子:变异算子是一种重要的遗传算子,用于维持从一代染色体到下一代染色体的遗传多样性。变异算子包括调整解的适应度,以维持种群中稳定的选择压力,防止种群过早收敛到次优解。贪婪变异算子的算法如算法 10.3 所示,变异算子的示意图如图 10.3 所示。

算法 10.3:变异算子

$B=p_c\times|\mathcal{P}_g|$ //解的个数

for any $i=1:B$

  $r=\text{rand}()$ //随机数 $r\in(0,1)$

  if $r\leqslant\mu$

    $\boldsymbol{\eta}_1=\text{BTSelect}(\mathcal{P}_g)=(\boldsymbol{s},\boldsymbol{m},N)$ //父染色体

```
        while is feasible(η₂)                              //核查 η₂ 的可行性
            η₂ = random(η₁)                                //两点变异
        end while
        F_m = fast-non-dominated-sort(η₁, η₂)             //η₁, η₂ 非分配前沿
        crowding-distance-assignment(F_m)                 //F_m 中的拥挤度
        η = F₁                                             //最佳染色体
    end if
end for
```

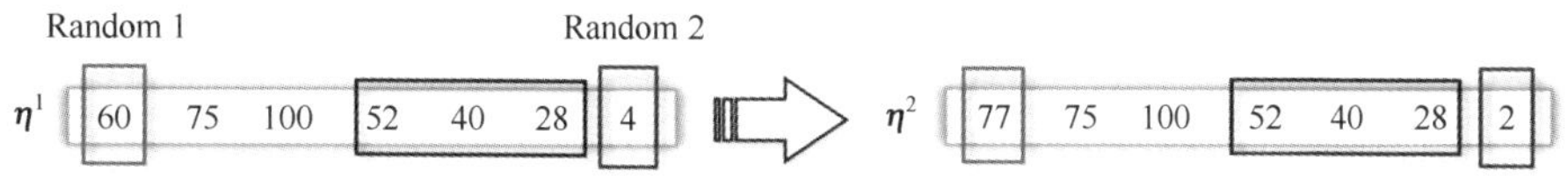

图 10.3　变异算子示例

6. 再重组和选择

为了确保最优前沿种群的精英性，贪婪遗传算子的后代种群 $\mathcal{Q}_g$ 与当前一代种群 $\mathcal{P}_g$ 合并，即所有先前和当前最好的染色体都被添加到种群中，然后基于定义 10.1 中给出的帕累托支配关系对组合后的群体 $\mathcal{R}(g)=\mathcal{P}(g)\cup\mathcal{Q}(g)$ 进行排序。新一代种群随后被各前沿填补，直到种群大小超过当前种群大小（图 10.4）。如果用于填补前沿 $\mathcal{F}_i$ 的所有染色体的种群大小超过当前种群大小，则基于它们的拥挤度降序选择前沿 $\mathcal{F}_i$ 中的染色体，直到种群大小达到当前种群大小，重复该过程生成后续子代。整个再重组和选择过程如文献[133]中

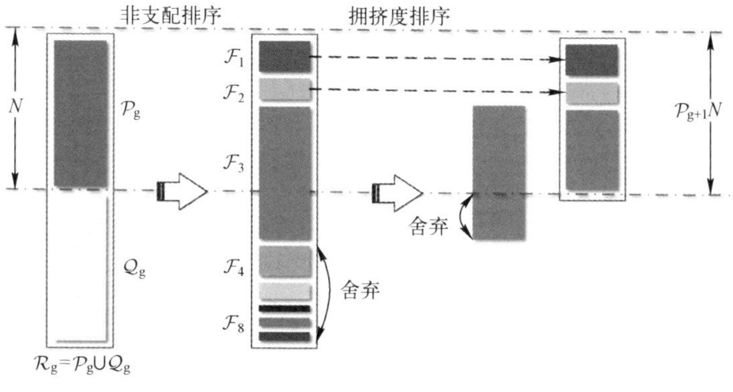

图 10.4　再重组和选择示例

总结的一样。

10.2.2 帕累托解精简:数据包络分析

尽管可以通过提出的贪婪 NSGA-Ⅱ方法求解贝叶斯加速退化试验多目标设计模型(10.4)的帕累托解集,但对于决策者来说帕累托解集当中有太多可选择的方案。因此,减少帕累托解的数量并从帕累托解集中选择有代表性的方案,被称为多目标选择优化(multiple objective selection optimization,MOSO)问题[134]。显然,可以通过 MOSO 方法减小帕累托解的数量,其中,数据包络分析(data envelopment analysis,DEA)是典型的 MOSO 方法之一,它是一种基于线性规划的方法,用于度量和比较具有多输入和输出的决策单元(decision making unit,DMU)的相对效率。DEA 中解的相对效率定义为解的加权输出和加权输入之间的比值。考虑一个包含 W 个 DMU 的问题,每个 DMU 有 A 个输入和 B 个输出,那么第 w 个 DMU 的相对效率可以表示为

$$\zeta_w = \frac{\sum_{j=1}^{B} u_j y_{wj}}{\sum_{i=1}^{A} v_i x_{wi}} \quad (w = 1,2,\cdots,W) \tag{10.5}$$

式中:x_{wi} 和 y_{wj} 分别为第 w 个 DMU 的输入和输出;$u_j, v_i \geqslant \varepsilon$ 为输出和输入的权重,ε 是一个小的正数,以保证权重的非负性。

为了在我们的 MOSO 问题中运用 DEA 方法,每个可用的帕累托解都被视为一个 DMU。这些帕累托解是基于贪婪 NSGA-Ⅱ算法通过求解所提出的贝叶斯加速退化试验多目标优化模型得到的,是数学意义上的最优解。在工程实践中,考虑到实际条件的约束,数学意义上的最优解通常需要进行一些调整,因此我们从工程实际的角度构建 MOSO 问题的模型。对于实际的加速退化试验,加速应力水平范围越宽,样本量 N 和性能检测总数 M 越多,收集的信息越全面,预测精度越高;一般而言,产品的目标应力水平通常设定为其正常应力水平 $\boldsymbol{s}_0$,而加速退化试验通常要外推正常应力水平 $\boldsymbol{s}_0$ 下的退化规律,那么最低加速应力水平越接近正常应力水平,对正常应力水平下的退化规律认知的外推越少,预测越可信。因此,试验方案优选最大化样本量和性能检测次数,最小化最低加速应力水平。

基于以上分析,我们选择变量$(N, M, s_{11}-s_{10}, s_{21}-s_{20}, \cdots, s_{q1}-s_{q0})$和所提模型(10.4)的优化目标$(\mathrm{Re}, Q, C)$作为 DEA 模型中的变量。对于每一个 DUM,最小化类型的变量为输入变量,最大化类型的变量为输出变量,即输入变量为$(Q, C, s_{11}-s_{10}, s_{21}-s_{20}, \cdots, s_{q1}-s_{q0})$,输出变量为$(N, M, \mathrm{Re})$,因此有 $A=q+2$, $B=3$。例如,对于某个特定的解 w,输入变量可以表示为 $x_{w1}=Q$, $x_{w2}=C$, $x_{w3}=s_{11}-s_{10}$, $\cdots$,

$x_{w(q+2)}=s_{q1}-s_{q0}$；输出变量可以表示为 $y_{w1}=N, y_{w2}=M, y_{w3}=\mathrm{Re}$。然后，根据 DEA 中相对效率的排序，为决策者保留较高相对效率值的解决方案，同时去除 DEA 中的其他解决方案。

由于要计算每个帕累托解的相对效率，我们必须为每个解决方案分配一个特定的权重集。不同的解决方案可能具有不同的权重以实现最高相对效率值。因此，为每个解决方案分配特定权重集比搜索所有帕累托解决方案的通用权重集更加实际。因此，可以通过最大化解决方案的相对效率来找到特定解决方案 w_0 的权重，约束为其他解决方案的相对效率小于 1，如下式所示：

$$
\begin{aligned}
\max \quad & \zeta_{w_0}=\frac{\sum_{j=1}^{3} u_{w_0 j} y_{w_0 j}}{\sum_{i=1}^{q+2} v_{w_0 i} x_{w_0 i}} \\
\text{s.t.} \quad & \frac{\sum_{j=1}^{3} u_{w_0 j} y_{w_0 j}}{\sum_{i=1}^{q+2} v_{w_0 i} x_{w_0 i}} \leqslant 1 \quad (w=1,2,\cdots,W; w \neq w_0)
\end{aligned}
\tag{10.6}
$$

决策变量是特定解 w_0 的输入 $u_{w_0 i}(i=1,2,\cdots,q+2)$ 和输出 $v_{w_0 j}(j=1,2,3)$ 的权重，并且解包含基于 w_0 的最优的权重集。由于式(10.6)中的最大化分式取决于分子和分母的相对大小，而不是取决于它们各自的值，因此通过将分母设置为常数并使分子最大化，可以获得相同的最佳结果。因此，上述分式线性规划问题可以等效地转换成一般的线性规划问题：

$$
\begin{aligned}
\max \quad & \zeta_{w_0}=\sum_{j=1}^{3} u_{w_0 j} y_{w_0 j} \\
\text{s.t.} \quad & \sum_{i=1}^{q+2} u_{w_0 i} x_{w_0 i}=1 \\
& \sum_{j=1}^{3} u_{w_0 j} y_{wj}-\sum_{i=1}^{q+2} u_{w_0 i} x_{wi} \leqslant 0 \quad (w=1,2,\cdots,W; w \neq w_0)
\end{aligned}
\tag{10.7}
$$

上述过程旨在为某个帕累托解 w_0 找到最好的权重。通过求解每个帕累托解的过程(10.7)，我们可以计算出由贪婪 NSGA-Ⅱ获得的所有帕累托解的相对效率。根据 DEA 相对效率的排序，具有较高相对效率值的解决方案自然而然成为决策者选择的有代表性的试验方案，而 DEA 中具有较低相对效率的其他解决方案则被排除。减少后的帕累托最优解集为工程师提供了更合适的优化试验方案，在数学和实际应用上都是最优的。

10.3 电连接器案例研究

本章依然选用第 9 章的某电连接器应力松弛加速退化试验数据作为应用案例,以该数据集作为先验数据,求取模型参数的先验分布,再进一步根据 10.1 节和 10.2 节提出的方法开展多目标贝叶斯步进应力加速退化试验设计,并将所提方法和单目标优化设计方法进行对比分析。

10.3.1 多目标最优试验方案

如 9.2.1 节所述,Ye 等[75]研究表明收集的应力松弛数据可以用逆高斯过程进行很好地描述,并且 9.2.1 节也给出了该案例相应的模型评估结果。因此本节将在 9.2.1 节的参数估计基础上,开展多目标最优试验方案的优化设计。

同样假设电连接器的应力松弛退化服从模型(9.4),该模型中的未知参数向量 $\boldsymbol{\theta}=(\alpha_0,\alpha_1,\beta,\lambda)$ 中的参数估计结果见表 9.2,相应的参数先验分布见表 9.3。由于正常应力水平 $T_0=40℃$,因此最低和最高加速应力分别设定为 50℃和 100℃。考虑到加速退化试验实际情况,令 $k=3$,测试单价 $C_1=200$ 元,$C_2=2$ 元,检测间隔 $\Delta t=10\text{h}$。

为了得到最优方案,我们应该从实际出发,给出优化模型的约束空间,否则优化结果可能与工程使用的实际情况不符。而且,缺少这些必要的约束,决策搜索空间将变得更大并且导致难以想象的计算负担。因此,本节针对决策变量 $\boldsymbol{\eta}=(\boldsymbol{T},\boldsymbol{m},\boldsymbol{N})$,设定如下约束:

(1) 不失一般性,$N_{\min}$ 设定为 3,$N_{\max}$ 设定为 5。

(2) 假设最低应力水平 T_1 在 50℃和 80℃之间,最高应力水平 T_3 设定为 100℃,那么中间应力水平 T_2 可以根据归一化应力水平等间隔的要求确定,如式(8.7)和式(9.5)所示。

(3) 如 8.1 节所述,较低应力水平下的性能退化速率低于较高应力水平下的性能退化速率,为了保证在所有应力水平下都得到足够可用的退化信息,应在较低应力水平下比在较高应力水平下分配更多的性能检测次数,为此给出约束 $m_1-m_2\geqslant 10$ 和 $m_2-m_3\geqslant 5$。总性能检测次数 M 直接反映了实际试验的持续时间和测量约束:M 越大,试验持续时间越长,试验所需的成本越高。实际应用必然对试验时间和试验成本有限制,因此假设 $M\in[100,150]$。

综上,根据上述设置和多目标优化模型(10.4),最终优化模型为

$$
\begin{cases}
\max & \mathrm{Re}(\boldsymbol{\eta}) = E_{\Delta y}E_{\theta}[\log p(\Delta y \mid \boldsymbol{\theta},\boldsymbol{\eta})] - E_{\Delta y}\log[p(\Delta y)] \\
\min & \mathrm{AVar}(\boldsymbol{\eta}) = E_{\Delta y}E_{\theta}\{\mathrm{Var}[T_p(\boldsymbol{\theta} \mid \Delta y,\boldsymbol{\eta})]\} \\
\min & C(\boldsymbol{\eta}) = C_1 N + C_2 \Delta t \sum_{l=1}^{k} m_l \\
\text{s. t.} & 50 \leqslant T_1 \leqslant 80, T_3 = 100 \\
 & \dfrac{1}{273.15 + T_2} = \dfrac{1}{2}\left(\dfrac{1}{273.15 + T_1} + \dfrac{1}{273.15 + T_3}\right) \\
 & m_1 - m_2 \geqslant 10, m_2 - m_3 \geqslant 5 \\
 & \sum_{l=1}^{k} m_k = M \quad (100 \leqslant M \leqslant 150) \\
 & 3 \leqslant N \leqslant 5
\end{cases}
\tag{10.8}
$$

根据 10.2.1 节中介绍的贪婪 NSGA-Ⅱ算法，图 10.5 展示了多目标优化模型(10.8)的帕累托前沿，表 10.1 中给出了包含 20 个解的帕累托最优集，图 10.6 中对比展示了贪婪 NSGA-Ⅱ算法和 NSGA-Ⅱ算法在多目标优化模型的相对熵目标 Re 上的收敛效率。显然，用贪婪 NSGA-Ⅱ算法求解模型多目标优化模型(10.8)产生了一组最优解(帕累托最优解)，而不是单个最优解。在没有任何进一步信息的情况下，帕累托最优解中的任何一个解都不能说是优于其他解的。

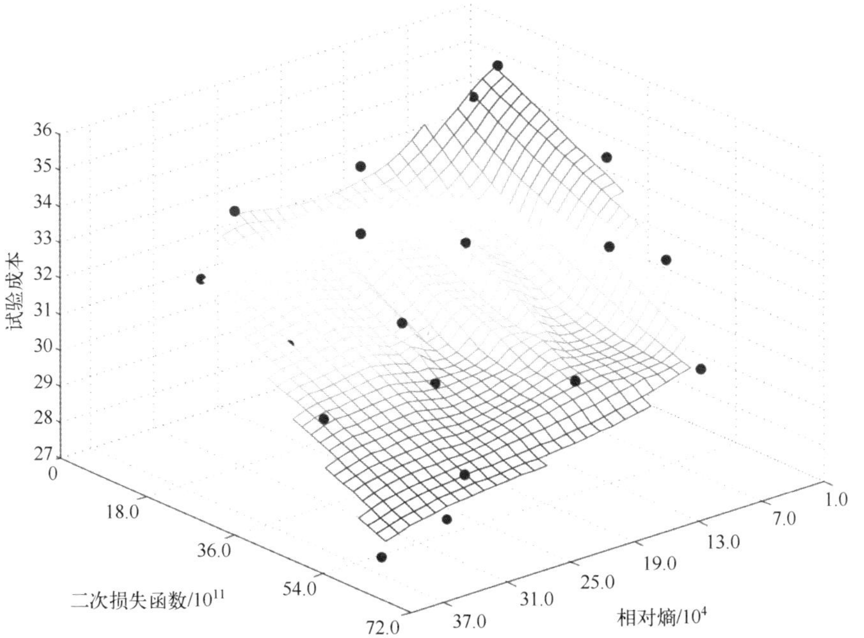

图 10.5　贝叶斯加速退化试验多目标设计模型的帕累托前沿

表 10.1　帕累托前沿获得的优化解

序　号	$\boldsymbol{\eta}$							Re($\boldsymbol{\eta}$)	$Q(\boldsymbol{\eta})$	$C(\boldsymbol{\eta})$	$\zeta(\boldsymbol{\eta})$
	T_1/℃	T_2/℃	T_3/℃	m_1	m_2	m_3	N				
试验方案 1	70.00	82.00	100.00	97	16	7	3	3.70×10^5	2.41×10^{12}	30.00	0.842
试验方案 2	60.00	75.00	100.00	80	55	11	4	6.86×10^4	6.83×10^{12}	37.20	0.635
试验方案 3	75.00	85.71	100.00	117	21	8	4	2.69×10^5	1.77×10^{11}	37.20	1.058
试验方案 4	**74.00**	**85.00**	**100.00**	**67**	**31**	**22**	**3**	$\mathbf{8.87\times10^4}$	$\mathbf{2.29\times10^{11}}$	**30.00**	**2.030**
试验方案 5	**56.00**	**71.79**	**100.00**	**53**	**43**	**26**	**5**	$\mathbf{5.31\times10^4}$	$\mathbf{2.61\times10^{11}}$	**34.40**	**2.258**
试验方案 6	68.00	80.95	100.00	76	45	22	3	1.08×10^5	4.18×10^{11}	34.60	0.908
试验方案 7	57.00	72.61	100.00	71	50	13	4	8.37×10^4	4.26×10^{11}	34.80	1.015
试验方案 8	77.00	87.01	100.00	63	38	7	3	1.45×10^5	6.62×10^{11}	27.60	1.214
试验方案 9	79.00	88.27	100.00	67	23	11	3	1.53×10^5	1.20×10^{12}	26.20	0.318
试验方案 10	79.00	88.27	100.00	88	52	5	4	2.50×10^5	1.71×10^{12}	37.00	0.619
试验方案 11	62.00	76.54	100.00	86	48	15	4	6.29×10^4	1.95×10^{12}	37.80	0.719
试验方案 12	75.00	85.00	100.00	53	39	28	3	7.43×10^4	2.14×10^{12}	30.00	0.800
试验方案 13	77.00	87.01	100.00	94	25	12	4	1.79×10^5	2.15×10^{12}	34.20	0.646
试验方案 14	**51.00**	**67.55**	**100.00**	**61**	**40**	**30**	**3**	$\mathbf{4.20\times10^4}$	$\mathbf{2.24\times10^{12}}$	**32.20**	**1.477**
试验方案 15	**58.00**	**73.42**	**100.00**	**68**	**20**	**13**	**5**	$\mathbf{2.40\times10^4}$	$\mathbf{2.36\times10^{12}}$	**30.20**	**1.423**
试验方案 16	76.00	86.36	100.00	69	27	4	5	1.98×10^4	2.82×10^{12}	30.00	0.807
试验方案 17	75.00	85.71	100.00	117	21	8	4	2.19×10^4	3.55×10^{12}	37.20	0.563
试验方案 18	**50.00**	**66.67**	**100.00**	**90**	**18**	**6**	**5**	$\mathbf{1.62\times10^5}$	$\mathbf{3.88\times10^{12}}$	**32.80**	**1.600**
试验方案 19	59.00	74.00	100.00	43	40	37	5	2.77×10^4	4.48×10^{12}	34.00	0.803
试验方案 20	72.00	83.72	100.00	64	28	12	5	2.22×10^5	6.59×10^{12}	30.80	0.755

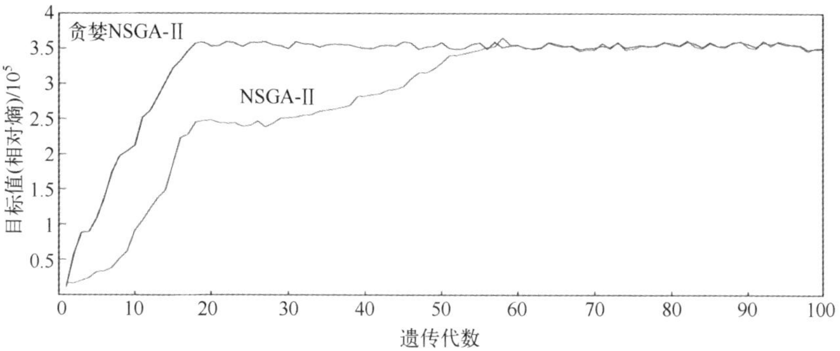

图 10.6 贪婪 NSGA-Ⅱ和 NSGA-Ⅱ在相对熵目标上的收敛效率

由于试验方案之间存在效率差异，应根据其效率性能进一步评估，以便为工程师提供工程使用的实用建议，并帮助决策者从这些替代方案中选择合适的方案，应用 10.2.2 节中描述的 DEA 方法进一步减少试验方案的数量。根据 10.2.2 节，将 $(Q, C, T_1 - T_0)$ 作为 DMU 输入向量，将 (N, M, Re) 作为 DMU 的输出向量。DEA 方法旨在为每个试验方案确定最优的权重，在使用 DEA 模型(10.7)评估完 20 个帕累托解中的每一个试验方案之后，将每种试验方案的相对效率 $\zeta(\boldsymbol{\eta})$ 列在了表 10.1 中。最后，5 个试验方案(方案 4、方案 5、方案 14、方案 15、方案 18)具有较高的相对效率，保留在精简的解集中，可以供工程实践选择。

通过精简帕累托最优解集，剩下的解是同时考虑工程实践和 3 个不同的优化目标(即相对熵、二次损失和试验成本)设计出来的。此外，对帕累托最优解集进一步优化，方便决策者根据具体的试验关注点和实际操作做出选择。

10.3.2 多目标和单目标最优试验方案对比

传统的单目标 SSADT 设计方法将模型参数视为随机变量，通过最大化一个指定的期望效用来进行试验设计[135]。Li 等[131]研究了基于逆高斯过程的贝叶斯加速退化试验设计方法，分别单独将相对熵、二次损失函数和 D 最优作为目标，试验成本作为约束之一进行求解。由于相对熵和二次损失函数是我们提出的多目标模型中主要考虑的两个目标，因此针对这两个优化目标，我们将 10.3.1 节得到的精简后的帕累托解的方案与 Li 等[131]获得的单目标最优试验方案(表 10.2)进行了对比。

表 10.2 通过单目标优化方法得到的优化方案

优化目标	T_1/℃	T_2/℃	T_3/℃	m_1	m_2	m_3	M	N
相对熵	60	78	100	70	40	10	120	3
	55	76	100	70	25	15	110	4
	55	76	100	60	25	15	100	5
二次损失	50	73	100	70	40	10	120	3
	50	73	100	70	25	15	110	4
	55	76	100	60	25	15	100	5

通过比较,我们可以看到所提出的多目标加速退化试验设计方法在求解算法和优化结果方面都优于单目标方法[131],具体区别如下:

首先,在最优方案的求解上,文献[131]通过绘制决策空间里有限数量的加速退化试验方案,使用曲面拟合方法用平滑的曲面拟合这些方案,根据优化目标可以基于曲面获得最优方案。曲面拟合的方法尽管可以避免繁重的计算负担,但是在曲面的拟合过程中,应该使用多变量曲面拟合模型或算法。多变量曲面拟合模型或算法又包含了巨大的计算量,在实际计算时,为了避免这个问题,通常会将多变量进行解耦,考虑这些变量是独立的,这导致通过这种处理方法得到的所谓的最优方案并不是真正的最优方案。而贪婪 NSGA-Ⅱ算法可以同时考虑所有决策变量来获得最优 SSADT 方案,结果更让人信服。

其次,在获取的最优试验方案上,从表 10.1 可以看出,除了 $N=5$ 和 $M=100$ 之外,分别用相对熵和二次损失的单目标优化设计获得的最优试验方案完全不同。这些结果会给决策者的选择带来混淆,例如:哪个试验方案更好,以及如何找到一个可以平衡这两个不同目标的方案。通过本章提出的多目标模型的求解,得到的帕累托最优解集不仅满足了 3 个主要关心的目标,还存在着帕累托最优边界。此外,从工程实践的角度来看,通过 DEA 方法精简的帕累托最优解集为工程师提供了更合理的加速退化试验方案,与单目标加速退化试验优化方法相比,这些方案在数学和实际应用上应该是最优的。实际上,对于当前可靠性工程应用的进步,通过多目标方法求解得到的最优方案可以有效地消除单目标优化方法的结果引起的混淆,并在 3 个主要关注的目标之间提供一种合理的平衡。

10.4 本章小结

在本章中,提出了一种基于帕累托优化概念的贝叶斯加速退化试验多目标优化设计方法，并通过电连接器案例进行了模型的比较分析，可以得出以下结论：

（1）在所提出的贝叶斯加速退化试验多目标优化模型中，提出的优化模型的目标包括最大化相对熵，最小化使用条件下 p 分位寿命的二次损失函数以及最小化试验成本。在这些约束下，利用贪婪 NSGA-Ⅱ算法和 DEA 方法求解贝叶斯加速退化试验多目标优化模型，提出了一个能够权衡工程实际的加速退化试验方案，该方案同时考虑了 3 个目标，有效消除了目标选择带来的模型不确定性问题。

（2）应用贪婪 NSGA-Ⅱ算法可以同时搜索多个决策变量的最优值获得最优加速退化试验方案，其优于单目标优化方法中的逐一搜索的方法。因此，所得到的解是实际工程应用的帕累托最优解。

（3）通过与单目标优化方法的比较分析，从模型认知的角度，通过 DEA 方法精简得到的帕累托解集，为实践提供了最优的加速退化试验方案，从而实现了对目标选择和模型选择带来的不确定性的综合控制。

第 11 章

批　判

11.1 加速退化试验还能研究什么?

站在本书第 1 章的历史观角度,以第 2 章的建模方法论为指引,本书第 3 章至第 10 章给出了不确定性量化和控制的具体理论与方法。似乎一切问题都得以解决,此刻再次出现本书前言中的灵魂拷问"加速退化试验还能研究什么?"

如果对照第 2 章的加速退化试验核心方程一和二,那么本书介绍的所有不确定性量化和控制方法都能在不同核心方程基础上,重做多遍。比如,以基于伽马过程的加速退化模型 M_{Ga} 为基础模型,研究基于 M_{Ga} 的二维随机模糊加速退化模型、基于 M_{Ga} 的三维随机模糊加速退化模型,以及基于 M_{Ga} 的贝叶斯序贯步降加速退化试验设计方法、基于 M_{Ga} 的贝叶斯加速退化试验多目标设计方法等。这些研究确实是对现有加速退化试验理论的丰富和完善,然而读完本书第 1 章后再从 1.5 节的分析来看,这些看似"新"的研究本质上依然是用概率对不确定性的量化。并且由于不确定性的不确定,我们并不能证明新的量化模型就是对的(第 7 章也对此进行了充分的研究和讨论),因此这类研究依然只是在做"数学游戏"。

那么,加速退化试验还能研究什么?

既然本书绪论的开篇就认定加速退化试验不仅是一种新的可靠性试验技术,也是可靠性学科新发展的历史转折点。那么让我们再次回到可靠性科学原理,尝试在 1.5 节的基础上,对照本书的研究成果来回答这个"灵魂的拷问"。

1. 退化原理层面

本书介绍的加速退化试验方法依然得到的只是:给定产品在给定时间内严酷试验应力条件下的加速性能退化规律。然而根据退化原理,产品性能会随着产品的内在属性(如尺寸、材料等)和外界应力(如工作应力、环境应力等)的变化而变化。从其数学表达式(1.1)来看,内在属性 $\boldsymbol{X}$、外界应力 $\boldsymbol{S}$ 和退化时矢 $\vec{t}$ 为自变量,并且基于工程实际,各自都有其取值范围,暂分别记为 $\mathbb{C}_X$, $\mathbb{C}_S$和

$\mathbb{C}_{\vec{t}}$，从而决定了性能 $\boldsymbol{Y}$ 的值域 $\mathbb{Z}_{\boldsymbol{Y}}$。而在加速退化试验中，“产品给定”意味着变量 $\boldsymbol{X}$ 被处理成了常数；“时间给定”意味着变量 $\vec{t}$ 的取值范围变窄了；“严酷试验应力条件”意味着变量 $\boldsymbol{S}$ 的取值范围变窄了。因此基于加速退化试验认知的规律只是退化原理所表述的性能退化规律中很小的局部，并且我们不能基于这个局部实现“窥斑见豹”，顶多不过是“坐井观天”。

问题来了，读者可能会问：我们为什么需要了解全域上的性能退化规律？

这是因为，数学上将内在属性 $\boldsymbol{X}$ 视作变量，意味着物理上 $\boldsymbol{X}$ 的不同取值对应不同的几何尺寸、材料、结构等，则工程中实现了对产品的设计选择。比如，式(2.15)中的黏着磨损系数就是内在属性 $\boldsymbol{X}$ 中的一种，不同材料有不同的黏着磨损系数，将之视作变量则说明我们可以通过改变材料选择来实现对磨损规律的选择。这就是产品设计的过程。换句话说，加速退化试验不能指导产品设计。

再者，全域性能退化规律中的外界应力 $\boldsymbol{S}$，其取值范围 $\mathbb{C}_{\boldsymbol{S}}$既包含加速退化试验中的严酷试验应力水平范围，同时也包括了加速退化试验需要外推的正常应力水平。如果没有全域性能退化规律，则我们无法保证加速退化试验在应力水平维度上，从加速到正常的外推是可信且正确的。这个问题同样存在于退化时间维度上的外推。

由此可见，无论是从科学上寻找和发现客观规律的角度，还是从工程上对产品进行指导设计和对可靠性或寿命进行准确评估的角度，加速退化试验在“退化”上，其路漫漫其修远兮，仍需上下而求索。

2. 裕量原理层面

显而易见的是，本书所有章节研究给出的加速退化试验理论均未涉及性能阈值的确定，因此当我们面临 1.5 节所述的“5 号电池”代表的情景，均不能给出可信的可靠度评估。

接下来的问题是，裕量原理中的“裕量”只与我们对性能本身的要求(性能阈值)有关么？为此，我们需要再次回顾退化原理的数学表达式(1.1)和裕量原理的数学表达式(1.2)。首先将式(1.1)代入式(1.2)，则可得到

$$\boldsymbol{M}=G(\boldsymbol{X},\boldsymbol{S},\vec{t},\boldsymbol{Y}_{\mathrm{th}})>0 \tag{11.1}$$

由式(11.1)易知，性能裕量 $\boldsymbol{M}$ 的最大取值不仅决定于变量 $\boldsymbol{Y}_{\mathrm{th}}$ 的取值范围(暂记为 $\mathbb{C}_{\boldsymbol{Y}_{\mathrm{th}}}$)，同样也取决于 $\boldsymbol{X}$、$\boldsymbol{S}$ 和 $\vec{t}$ 的取值范围 $\mathbb{C}_{\boldsymbol{X}}$、$\mathbb{C}_{\boldsymbol{S}}$和 $\mathbb{C}_{\vec{t}}$。换个角度来看，若要确定性能裕量的最大取值，则意味着应先明确 $\mathbb{C}_{\boldsymbol{X}}$、$\mathbb{C}_{\boldsymbol{S}}$、$\mathbb{C}_{\vec{t}}$和 $\mathbb{C}_{\boldsymbol{Y}_{\mathrm{th}}}$。为了加深理解，我们来分析下面 4 种极端情况。

(1)假设 $\boldsymbol{X}$、$\vec{t}$ 和 $\boldsymbol{Y}_{\mathrm{th}}$分别取常数 $\boldsymbol{X}_0$、$\vec{t}_0$ 和 $\boldsymbol{Y}_{\mathrm{th}_0}$。

此时式(11.1)改写为 $\boldsymbol{M}=G(\boldsymbol{S}\mid\boldsymbol{X}_0,\vec{t}_0,\boldsymbol{Y}_{\mathrm{th}_0})>0$,显然此时性能裕量 $\boldsymbol{M}$ 取决于 $\mathbb{C}_S$。比如,某给定型号的电阻工作到第600h 的时刻其阻值应在90~110Ω之间,那么此时其阻值裕量取决于该电阻历经的外界条件。如果只考虑温度且我们发现在-55~+100℃内,该电阻阻值都在90~110Ω之间,但超出该温度范围时电阻阻值也超出了90~110Ω的范围。这说明该温度范围内,阻值裕量大于零,而超出该温度范围阻值裕量小于等于零。因此,阻值裕量取决于温度的可行范围。更进一步地,由于电阻阻值与温度呈负相关关系,如果在60℃该电阻阻值为100Ω,此刻此情下,根据文献[5-6]关于望目特性的裕量计算,可知阻值裕量是0.09,而我们也可以说其温度裕量是0.4。

(2) 假设 $\boldsymbol{X}$、$\boldsymbol{S}$ 和 $\boldsymbol{Y}_{\mathrm{th}}$ 分别取常数 $\boldsymbol{X}_0$、$\boldsymbol{S}_0$ 和 $\boldsymbol{Y}_{\mathrm{th}_0}$。

此时式(11.1)改写为 $\boldsymbol{M}=G(\vec{t}\mid\boldsymbol{X}_0,\boldsymbol{S}_0,\boldsymbol{Y}_{\mathrm{th}_0})>0$,显然此时性能裕量 $\boldsymbol{M}$ 取决于 $\mathbb{C}_{\vec{t}}$。同样是上面的电阻例子,该给定型号的电阻在60℃下其阻值应在90~110Ω之间的阻值裕量则取决于该电阻的工作时间 $\vec{t}$。如果我们发现2000h内,该电阻阻值都在90~110Ω之间,而工作时间大于2000h 时,该电阻阻值大于110Ω。这说明该时间范围内阻值裕量大于零,而超出该时间范围阻值裕量小于等于零。因此,阻值裕量取决于时间的可行范围 $\mathbb{C}_{\vec{t}}$,且 $\mathbb{C}_{\vec{t}}$ 的下限是0,上限是产品的失效时间。更进一步地,由于电阻阻值与时间呈正相关关系,如果在600h 该电阻阻值为100Ω,此刻此情下,根据文献[5-6]可知阻值裕量是0.09,而其时间裕量是0.7。

(3) 假设 $\vec{t}$、$\boldsymbol{S}$ 和 $\boldsymbol{Y}_{\mathrm{th}}$ 分别取常数 $\vec{t}_0$、$\boldsymbol{S}_0$ 和 $\boldsymbol{Y}_{\mathrm{th}_0}$。

此时式(11.1)改写为 $\boldsymbol{M}=G(\boldsymbol{X}\mid\vec{t},\boldsymbol{S}_0,\boldsymbol{Y}_{\mathrm{th}_0})>0$,显然此时性能裕量 $\boldsymbol{M}$ 取决于 $\mathbb{C}_X$。同样是上面的电阻例子,该电阻在60℃下工作到第600h 的时刻其阻值应在90~110Ω之间,那么这种情况下其阻值裕量则取决于该电阻的物理属性 $\boldsymbol{X}$。如果我们发现4种具体的线绕电阻、碳膜电阻、金属膜电阻和金属氧化膜电阻,它们在此情此刻的电阻阻值分别是85Ω、95Ω、100Ω和105Ω,根据文献[5-6]可知线绕电阻、碳膜电阻、金属膜电阻和金属氧化膜电阻的裕量分别是-0.05、0.05、0.09、0.05,这说明我们选择碳膜电阻、金属膜电阻和金属氧化膜电阻时,阻值裕量大于零,而超出这3种电阻,即选择线绕电阻时,则阻值裕量小于零。因此,阻值裕量取决于物理属性的可行范围。

(4) 假设 $\boldsymbol{X}$、$\vec{t}$ 和 $\boldsymbol{S}$ 分别取常数 $\boldsymbol{X}_0$、$\vec{t}_0$ 和 $\boldsymbol{S}_0$。

此时式(11.1)改写为 $\boldsymbol{M}=G(\boldsymbol{Y}_{\mathrm{th}}\mid\boldsymbol{X}_0,\vec{t},\boldsymbol{S}_0)>0$,显然此时性能裕量 $\boldsymbol{M}$ 取决于 $\mathbb{C}_{\boldsymbol{Y}_{\mathrm{th}}}$。同样是上面的电阻例子,该给定型号的电阻在60℃下工作到第600h的时刻,其阻值裕量显然取决于该电阻的性能阈值 $\boldsymbol{Y}_{\mathrm{th}}$,这也是我们最熟悉的情

形。比如该电阻有可能应用于高通滤波电路,也可能用于低通滤波电路等不同场合。有的对其要求是90~110Ω之间,有的对其要求是95~105Ω之间,而根据文献[5-6]可知,如果此刻此情下电阻的阻值是100Ω,那么这两种要求下阻值裕量分别是0.09和0.05。

由此可见,从功能可靠的角度来看,加速退化试验在“裕量”上,还需“而今迈步从头越”。

3. 不确定原理层面

严格来说,本书主要是针对随机不确定性的三维度和两特征进行了深入且全面的研究,而对认知不确定性只是初步探讨了样品数量有限带来的小样本认知不确定性影响,以及对目标选择和模型选择带来的认知不确定性的控制方法。而认知不确定性实际上同样存在三维度和两特征。

本书2.3节指出,加速退化试验中的不确定性来源于样品维度、时间维度和应力维度,并且认知不确定性主要来自样品维度的样品数量少。同样,时间维度上,如果加速退化试验中的性能测试条件苛刻,难以满足,就会存在性能观测数据少、信息量少的情况,此时这些数据展现的不确定性在时间维度的动态变化特征就会给我们带来认知不确定性(详细分析参见1.3.1小节);应力维度上,由于应力水平数量通常都是有限的(3~5个),因此也有可能包括的信息量少,这样不确定性在应力维度的动态变化特征也会给我们带来认知不确定性(详细分析参见1.3.1小节)。显然,本书在认知不确定性的三维度和两特征的系统性解决方面还只是浮光掠影。

也许读者看到此会灵机一动:“既然你在这本书中对认知不确定性的量化是基于模糊理论来开展的,那么我就可以用其来开展认知不确定性的三维度和两特征的研究呀!”之所以不这么做是因为如果采用模糊理论系统性解决认知不确定性问题,那么这个理论就需要类似概率论,必须具有完备的公理系统和自洽的理论体系,以及有能量化静态认知不确定性和动态认知不确定性的方法。然而,可惜的是模糊理论是一套不自洽的数学理论,基于它的公理我们甚至可以推导出模糊可靠度等于0.8,模糊不可靠度等于1的荒谬结果(相关分析详见文献[5]的1.4.5节)。所以,我们可以借鉴其部分方法通过修补来处理特定问题(如本书第5章),但是却无法基于其开展系统性研究。

当然了,也可能会有读者直接质疑,贝叶斯理论不是一直用来解决小样本认知不确定性问题吗?确实,本书将其用于旨在控制认知不确定性的试验设计方面(如第8~10章)。然而,贝叶斯理论也不能系统性解决认知不确定性量化问题,其症结在于如何获得参数的先验分布。在本书第8~10章中,均以与待设计的加速退化试验同母体同类型的实际加速退化试验数据来确定先验分布,并且鉴于先验分布选择带来的模型不确定性,进一步采用动态试验设计和基于数据包络分析的试验设计来进行控制。然而在不确定性的量化研究中,大多数情况下我们只有历史数据和专家经验,因此现有研究和工程实践(见1.3.2节)均直接给定先验分布。而不确定性的量化与控制不同,先验分布是否选择正确是无法在量化过程中得以纠正的。文献[136]证明,用于贝叶斯参数后验估计的信息量 $\mathrm{Info}_{\mathrm{POS}}$ 由试验信息量 $\mathrm{Info}_{\boldsymbol{\eta}}$ 和先验信息 $\mathrm{Info}_{\mathrm{PRI}}$ 共同构成,具体为 $\mathrm{Info}_{\mathrm{POS}}=N\cdot\mathrm{Info}_{\boldsymbol{\eta}}+\mathrm{Info}_{\mathrm{PRI}}$,其中 N 代表试验样本量。由于试验中样本量非常少,因此先验分布对参数后验估计起到了举足轻重的作用。然而先验分布的直接给定过于主观武断且其正确性也无从谈起,那我们还能相信参数的后验估计结果么?此外,加速退化试验中的3个维度均存在不确定性,则加速退化模型中的变量 $\boldsymbol{X}$、$\boldsymbol{S}$ 和 $\boldsymbol{Y}_{\mathrm{th}}$ 也都具有不确定性。相应地,模型中就可能有多个参数先验分布,而这将带来严重的区间扩张问题。

由此可见,如何系统性解决认知不确定性的量化问题,加速退化试验必须寻找“他山之石”。

所以,令我们安慰又兴奋的是,加速退化试验还有太多的内容需要研究!

11.2 可靠性统计试验究竟做了什么?

加速退化试验是可靠性从工程向科学发展的助推手,它也是连接可靠性科学与工程的桥梁。但诚实地说,加速退化试验在实际工程中的应用,远远没有达到如GJB 899(现行版本为GJB 899A—2009)所述的传统可靠性试验的广泛应用和认可程度。因此,从解决工程问题的角度,笔者还想分析一下传统可靠性试验存在的问题,并以此作为加速退化试验在工程应用的突破点。此外需要说明的是,可靠性试验分为工程试验和统计试验两类。可靠性统计试验特指基于概率模型制定试验方案并基于可靠性试验数据进行概率统计分析的试验。本节所指的传统可靠性试验均特指这类可靠性统计试验。

本书1.1节是从理论研究的角度进行叙述的,因此对1957年起源于AGREE小组报告,后来进入美国军用标准MIL-STD-781,并于1990年进入中国军用标准GJB 899的可靠性试验只是简单略过(实际上GJB 899就是对MIL-STD-781的中文化改版)。然而如前所述,这种传统可靠性试验至今仍然在中国的工业界热火朝天地使用着。我们不禁感到奇怪:不是说因为它耗时太长,并且能够搜集到的失效数据很有限,20世纪60年代初就发现这种传统可靠性试验不适用吗?除此之外这些传统可靠性试验还有什么问题吗?

本书此处之前的全部内容,由于是从科学研究的角度探讨加速退化试验,一来科学研究鼓励百家争鸣,二来处理不确定性的手段都是在可靠性领域公认的概率框架下,因此尽管是对已有方法的批判,但用当前流行的网络用语形容还是“人畜无害”。可是此处之后的内容,因为是从实践的角度批判应用范围之广、时间之长的传统可靠性试验,必然涉及对很多劳苦功高的否定,这样一来相关方可能就会对这个批判勃然变色了。当然了,也不排除一线设计工程师会对此拍案叫绝。无论怎样,我们都冷静理智地分析一下。

首先对传统可靠性统计试验进行简要介绍。传统可靠性统计试验主要包括可靠性鉴定试验和可靠性验收试验。可靠性鉴定试验一般用于设计定型、生产定型以及重大技术变更后的鉴定,其目的是验证产品当前状态(包括技术状态、工艺生产状态等)的可靠性是否达到了产品订购方要求,从而决策是否可以批准投产。而可靠性验收试验在生产出批量产品之后开展,其目的是在产品设计达到要求的基础上,验证生产期间的工艺、工装、工作流程、材料、零部件的变更是否影响产品可靠性达到产品订购方要求。由于两种试验本质上都是对可靠性进行验证,因此统称为可靠性验证试验,并采用概率抽样验收(acceptance sampling)的方法。

概率抽样验收是在批次产品中进行随机抽样,针对某个可靠性验收指标,考虑参与验收双方承担的接收风险和拒收风险,基于接收概率,从样本推断总体的角度,给出接收/拒收批次产品的决定。其中,接收概率是基于产品的失效概率分布,根据试验搜集的失效数据,构建似然函数计算得到。因此,不同的试验时间、试验样本数和失效数对应不同的接收概率,并且在试验时间、试验样本数和失效数给定的情况下,如果将某个失效概率分布参数视作变量,则接收概率就是该失效概率分布参数的函数。相应地,画出来的曲线(图 11.1)就是抽

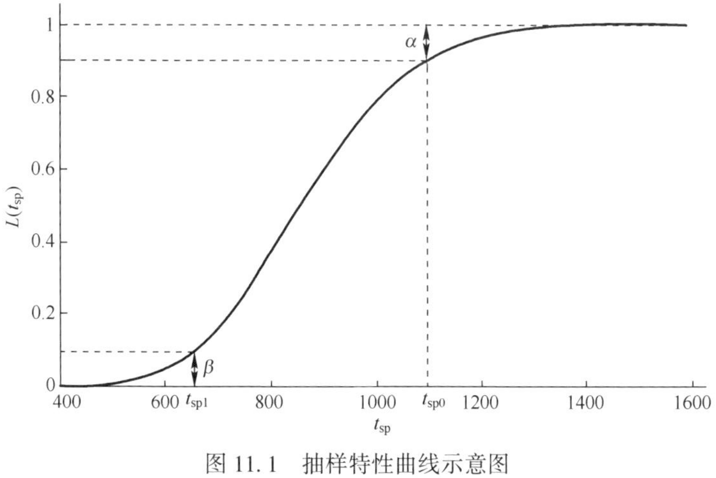

图 11.1　抽样特性曲线示意图

注:t_{sp} 为某种寿命验收指标,$L(t_{sp})$ 为接收概率,t_{sp1} 为使用方要求;t_{sp0} 为生产方要求;α 为生产方承担的拒收风险,β 为订购方承担的接收风险。

样验收中大名鼎鼎的抽样特性曲线(operating characteristics),而上述中的“某个失效概率分布参数”就是抽样验收指标,比如指数分布中的平均失效时间(即平均寿命)。具体方法参考GJB 899A—2009。

那么概率抽样,准确表达是随机抽样,是什么呢?读者可以打开任何一本与概率论或概率统计相关的书籍,您会发现“在N个产品中随机抽取k个样本”这样的表述充满了整本书,这就是随机抽样。在概率论的大数定律背景下,这意味着N很大!打个比方,在数不胜数的产品中,蒙上眼睛任意随机地抽取一些来,这就是随机抽样。

11.2.1 可靠性鉴定试验之寂寞

问题来了。笔者本科二年级时就已经在概率统计课程中掌握了上述随机抽样的知识。而进入本科三年级后,《可靠性试验》这门课讲述了上述可靠性验证试验的知识。至此,这两门知识在脑子里开始“打架”。可靠性鉴定试验用于设计定型转批生产,这显然意味着只有批生产后才会有“很多”产品,而设计定型阶段应该只有“很少”量的产品。可是鉴定试验的方案又是基于随机抽样的原理制定的,这意味着设计定型阶段应该也有“很多”产品。到底设计定型阶段的产品数量是多还是少呢?当时仅有的工程常识告诉我应该是很少。那到底谁错了呢?很可惜,当时笔者不求甚解,缺乏批判性精神,所以和创新突破失之交臂。也请年轻读者们引以为戒!参加工作后,笔者有机会加入到了工业界的某些产品的研发生产过程中。这时清晰明确地得知,设计定型阶段的产品确实很少!三五台(套)在航空领域是常态,而两三台(套)则是航天领域的常态。而这些行业都在如火如荼地开展着可靠性鉴定试验。这个事实令人惶恐!**可靠性鉴定试验做了个啥?**

基于我在抽样验收方面的研究经历(参见文献[137-140]),下面就来分析一下基于可靠性鉴定试验我们究竟得到的是什么?

首先从理论的角度进行分析。显然,概率抽样验收的基础还是概率分布,根据1.1节的分析可知,在可靠性领域概率分布描述的是产品“失效时间的不一致性”。因此根据这样的概率分布,我们可以知道失效时间如何的不一致(失效时间方差),也能知道典型的失效时间(失效时间均值)。无论是从概率论的大数定律,还是人们的直观认知,失效时间的方差和均值的准确性和可信性一定是通过失效数据的“量大”来保证的。回看可靠性鉴定试验的开展时机,我们没有庞大的母体供大量随机抽取,只能在三五个产品中精挑细选一两个来做试验,就算都做到了失效,我们真地量化到了失效时间的方差和均值吗?即使量化了,与产品需要定型的设计有关系吗?简单来说,“设计”指的就是对材料、几何尺寸和产品结构等内在属性的选择。从可靠性的角度对这些内在属性是否合格下定论,显然需要通过可靠性与内在属性的直接因果关系来做判定。可惜的是,翻遍与传统可靠性试验相关的书籍和标准,我们看到的都是用来刻画产品失效时间不一致性的指数分布、威布尔分布、对数正态分布等,并没有可靠性与内在属性的因果关系模型。

更糟糕的是,工程中的绝大多数情况是:为了节省试验时间,通常选择"无失效"试验方案。即规定试验时间内的试验过程中不能出现失效,失效了就判定不合格,拒收产品。虽然指数分布、威布尔分布、对数正态分布等概率分布不是可靠性与物理属性的因果关系模型,但是它们描述了失效时间的不一致性。现在试验中连失效数据都没有了,我们竟然基于所谓的"无失效数据统计分析"方法给出了各种描述"失效时间不一致性"的统计评估结果。这难道不荒唐吗?究其原因在于,概率统计是数学工具,可靠性是技术科学,脱离物理背景,纯粹推导数学公式,这没有任何意义!

这么看来,可靠性鉴定试验是做了个寂寞呀!

11.2.2　可靠性验收试验之错付

不同于可靠性鉴定试验,可靠性验收试验是站在可靠性的角度,在生产出批量产品后,对生产制造过程进行验证。生产制造是将产品设计蓝图实物化的过程,因此生产制造的目标就是倾其所有、尽其所能地使实物与设计保持高度的一致性。相应地,生产制造为产品带来的问题就是个体差异性。这也是为什么 20 世纪 20、30 年代出现了与生产不一致性作斗争的统计质量控制的原因。自然而然地,统计质量控制不仅对可靠性领域研究"失效时间的不一致性"贡献了概率统计分析(详见 1.1 节),还提供了其看家本领——概率抽样验收。这样一看,可靠性验收试验开展的基础相比可靠性鉴定试验而言,合理且夯实多了。毕竟,结合上述分析可知,一来批量产品已具备,产品"很多"的前提大概可以满足了;二来验收的是生产制造过程带来的不一致性,而现有的失效概率分布描述的就是它!果真如此吗?

前面我们主要从概率抽样验收的"概率抽样"角度,揭开了可靠性鉴定试验尴尬的面纱。本节我们将从"抽样验收"的角度来展现可靠性验收试验里的"嫁错郎"。

概率抽样验收(暂简称为抽样验收)分为属性抽样验收(acceptance sampling by attributes)和变量抽样验收(acceptance sampling by variables)。前者针对的是通过直接测试即可判断产品是否为次品的情况。比如产品出厂检验,质检工程师会对其外观、几何尺寸、性能等指标进行测试,并对照相应标准,给出是否为合格品的结论。后者是对批次产品的统计特征进行检验,最为常见的就是各类特征的分散性,比如外观、几何尺寸、性能等。由于可靠性指标也是统计类指标,因此自然属于变量抽样验收的范畴。变量抽样验收的基本思想是概率统计中的参数假设检验,即在概率分布形式(参数统计)或高阶矩(非参数统计)已知的前提下,给出关于参数的取值范围的原假设,如果参数取值在拒绝域内,那么就拒绝原假设,否则接受原假设。

我们以当下实际工程中应用最为广泛的产品失效时间(即寿命)服从的指数分布为例,即 $R(t)=\exp\left(-\frac{1}{\theta}t\right)$,介绍如何对指数分布中分布参数 θ(称为平均寿命或平均失效时间)进行验收的方法。而这也是 GJB 899A—2009 以及相关可靠性试验书籍中介绍最全面的方法。

首先订购方给出自己对产品平均失效时间的要求,记为θ_1,在此基础上考虑到不确定性的影响,为了提高批产品的通过率,生产方提高了自己对平均失效时间的要求,记为θ_0。由于产品可靠性的测试具有破坏性,不可能针对生产方生产的所有产品开展,因此需要采用随机抽样的方式。由于采取了随机抽样以及不确定性的存在,基于抽样产品测试得到的θ_{SMP}不一定是批产品的真实水平(暂记为θ_{Lot})。如果$\theta_{\mathrm{SMP}}<\theta_1$,显然订购方会拒收批产品,然而有可能$\theta_{\mathrm{Lot}}>\theta_1$,此时生产方就承担了好产品被拒收的风险,记为 α;当$\theta_{\mathrm{SMP}}>\theta_1$,则订购方接收批产品,然而实际上有可能$\theta_{\mathrm{Lot}}<\theta_1$,此时订购方就承担了不符合要求的产品被接收的风险,记为 β。因此,在开展可靠性验收之前,生产方和订购方将首先共同明确各自对 θ 的要求θ_0和θ_1,以及各自承担的风险 α 和 β。接下来双方就需要制定验收方案,即随机抽样的产品个数 n 以及搜集失效时间数据的个数 r 分别是多少(显然 $r\leqslant n$),由于失效需要时间的累积,因此验收方案还需明确试验时间T_{SMP}。

于是,基于接收概率和双方风险之间的函数关系,我们可以得到 2 个方程,然而一个验收方案包括 3 个要素:n、r 和T_{SMP},用 2 个方程求解 3 个未知数,显然不可能。因此,**工程上的处理是给定样本量n^***,然后求解 r 和T_{SMP},从而得到可靠性验收方案,即 $\eta=(n^*,r^*,T_{\mathrm{SMP}}^*)$,并且双方就此开始做试验进行验收。实际上,根据抽样概率和双方风险之间的函数关系,我们验收 θ 是否达到要求的本质就会变成n^*个产品在T_{SMP}^*时间内,实际失效个数r_{SMP}与r^*之间的大小关系,即$r_{\mathrm{SMP}}>r^*$,拒绝批产品;否则接收批产品。因此r^*称为接收数。说到此,有一个常常被生产方和订购方默默认可的事实,笔者必须提醒读者:该验收方案有个极其重要的前提:产品的失效时间服从指数分布。

整个验收方案制定的过程就是这么的逻辑缜密、推导严格!能有什么疑惑？好吧，那我们结合工程实际，从这个“极其重要的前提”开始分析。

验收方案成立的前提是已知产品的失效时间服从指数分布，这个分布是怎么知道的呢？对于想要验收的这批产品，我们不可能用它们自身来获取这个分布；而在批生产之前的设计定型阶段是产品研发过程中台（套）数最多的时候，前面说过那也不过三五台（套）。可是就算这三五台（套）都用来做可靠性试验并都做到了失效，那也远不足以给出产品寿命服从指数分布的结论。当然了，自然就会有人说还有历史数据、相似产品数据等，可以利用贝叶斯方法来确定这个指数分布。这不又出现了上面“加速退化试验还能研究什么”一节中对贝叶斯理论在可靠性工程中应用的批判了吗？并且如果还是全新研发的产品呢？终归，结论是：我们不可能知道产品失效时间服从的概率分布，验收方案成立的前提不成立！

再来看看上面人为给定的“随机抽样”数量 n^* 的取值。其含义是“在 N 个产品中随机抽取 k 个样本”（当然了此处的产品意指同型号同批次），并且抽样验收中要求抽取的样本要具有“代表性（representative）”，因此抽样验收中的准确表述应该是“在 N 个产品中随机抽取 k 个具有代表性的样本”。此处的“代表性”有很大的迷惑性。一般人会认为通过工程师的主观意志挑选出来的产品就具有这种“代表性”。而细心的人会问：既然是随机，就意味着任意抽取，而任意抽出来的产品怎么体现“代表性”呢？其实，此处的“代表性”指的是大样本特性！因为只有大样本的统计特性才能对母体特性有“代表性”。因而，这意味着可靠性验收试验中，我们应该在批产品中抽取更多的产品来进行验证，也就是说**用于抽样验收的产品个数 n 要足够多**。文献[141]表明，随机抽取的产品个数 n 与批产品的数量 N 之间的比例超过 10%，则随机抽取的这 n 个产品就具有“代表性”。所以，在可靠性验收试验中正确的抽样方法应该是：在批产品数量 N 非常大的批产品中，至少随机抽取 $0.1N$ 个产品来开展验收。那么 N 到底多大算足够大呢？答案是：理论上应是正无穷，但考虑到这与实际相悖，因此有人说实际中的 N 应该至少为 100，也有人说至少为 50。就算 N 为 50，那么从中应该随机抽取 5 个样品。这应该是一个概率抽样验收为有效验收的底线了。不幸的是，翻遍所有与这类可靠性验证试验相关的标准和书籍，都写着 n 一般取 2，或含糊地说 n 取值非常小。所以结论是：我们现行的可靠性验收试验都是无效的验收。

读者一定会紧接着说，那我们在标准中直接规定抽样产品数量为 $0.1N$，问题不就解决了吗？这是个好问题，可惜我还是要说不可以。

1. $0.1N$ 的普适性

根据前述分析可知，$N=50$，$n=5$ 是一个概率抽样验收为有效验收的底线

(必须指出的是,其成立的前提是我们承认 $N=50$ 是概率中的大样本)。从批产品的角度来看,显然这意味着只有当批产品的数量大于等于 50 台(套)时,才能使用概率验收抽样。那么 $N<50$ 的情况又怎么验收呢?从抽样样本的角度来看,$n=0.1N$ 在工程实际中可以接受吗?毕竟用于可靠性验收的可靠性试验具有样品破坏性,试验时间长且试验资源耗费大。如果某汽车企业生产了 1 万辆汽车,某手机企业生产了 10 万部手机,抽样时会发生什么呢?难道需要抽取 1 千辆汽车或 1 万部手机吗?

2. 为什么是 0.1*N*

首先我们需要用批判性的眼光来审视"0.1N",为什么抽样数量是批产品数量的 10%?显然,不同的 n、r 和 T_{SMP} 的取值,对应的抽样特性曲线(即抽样概率与抽样验收指标的函数关系)是不同的。显然我们诉求的是,找一条鉴别能力最强的抽样特性曲线:比如图 11.2 中的虚折线 1 能够 100%鉴别出可靠性指标是否达标。由于不确定性的存在,100%鉴别力的曲线不可能存在,但是图 11.2 中点划曲线 2 较黑色曲线更陡峭,显然点划曲线 2 的鉴别力更优,也即画出点划曲线 2 的抽样方案 $\eta_2=(n,r,T_{SMP})_2$ 更优。正是基于这样的认知,人们针对一些具体分布,尝试了 n 和 N 的取值关系,从鉴别力的角度,基于人为经验认知,总结了 $n=0.1N$ 是最低可接受的抽样样本量。而据笔者所知,这些结论只是从统计概率抽样验收角度得到的,可靠性验收试验中应该还没有人关注过。

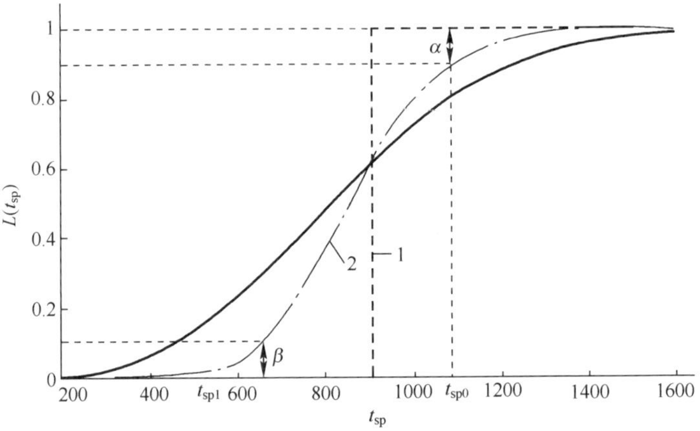

图 11.2　抽样特性曲线的鉴别力

这样看来,概率抽样验收是个理论好方法,可靠性验收是个工程重要事,可惜终归是彼理论"错付了"此工程啊。

11. 2. 3　可靠性试验条件之迷途

暂且不论可靠性鉴定试验和可靠性验收试验存在的上述问题，它们最终都企图给出产品可靠度与时间之间的关系，即可靠度函数 $R(t)$。也暂且不论传统观点用刻画失效时间不一致性的概率分布来表述 $R(t)$ 的是非成败，就 $R(t)$ 与可靠性的“三规定”来看，“规定时间 t”显然已经体现在了 $R(t)$ 中，然而“规定功能”和“规定条件”却在可靠度函数中不知所踪？

传统可靠性试验属于在实验室开展的模拟类试验，模拟的是产品未来实际工作持续的时间以及将要历经的环境条件、工作条件和使用维护条件，并在试验过程中对产品的所有功能进行全面的测试和考核。因此，产品的规定功能虽然未在可靠度函数中体现，但是因为试验中已经全面考虑了规定的功能，我们姑且认为 $R(t)$ 就是考虑了规定功能的 $R(t)$。那么按照这个推理，如果这个模拟试验真的全面模拟了产品未来实际工作将要历经的环境条件和工作条件，我们也可以认为 $R(t)$ 就是考虑了规定条件的 $R(t)$。然而实际世界中，环境条件的类型多种多样，目前航空机载产品要求在实验室里模拟的环境条件就有 28 种之多（如 GJB 150A—2009 介绍了 28 类环境试验），且每一种环境条件的取值水平和持续时间也变化多端。尽管工作条件是人为可控（比如输入电压、驱动力、负载等）的，但也有不确定性。当环境条件和工作条件中所有这些因素交织在一起时，产品实际历经的条件就变得纷繁复杂。然而，人们笃定地认为只有试验足够真实，可靠性评估结果才足够可信。因此，如何在实验室真实模拟实际世界变成了一个难题。

解决复杂问题的一个最为直接的方法就是找出并解决主要矛盾。而这些纷繁复杂的条件，并不是所有因素都对可靠性，即产品失效有影响，那就找出影响最大的最常见的那些因素。按照这样的思路，人们开始从产品的失效模式、机理和影响出发，在环境条件和工作条件中，通过分析寻找影响最大的条件类型，及其最严酷的和最常见的取值水平和持续时间，并将它们作为典型条件，和使用维护条件一起，制定为可靠性试验剖面。图 11. 3 是航空机载电子产品的试验剖面示意图[142]，它包含了上述典型条件，并且只是一个循环的试验剖面。比如，某航空机载电子产品可靠性试验根据图 11. 3 所示的试验剖面在时间维度上做若干循环，直到满足要求的试验时间（定时截尾）或失效数据数量满足要求（定数截尾）则停止。那么，此次可靠性试验得到的该航空机载电子产品 $R(t)$ 是在图 11. 3 所示的试验条件下的 $R(t)$。只要该航空机载电子产品实际历经的条件与图 11. 3 不一致，那么这个产品的可靠度就一定与可靠性试验得到的可靠度不一样。显然，实际完全不可能经历与试验条件一致的条件！因此按照现行可靠性试验方法,通过寻找典型条件制定类似图 11.3 的试验剖面并据此开展可靠性试验和可靠性评估,其得到的可靠度没有实际价值。这就类似于,广告上显示某种洗衣液对污渍的洗涤效果出类拔萃,我们欣喜之余,将之购买回家。可在家里,无论怎么用、怎么洗,洗涤效果和广告宣传总是相去甚远。正当我们要指责无良商家的虚假广告时,客服发来广告截图,并高亮了其中一行小字“效果仅限实验室条件”。

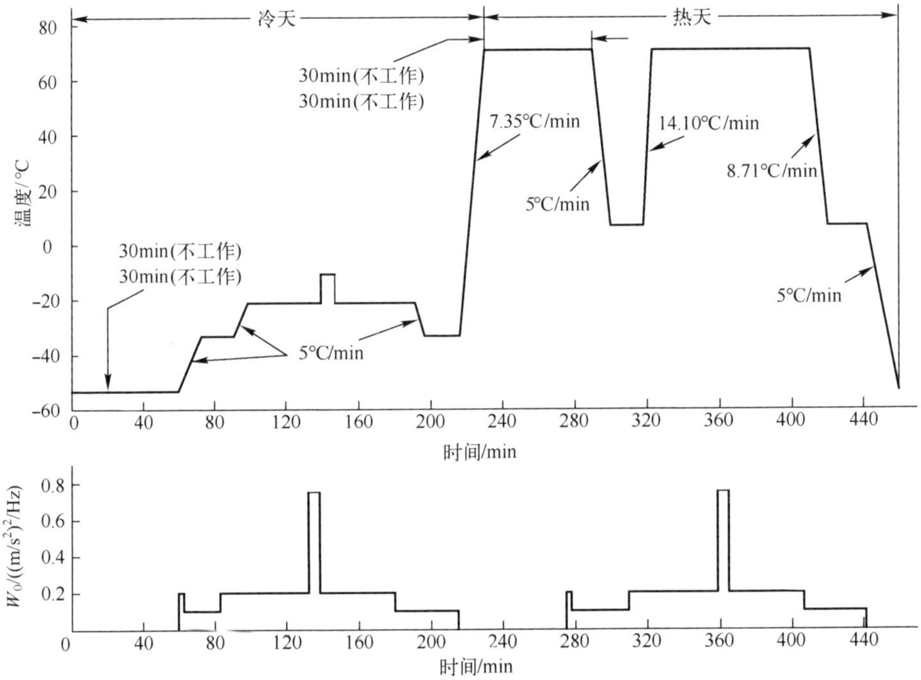

图 11.3 传统可靠性试验剖面示意图[142]

复盘上述制定试验剖面的思路和做法,具体对象上一定有瑕疵,但整个过程也算有理有据。解决问题的过程没有问题,那只能是看待问题的方式有问题了。即只能通过在实验室真实模拟实际世界,才能使得可靠性评估结果足够可信吗?

实际世界,纷繁芜杂,变化多端。然千举万变,其道一也。这些“条件”的复杂,体现出来的是各种取值水平及其持续时间的各种匹配组合。而透过这些表象,我们会发现其实这些“复杂”的本质也很简单,因为“条件”是变量!而只要找到可靠性如何随着条件和时间变化的规律,则能应付实际中千变万化的条件,并保证可靠性评估与预测结果的足够可信!

这样看来,可靠性试验条件一开始就走入了迷途。

第12章

新　生

时至今日，无论是理论界的加速退化试验还是工程界的可靠性试验，都充满对“规律”认知的渴求！因为这是构筑可靠性科学的根本，也是解决复杂表象问题的唯一正确打开方式。谁能担此重任？可靠性实验！

可靠性实验？对，可靠性实验（reliability experiment），科学实验的“实”，用来发现产品可靠的规律的科学实验（science experiment）。

如果将学科助推手加速退化试验助推出的可靠性科学的明天比作星辰大海，那么可靠性实验就是这星辰大海中的一束光，指引我们发现人造系统生存的秘密，享受确定性为我们美好生活带来的目标设定的激奋、过程控制的成就和目标达成的雀跃，领略不确定性给我们带来的可盐可甜、可喜可悲又可惊可敬的人生，顿悟确定性与不确定性辩证统一的精彩。而在我国实现制造强国和质量强国梦想的路上起关键决定性作用的可靠性工程中，可靠性实验也将指引我们绘制可靠性工程的新蓝图！

12.1　粉墨登场的可靠性实验

12.1.1　科学实验与四个方程

首先，什么是科学，这是一个哲学命题，本书不做讨论。但是科学最重要的任务就是发现因果规律并用其解释和预测现象。因此，我们做的工作与“发现规律”越近，那么我们离科学也就不远了，而那段与科学的距离就由这个规律是否能被控制来决定。以我们熟知的热力学中的等温过程为例，该过程展现了一个规律：在定量定温下，理想气体的体积与气体的压强成反比。然而，如果这个因果规律仅是“理论猜想”，那就远不是真的“发现”。我们还需通过实验来验证这个因果规律是否成立。实验前，首先必须保证气体的质量和温度在实验中是给定不变的；实验中，通过改变气体的体积或压强中的一个来观察另一个的变化。如何保证？唯有控制！如何改变？唯有控制起来的干预！因此，只有实现了对规律的控制，人们才能够通过反馈的结果来检验理论获取的规律是否正确及其适用的范围，从而实现对规律的完整认知，继而进一步通过控制“发现的规律”实现人们改造世界的夙愿[143]。而这也是为什么我们说实验室科学是控制论科学，而实验科学又代表了现代科学[144]。

这样看来，只要在 11.1 节基于可靠性科学原理对加速退化试验的未来研究的展望分析基础上，从中提炼需要可靠性科学实验来探寻的边界和发现的规律，以及是否可以通过“控制”来确认，“可靠性实验”的成立自然毋庸置疑。

根据 11.1 节对可靠性科学原理的分析，我们容易知道产品可靠，即 $\boldsymbol{M}>0$ 取决于内在属性变量 $\boldsymbol{X}$、外界应力变量 $\boldsymbol{S}$、退化时间变量 $\vec{t}$ 和性能阈值变量 $\boldsymbol{Y}_{\text{th}}$ 在其各自取值范围内如何变化，以及式(1.1)和式(1.2)中的函数 $F(\cdot)$ 和 $G(\cdot)$，由于 $G(\cdot)$ 代表某种距离函数，来自从工程实际的角度对距离的数学定义的选择，相比之下，退化函数 $F(\cdot)$ 对 $\boldsymbol{M}$ 的变化规律起决定作用。因此，可靠性实验需要控制的是变化规律 $F(\cdot)$ 的自变量，即物理属性 $\boldsymbol{X}$ 和外界应力 $\boldsymbol{S}$。

就外界应力而言，其包括热力学环境应力、力学环境应力、生物环境应力等，尽管我们不可能在实验室完全复刻自然界的环境应力，但在已知范围内和技术可行条件下，人们已部分实现了对可靠性起主要影响的外界应力的控制。那么我们要控制内在属性的什么呢？显然内在属性 $\boldsymbol{X}$ 界定并描述了产品是什么，但是 $\boldsymbol{X}$ 仅是尺寸、材料吗？

为此我们需要先回答产品是什么。可靠性的核心是“产品完成其规定功能的能力”，而根据钱学森对系统的定义：系统是由相互作用和相互依赖的若干组成部分结合成的具有特定功能的有机整体，则可知能够完成功能的产品是一个系统。在系统中，组成部分(以下简称组分)按照不同的联系方式形成了具有功能的系统，这种联系方式的总和称为**系统的结构**。进一步地，对于组分较多的系统，还可以针对相似的组分通过一定的方式组织构成一个子系统，然后子系统整合成更高一层的子系统，以此类推，最终整合为系统，即**系统具有层次性**。并且由于各组分的相互联系，使得系统的整体行为与其组分并不完全一样即**系统具有涌现性**，比如系统具有的功能就是其组分相互联系并与外界交互作用下涌现的结果[145-146]。

这样分析下来，自然能得到一个结果：内在属性变量 $\boldsymbol{X}$ 不仅包括诸如尺寸、材料等的物理属性；同时也包括产品作为系统的系统属性，比如系统结构、与环境交互方式等。因为显然只有这两方面都确定之后，才是那个特定的系统。可是 $\boldsymbol{X}$ 是内在属性变量，那么系统属性变量怎么取值呢？显然，我们无法给系统属性定义它的取值。所以内在属性变量 $\boldsymbol{X}$ 确实只能包括尺寸、材料等这类物理属性(材料属性内涵较为丰富,包括物质密度、导电能力、导热能力、力学特性、化学特性等),并且人们可以对系统的物理属性进行控制。因此,本书此后将 $\boldsymbol{X}$ 改写为物理属性。那么可靠性科学原理的量化方程是否体现了系统属性呢?

实际上系统功能和性能是不同的。性能是系统组成部分之间相互联系以及与外界环境的交互过程中表现出的特性与能力,是对系统的整体客观描述。而功能只取性能对人们有用的那部分。因此,性能是功能的基础,功能是性能的外在表现[5,145]。明确功能与性能的区别与联系后,可以认为,从客观角度来看,系统组分通过彼此联系以及与外界环境的交互,涌现出的是系统特性和能力,即性能。用数学方程表示为

$$\boldsymbol{Y}=F_0(\boldsymbol{X},\boldsymbol{S},t) \tag{12.1}$$

式中:$F_0(\cdot)$为性能函数,综合表征了系统结构以及系统与环境(即外界应力)的交互关系;t 为物理时间,即经典动力学中的时间,与退化时间不同,物理时间是对称的不具有单向性。

诚然,以上是从系统科学角度对各类产品进行的高度抽象化描述,当我们回到各个具体学科、具体产品类型时,它们的系统结构,或者说组分之间的相互联系实际上是由各种专业学科原理决定和描述的,而系统与环境间交互作用是由环境工程学科来描述的。比如一个有刷直流电机,它由磁钢、换向器、电刷、电枢、转轴等构成,基于电磁学原理和电路原理,即可得到电机输出转矩和描述这些组部件的物理属性的关系,而通过环境工程学科,则可以进一步建立考虑热应力、机械应力等外界应力与电机输出转矩的关系。因此,式(12.1)的构建需要基于各种学科原理,本书将其称之为学科方程,描述了产品性能 $\boldsymbol{Y}$ 与物理属性变量 $\boldsymbol{X}$、外界条件应力 $\boldsymbol{S}$ 和物理时间 t 共同作用下的变化规律。

正是因为系统组分通过彼此联系以及与外界环境的交互涌现出了系统性能,才会出现在退化时间的作用下的系统性能退化。也就是说式(12.1)中的性能函数$F_0(\cdot)$,其函数下标之所以是"0",是因为此刻并未考虑退化时间 $\vec{t}$ 的作用,函数下标取为"0"是因为"$\vec{t}=0$"。因此,本书在文献[5-6]提出的可靠性三个科学原理量化方程基础上,进行以下方程的重写和延伸:

$$\begin{aligned}&\text{零号学科方程}:\boldsymbol{Y}=F_{\vec{t}=0}(\boldsymbol{X},\boldsymbol{S},t)\\&\text{一号退化方程}:\boldsymbol{Y}=F_{\vec{t}}(\boldsymbol{X},\boldsymbol{S},t)\\&\text{二号裕量方程}:\boldsymbol{M}=G(\boldsymbol{Y},\boldsymbol{Y}_{\text{th}})>0\\&\text{三号度量方程}:R=r(\widetilde{\boldsymbol{M}}>0)\end{aligned} \tag{12.2}$$

由式(12.2)可清晰看出,退化方程与学科方程的区别和联系是学科方程是退化方程中退化时间 $\vec{t}=0$ 的特例(12.1.3 节将会详述为何将退化时间 $\vec{t}$ 放

在性能函数的下标的理由)。并且,裕量方程对性能与功能的关系,即“功能只取性能对人们有用的那部分”,进行了直观严谨的表述。由此可见,上述四个方程除了向我们展示可靠性科学的基本原理,也淋漓尽致地展现了可靠性科学的系统特点,即跨传统学科、多个体、相互作用、从直接到间接联系、关心整体性问题、涌现性[146]。

尽管式(12.2)中的零号至二号方程展现的是可靠性中的确定性因果规律,然而三号度量方程依然说明可靠性还存在大量的不确定性,并且这些不确定性不仅来源于测试误差。那么面对有不确定性的因果规律还能叫作“科学实验”吗?实际上,从不确定性的角度来看待事物的发生和发展,是现代科学和经典决定论的一个重要区别[143]。因此经典的因果论,即因果之间的必然性也在新的时代有了新的进步,比如文献[143]将考虑随机不确定性的因果关系称为概率因果。但是我们在11.1节更新了对不确定性来源、类型和特征的分析后发现,除了随机不确定性,认知不确定性广泛存在于可靠性领域中的方方面面,尤其小样本是工程实践中的常态,那么其所带来的小样本认知不确定性,甚至可能成为不确定性的主体。当综合考虑随机和认知不确定性对因果关系的影响时,本书将这类因果关系称之为机会因果关系。

12.1.2 什么是可靠性科学实验

基于上述分析,可靠性实验定义如下:

定义:可靠性实验是用来探寻由产品物理属性变量 $\boldsymbol{X}$、外界应力变量 $\boldsymbol{S}$、退化时间变量 $\vec{t}$ 和性能阈值变量 $\boldsymbol{Y}_{\text{th}}$ 构成的可靠域,并在此可靠域内,通过控制和干预 $\boldsymbol{X}$ 和 $\boldsymbol{S}$,观察产品性能变量 $\boldsymbol{Y}$ 随退化时间 $\vec{t}$ 的变化,验证或发现 $\boldsymbol{Y}$ 与 $\boldsymbol{X}$、$\boldsymbol{S}$ 和 $\vec{t}$ 之间的机会因果关系的实验。

注解1:可靠域由物理属性 $\boldsymbol{X}$、外界应力 $\boldsymbol{S}$、退化时间 $\vec{t}$ 和性能阈值 $\boldsymbol{Y}_{\text{th}}$ 各自的取值范围 $\mathbb{C}_{\boldsymbol{X}}$、$\mathbb{C}_{\boldsymbol{S}}$、$\mathbb{C}_{\vec{t}}$ 和 $\mathbb{C}_{\boldsymbol{Y}_{\text{th}}}$ 共同界定;

注解2:$\boldsymbol{Y}$ 与 $\boldsymbol{X}$、$\boldsymbol{S}$ 和 $\vec{t}$ 之间的机会因果关系为式(1.1)中考虑 $\boldsymbol{X}$、$\boldsymbol{S}$ 和 $\boldsymbol{Y}$ 的随机和认知不确定性的 $F_{\vec{t}}(\cdot)$;

注解3:实验将对 $\boldsymbol{X}$、$\boldsymbol{S}$、$\boldsymbol{Y}_{\text{th}}$ 和 $\boldsymbol{Y}$ 自身以及 $F_{\vec{t}}(\cdot)$ 的不确定性进行量化;

注解4:根据定义可知,可靠性实验由两类子实验组成:用于探寻 $\mathbb{C}_{\boldsymbol{X}}$、$\mathbb{C}_{\boldsymbol{S}}$、$\mathbb{C}_{\vec{t}}$ 和 $\mathbb{C}_{\boldsymbol{Y}_{\text{th}}}$ 的**可靠域实验**以及为了在 $\mathbb{C}_{\boldsymbol{X}}$、$\mathbb{C}_{\boldsymbol{S}}$ 和 $\mathbb{C}_{\vec{t}}$ 界定的取值空间中,发现性能 $\boldsymbol{Y}$ 的变化规律 $F_{\vec{t}}(\cdot)$ 的**退化律实验**。

这么分析下来,估计读者们基本承认了可靠性科学实验存在的合理性与合法性。其实,通过对影响可靠性的变量,物理属性 $\boldsymbol{X}$、外界应力 $\boldsymbol{S}$、退化时间 $\vec{t}$

和性能阈值 Y_{th} 进行具体的界定，我们会发现现有各类试验不过是可靠性实验在不同情况下的特例，比如：

特例 1：加速退化试验是在 X 和 Y_{th} 为给定取值，S 为给定严酷应力条件范围，$\vec{t}$ 的取值范围上限小于失效时间的可靠域内，观察产品性能变量 Y 随退化时间 $\vec{t}$ 的变化，寻找 Y 与 S 和 $\vec{t}$ 之间的关系 $Y=F_{\vec{t}}(S,t|X)$，给出产品在 S 为给定取值下的可靠度与时间之间关系的试验。是退化律实验的一种特例。

特例 2：传统可靠性统计试验是在由 X 和 Y_{th} 为给定取值，S 为给定典型应力条件，$\vec{t}$ 为变量构成的可靠域内，观察产品性能变量 Y 的变化，基于 Y_{th} 探寻 $\vec{t}$ 的取值范围，给出产品在 S 为给定典型应力条件下的可靠度与时间之间关系的试验。是可靠域实验的一种特例。

特例 3：可靠性增长试验是在由 Y_{th} 为给定取值，S 为给定典型应力条件，X 和 $\vec{t}$ 为变量构成的可靠域内，观察产品性能变量 Y 的变化，基于 Y_{th} 确定 X 的取值 X^* 和探寻 $\vec{t}$ 的取值范围，给出产品在 S 为给定典型应力条件下，X 取值为 X^* 时的可靠度与时间之间关系的试验。是可靠域实验的一种特例。

特例 4：加速寿命试验是在 X 和 Y_{th} 为给定取值，S 为给定严酷应力条件范围，$\vec{t}$ 为变量构成的可靠域内，观察产品性能变量 Y 的变化，基于 Y_{th} 探寻 $\vec{t}$ 的取值范围，寻找 $\vec{t}$ 与 S 之间的关系，给出产品在 S 为给定取值下的可靠度与时间之间关系的试验。是可靠域实验的一种特例。

特例 5：可靠性强化试验是在由 $\vec{t}$ 和 Y_{th} 为给定取值，X 和 S 为变量构成的可靠域内，通过控制和干预 S，观察产品性能变量 Y 的变化，基于 Y_{th} 确定 X 的取值 X^* 和探寻 S 取值范围的试验。是可靠域实验的一种特例。

特例 6：环境试验是在由 X 和 Y_{th} 为给定取值以及 S 和 $\vec{t}$ 为给定取值范围构成的可靠域内，观察记录性能变量 Y 的取值，基于 Y_{th} 确认上述可靠域的测试。其中 S 的给定取值为目标使用地理位置的自然环境条件或诱发环境条件，比如 GJB 150.3A—2009 中规定的亚洲地区周围环境温度为 30～43℃，诱发环境温度为 30～63℃。是可靠域实验的一种特例。

特例 7：环境应力筛选是在由 X 和 Y_{th} 为给定取值以及 S 和 $\vec{t}$ 为给定取值范围构成的可靠域内，观察记录全部或部分批产品性能变量 Y 的取值，基于 Y_{th} 确认上述可靠域，并剔除测试过程中在上述可靠域内性能变量 Y 与 Y_{th} 的距离小于零的产品的测试。其中 S 的给定取值为产品研制规范条件的极端条件，比如温度设计上限、电压设计上下限等。是可靠域实验的一种特例。

特例 8：高加速应力筛选是在由 X 和 Y_{th} 为给定取值以及 S 和 $\vec{t}$ 为给定取

值范围构成的可靠域内，观察记录全部或部分批产品性能变量 $\boldsymbol{Y}$ 的取值，基于 $\boldsymbol{Y}_{\mathrm{th}}$ 确认上述可靠域，并剔除测试过程中在上述可靠域内性能变量 $\boldsymbol{Y}$ 与 $\boldsymbol{Y}_{\mathrm{th}}$ 的距离小于零的产品的测试。其中 $\boldsymbol{S}$ 的给定取值为高于产品研制规范条件且低于产品破坏条件的条件。是可靠域实验的一种特例。

特例 9：性能测试是在由给定取值的 $\boldsymbol{X}$、$\boldsymbol{S}$、$\vec{t}$ 和 $\boldsymbol{Y}_{\mathrm{th}}$ 构成的可靠域内，观察记录性能变量 $\boldsymbol{Y}$ 的取值的测试，其中 $\boldsymbol{S}$ 的给定取值为产品研制规范条件中的正常条件，比如室温、额定电压等。是可靠域实验的一种特例。

上述例子展示了现有各类试验与可靠性实验之间的关系，我们会发现不同的可靠域对应了不同的试验，由此可见可靠域在区分各类试验中扮演了重要的角色。但从另一个角度来看，因为工程试验是科学实验的特例，所以也进一步证明了可靠性实验是可靠性科学与工程的关键基础。

其实，什么是“试验（testing）”，什么是“统计试验（statistical testing）”，什么又是“统计抽样试验（statistical sampling testing）”，是特别值得说道的概念。试验，简单来讲就是没有“因果规律”指导的一种尝试性的活动。因此，通过试验的结果，并不能得到与“因果规律”（无论是必然因果、概率因果或机会因果）相关的认知。下面，我们再次以本书 1.5 节的盲人摸象为例，围绕如何得到大象的一般轮廓和特点来逐一说明这些试验。

由于盲人起初对大象的形象和体态完全未知，因此摸到一头大象的腿即认为大象形如一棵粗壮的树，摸到大象的身体则认为大象形如一堵墙等。这类触摸其实就是盲人对大象的尝试，也即试验。如果盲人的这次尝试，还通过胳膊环抱的方法测量了大象的腿有多粗，那么这就是测试。显然，盲人得不到任何与大象的一般轮廓和特点相关的正确认知。

显然，若要得到正确的认知，最直接的办法就是全面触摸大象，一丝一毫都不错过，而且还得触摸所有大象。然后通过全面触摸感知到的结果来整体分析大象的轮廓和特点。这是统计试验，也可以说是统计调查。“统计”（statistics）一词最早源自 17 世纪的德国，本意是国势学，即关于一个国家基本情况的调查，而最重要的就是人口情况。因此 20 世纪 30 年代以前的人口普查都是把全社会的每一个人问个遍[147]。

但是，一丝一毫都不错过的全面触摸大象的工作量尚且可接受，而要把所有大象都摸到的工作就是不可能完成的任务了。于是盲人们可以分工，摸到像柱子的腿的盲人可以针对多个大象的腿再大致感受下腿的长度和直径，而摸到身体的盲人可以用类似方法大致感受下多个大象的身体的长度、高度和胖瘦程度等。负责不同部位的盲人都大致把自己负责的部分触摸完毕后，将他们的信息汇总进行分析和推断，即可知道大象的一般轮廓和特点。这是统计抽样试验。历史上非常著名且相当成功的统计抽样试验是美国人 George Gallup 对 1936 年美国总统竞选展开的。他通过对不同人群开展的一共 5000 份调查,就准确预测罗斯福将在竞选中胜出,而另一家机构通过 240 万人的调查却错误地预测兰登将当选[147]。

通过以上分析,我们可以看到试验区别于实验的典型特征是:只关注结果,而不对得到结果的这个活动的输入和过程进行有目的的控制;以及与因果关系无关,既没有其指导也不会对其进行验证或发现。因此,再来看特例 1,我们发现其在规定的可靠域内做的试验只得到了 $\boldsymbol{Y}$ 与 $\boldsymbol{S}$ 和 $\vec{t}$ 之间关系,这个"关系"是与因果规律无关的相关关系(比如本书第 2 章指出的核心方程二),或者是与产品可靠规律无关的函数关系(比如本书第 6 章和第 7 章并未在学科方程基础上构建退化方程),那么这样的试验只能是试验。这正是现有绝大多数加速退化试验研究(包括本书第 4 章和第 5 章)得到的都是参数估计、可靠寿命和可靠度曲线等结果的本质原因。其实,在"加速"条件下得到产品可靠的因果规律的实验应该是:

特例 10:加速退化律实验是在由 $\boldsymbol{Y}_{\mathrm{th}}$ 为给定取值、$\boldsymbol{S}$ 为给定严酷应力范围、$\boldsymbol{X}$ 和 $\vec{t}$ 构成的可靠域内,通过控制和干预 $\boldsymbol{X}$ 和 $\boldsymbol{S}$,观察产品性能变量 $\boldsymbol{Y}$ 随退化时间 $\vec{t}$ 的变化,验证或发现 $\boldsymbol{Y}$ 与 $\boldsymbol{X}$、$\boldsymbol{S}$ 和 $\vec{t}$ 之间的机会因果关系 $\boldsymbol{Y}=F_{\vec{t}}(\boldsymbol{X},\boldsymbol{S},t)$ 的实验。

12.1.3　可靠性实验的系统整体性

在可靠性学科的发展史中,最早离可靠性科学最近的研究是失效物理。那么失效物理实验和可靠性科学实验是什么联系呢?下面进行详细分析。

(1) 失效物理还是可靠性物理?

由 1.1 节可知,失效物理源于美国空军罗姆发展中心,即研究基础件(泛指产品选用的元器件、零部件、标准件、原材料等,对应系统科学中系统的基本组成单元)失效的原因和机理。然而 20 世纪在以"失效时间不一致性"为可靠性研究核心事实的可靠性文化下,失效物理描述的"规律"被当作影响"失效时间的不一致性"的系统性因素,变成统计分析中的协变量出现在概率分布中。而当年站在"可靠性"即"概率统计"的角度,失效物理被更名为"可靠性物理"。但是今天,可靠性的新文化是:以可靠性科学原理为核心开展研究,即研究系统可靠的本质规律。因此从这个角度来看,"失效物理"不能称之为"可靠性物理"。更重要的是,失效物理的研究对象是基础件,比如机械产品结构件的疲劳、摩擦副的磨损(见本书 2.2.2 节和 2.2.3 节),半导体器件的栅氧化层介质击穿、电迁移等[148]。但是,这些基础件是具有功能的系统级产品的基本组成单元(简称基元),本身不具有功能性。比如人们需要一款图 12.1 所示的低通滤波电路,那么"低通滤波"是对系统级电路提出的功能要求,不是提给组成电路的电阻或电容的。因此对于基础件本身不存在失效,从统计物理来说,只存在相变[149]。而可靠性研究的对象是具有特定功能的系统,因此用于研究各类基础件失效的因果关系的实验只能称为失效物理实验。而可靠性物理实验,从本书的观点来看,描述了产品可靠的物理道理,所以可靠性实验也可认为就是可靠性物理实验。

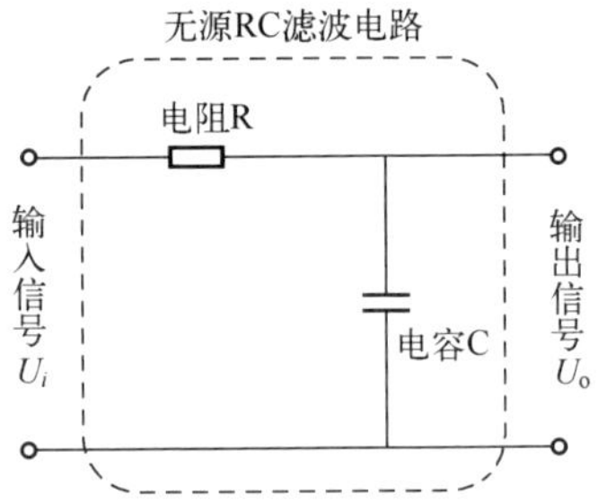

图 12.1　无源 RC 滤波电路结构

(2) 基础件的失效如何表征?

11.3.1 节中我们分析了,可靠性关注的是具有功能的系统,因此采用性能来表征系统的可靠性状态[5-6]。那么对于没有"功能要求"的基础件,它的状态表征是什么?先用数学归纳法的思想回答这个问题,即先分析现有失效物理的研究再进行总结。比如本书 2.2 节,反应速率模型描述的是化学变化过程,本质上描述了物质的变化;疲劳裂纹扩展模型描述的是构件的几何尺寸的变化;磨损模型描述的是摩擦副质量的变化;文献[148]中栅氧化层介质击穿描述的是氧化膜缺陷的变化,电迁移描述的是导体形貌的变化(出现空洞或晶须)等。由此可见,失效物理描述的变化都是基础件自身物理属性的变化,即基础件自身物理属性表征了其状态的变化。还是上面的低通滤波电路例子,电路滤波性能的下降,比如特征频率下降、交流衰减降低、功率因数下降等,主要来源于电阻阻值的增大和电容容值的降低。如果我们研究电阻自身的退化规律,那么其状态的表征就是其物理属性电阻阻值。

(3) 退化时间到底影响了学科方程中的谁?

通过滤波电路我们发现,系统组分的物理属性的退化对系统的性能退化做出了"贡献"。其实,系统组分通过彼此联系以及与外界环境的交互涌现出了系统性能,因此系统性能的退化则来自上述中的一类实体和两类联系,其中一类实体指系统组分,两类联系分别是系统组分之间的内部联系(即系统结构)及系统与外界条件之间的外部联系。因此可以这样理解,退化时间作用在组分上,促使组分的部分物理属性发生了退化,而组分退化后,其形成的系统也发生了变化,相应的内部联系和外部联系也有可能会发生变化,最终导致系统性能发生了退化。至此,我们对系统物理属性有了更明确的认知:即物理属性 $\boldsymbol{X}$ 实指系统组分的物理属性,且组分的所有物理属性并不一定都受到退化时间的作用。

接下来,退化时间会对外界应力 $\boldsymbol{S}$ 起作用么?我们不妨从定义系统的尺度的角度来分析。滤波电路例子中,我们可以将滤波电路看作是系统,则与滤波电路交互的外界,包括“吸收”的电能、历经的气候条件等就是外界环境。但如果从更高的尺度出发,我们也可以将滤波电路及其交互的外界环境定义为一个系统。那么在退化时间的作用下,滤波电路将越来越多的电能耗费在了热能上,并消散到了环境中,那么环境就会变得越来越热,即滤波电路 $\boldsymbol{S}$ 中的温度发生了变化并且该变化同样不可逆[148]。

这样一看,退化时间影响的是学科方程中 $\boldsymbol{X}$ 和 $\boldsymbol{S}$ 的某些或全部元素以及表征两类联系(包括内部联系和外部联系)的式(12.1)中的函数$F_0(\cdot)$。正因如此,我们做了如式(12.2)所示的改写:把退化时间写到性能函数的下标,即 $F_{\vec{t}}(\cdot)$。

这样看来,失效物理实验具有以下特点:

(1) 针对组成产品的基础件,即基元开展的;

(2) 基元的状态由基元的部分或全部物理属性表征;

(3) 失效物理实验目的是验证或发现基元的退化律;

(4) 由于基元的功能取决于其具体应用的系统,因此不具有对应的可靠域,而仅有可行域。

综上,给出失效物理实验的定义:

特例11:失效物理实验是针对基元在由物理属性变量 $\boldsymbol{X}$、外界应力变量 $\boldsymbol{S}$ 和退化时间 $\vec{t}$ 构成的可行域内,观察 $\boldsymbol{X}$ 的变化,验证或发现 $\boldsymbol{X}$ 与 $\boldsymbol{X}$、$\boldsymbol{S}$ 和 $\vec{t}$ 之间因果关系的实验。

失效物理实验属于可靠性实验中的一种退化律实验。比如本书2.2.2节的疲劳裂纹扩展过程,裂纹长度 a 是结构件的一种物理属性,其取值范围在0与临界失稳长度之间。根据式(2.12)和式(2.14)可知,裂纹长度的扩展取决于施加的循环载荷(外界应力)以及循环次数(退化时间)。因此疲劳裂纹扩展实验在 a 取值为0与临界失稳长度之间,循环载荷在可行范围之内(该可行范围内,疲劳裂纹扩展规律不变),退化时间在0与临界失稳长度对应的循环次数之间,验证如式(12.3)所示的裂纹长度 a 与循环载荷 $\Delta\sigma$、循环次数 n 的疲劳因果关系。

$$a_n = a_{n-1} + C\exp\left\{m\ln\left[\Delta\sigma\sqrt{\pi a_{n-1}}f\left(\frac{a_{n-1}}{W}\right)\right]\right\} \tag{12.3}$$

上式由式(2.12)和式(2.14)联立得到,参数说明详见2.2.2节。式(12.3)说明,基元的退化律有可能是递推函数,或者说具有自耦合特征。

再比如本书2.2.3节的磨损过程以磨损体积来表征一对运动副的磨损退化过程,而磨损体积与磨屑的密度相乘则是磨屑的质量,磨屑主要来源于运动副,因此磨损体积是物理属性。通过式(2.16)可知,磨损体积取决于法向载荷、相对滑动速度、材料硬度、黏着磨损系数和滑动时间(退化时间)。因此磨损实验在磨损体积、法向载荷、相对滑动速度、材料硬度、黏着磨损系数和滑动时间构成的可行域内,验证如式(2.16)所示的磨损退化的因果关系。只关注运动副的磨损时,式(2.16)并不是递推函数,但是当运动副成为系统的组分时,磨损的结果会带来对磨损有影响的法向载荷的变化。也即,从系统的角度来看运动副时,式(2.16)成为递推函数。这也说明组分的退化带来了系统内部联系的自耦合变化。

上述例子谈到的“自耦合性”正是我们将失效物理实验定义为用来“验证或发现 $\boldsymbol{X}$ 与 $\boldsymbol{X}$ 自身、$\boldsymbol{S}$ 和 $\vec{t}$ 之间因果关系”的原因。本节的目的是希望通过梳理失效物理实验与可靠性实验的关系,帮助读者深入理解可靠性实验的“系统整体性”,以及系统的“相对性”(如滤波电路是系统,实际上其组成电阻也可看作一个系统)。

本节我们将失效物理实验也收纳进了可靠性实验的体系之中,大概读者会问:难道目前所有与功能直接或间接相关的试验和实验,都属于可靠性实验?我想,因为所有人造系统都是为人所用的,意即从人的角度来看,这类系统都要完成特定的功能。那么人造系统是否能够完成特定的功能,这将是人类改造世界过程中一个永恒的话题。

12.2 可靠性实验之未来可期

12.2.1 千举万变,其道一也?

“科学方法就是通过观察和实验对现象的特征做出确定和整理,然后运用人类思维的逻辑提出关于这个现象发生的原因以及条件等的猜想,接着运用进一步的实验来检验这些猜想,并在得到验证的猜想的基础上,通过逻辑上的推演来构造进一步的理论,然后把进一步的理论再放在观察和实验中检验的这样一个用来回答和解决现实世界的问题的方法。”[146]其实这是一个人类认知世界的螺旋上升的过程。或者,从控制论的角度来看,这是一个人类控制力越来越大而事物发展的可能性空间越来越小的过程[143]。

说这些和可靠性实验有什么关系呢？因为可靠性实验是帮助我们发现人造系统生存秘密的科学方法，而这个秘密就是可靠域和退化律。其中，可靠域可以通过直接观察获取，那么我们对退化律的猜想是什么？具体而言就是式(12.2)中的零号方程和一号方程是什么？但是它们之间的区别仅在于零号方程没有考虑退化时间 $\vec{t}$ 的影响，因此对人造系统生存秘密的猜想就演变为了：系统性能与物理属性和外界应力的关系是什么，又是如何随着退化时间变化的呢？

当然了，如果是我们前面举例说到的低通滤波电路，它的系统性能与其内在属性和外界条件的关系，固然不用猜想，利用现有电路原理和材料学知识(主要提供电路和电阻与电压和温度等外界应力的关系)，即可构建出电路的零号方程。而在退化时间的作用下，低通滤波电路的特征频率下降、交流衰减降低、功率因数下降等都来自电阻和电容的退化。这样一来，将电阻和电容物理特性随退化时间的变化的数学关系代入零号方程，即可获取电路的一号方程。尽管其中仍有值得进一步进行逻辑推演和实验检验的问题，但规律总体明确、清晰。

从系统的角度来看，滤波电路的系统层次只有一级。人们在改造世界的路上，对世界的控制能力越来越强，制造出的系统越来越复杂，而这个复杂主要就体现在系统层次上。对于这类系统层次更多的产品，显然不可能再采用类似滤波电路的这类数理推导方法给出系统的零号方程。但是随着数字技术的发展，基于学科原理的仿真计算使得人们可以针对比滤波电路复杂些的产品建立零号方程。那么更加复杂的系统，比如数据中心、电力网、水网等关键基础设施，这类系统本身具有跨传统学科、多个体、相互作用、从直接到间接联系、关心整体性问题、涌现性等特点[146]。目前对于这类复杂系统的尝试是基于图论、因果推断理论和统计物理来探索零号方程的建立[149]。无论是数字功能性仿真还是基于图论的统计推断和统计物理的方法，这些都是求解问题的方法论，而不是像牛顿运动定律、质能方程、薛定谔方程那样通过简单的数学公式就概括了一类规律。由此，我们不仅要问，关于系统的零号方程的猜想是什么？是不同的系统有不同的零号方程，还是我们拥有一个大统一的“零号方程”？假设我们有了零号方程，那么同样的问题也存在于一号方程：是不同的系统有不同的一号方程，还是我们拥有一个大统一的“一号方程”？

毕竟热力学第二定律告诉我们，孤立系统的熵不会随时间减少。而这正是“退化时间”名字的来历，1919年号称通过天文观测证明爱因斯坦关于时空弯曲理论正确的爱丁顿爵士将熵命名为“时间之矢”(the arrow of time)。更令人兴奋的是，在我们追寻大统一方程的路上，中国工程物理研究院的孙昌璞院士团队，基于统计物理的最大熵原理，采用最小作用量原理，探索了可靠性科学中的“大统一”物理解[150-151]。这让我们看到了“可靠之道”存在的希望，并且在猜想、推理和实验求证“可靠之道”的路上也将走得更加坚定。

12.2.2 另辟蹊径，不可执一！

可靠性科学原理的三号方程告诉我们可靠性中存在随机和认知两种不确定性。并且，可靠性实验就是为了发现存在随机不确定性和认知不确定性时的机会因果退化规律。同时，本书 11.1 节中通过分析，发现认知不确定性与本书前述章节处理的随机不确定性一样，都具有三维度两特征，即认知不确定性存在于 2.3 节梳理的样品维度、时间维度和应力维度，也同样分为静态特征和动态特性。不幸的是，称得上数学理论的贝叶斯理论和模糊理论，在处理认知不确定性的方法上，都只停留在“治标不治本”的状态，不具有系统性解决认知不确定性三维度两特征问题的能力。

而幸运的是，康锐教授从工程实践和科学研究两个角度，对这类认知不确定性问题进行深刻思考后，将清华大学数学系刘宝碇教授创立的不确定理论引入可靠性领域，系统性处理认知不确定性问题，进而构建了以概率测度、不确定测度和机会测度度量不确定性的确信可靠性理论。不确定理论是一种与概率论并行的公理化且自洽的数学理论，它不同于贝叶斯理论最终仍囿于以大数定律为基础的概率论，更不同于模糊理论的数学不自洽，类似概率是研究频率的数学分支，而不确定理论是研究信度的数学分支。它拥有完备的测度空间以及日趋完善的认知不确定性量化模型和方法，包括各类描述静态认知不确定性的不确定分布模型，也有描述动态认知不确定性的不确定过程和不确定微分方程。因此奠定了系统性解决认知不确定性三维度两特征问题的数学基础。

其实，在康锐教授的著作《确信可靠性理论与方法》[5]第 7 章中，就介绍了采用不确定理论处理加速退化试验中的时间维度小样本认知不确定性的基本方法，提出了基于不确定过程的加速退化模型，并从可靠性评估的稳定性和精确性两方面，通过与本书第 3 章介绍的 M_W 模型相比，展现了不确定理论方法的优势，并且初步证明了不确定理论更适合处理小样本认知不确定性问题。下面，在本书的最后，我们再来从退化规律的角度向读者们分析和展现基于不确定理论的认知不确定性处理的结果。

基于不确定过程的加速退化建模方法详见《确信可靠性理论与方法》[5]第 7 章，此处我们仍然针对本书中 7.3.4 节的电连接器案例，并对《确信可靠性理论与方法》中的表 7.3 所列的 3 类模型，即基于不确定过程的加速退化模型（UADM）、基于维纳过程的加速退化模型（WADM）以及基于贝叶斯维纳过程的加速退化模型（B-WADM，其中贝叶斯先验分布的均值来源于 WADM 的参数估计结果，而方差取为贝叶斯先验分布均值的 0.3 倍），从性能退化规律的角度进行对比分析。分析的基本思路与本书第 6 章和第 7 章类似。

基于上面 3 种模型 UADM、WADM 和 B-WADM，针对该实际案例中 85℃和 100℃下的试验数据进行相应的统计分析，根据统计分析结果预测 65℃下的性能退化趋势，并与 65℃下的实际性能退化数据进行比较，即进行预测对比。确定性的应力松弛退化规律的结果如图 12.2 所示，考虑不确定性应力松弛退化上下界结果如图 12.3 所示。

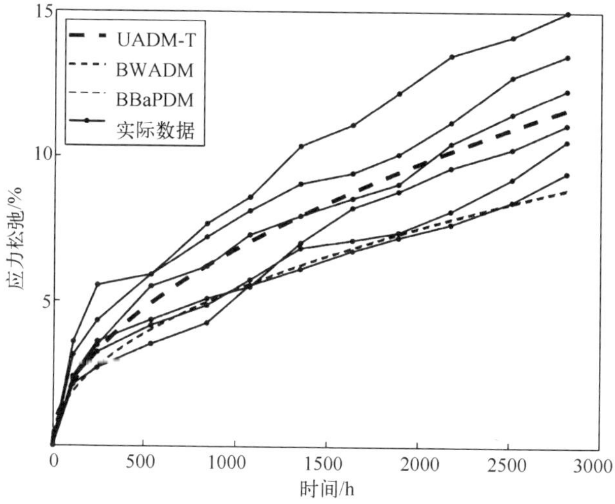

图 12.2　应力松弛退化规律预测（65℃）

根据式（7.30）~式（7.32）可对上面预测结果的精度进行量化，具体量化结果见表 12.1。

表 12.1　电连接器案例：性能退化规律的定量指标

性能退化模型	$\overline{ER}_l$结果	$\overline{ER}_l^U$结果	$\overline{ER}_l^L$结果	$\overline{ER}_l^U$和$\overline{ER}_l^L$的均值
UADM	**0.017**	**0.093**	**0.259**	**0.176**
WADM	0.220	0.301	1.174	0.738
B-WADM	0.216	0.312	1.201	0.757

由图 12.2 和图 12.3 以及表 12.1 可知，基于不确定理论的加速退化模型在性能退化规律的预测精度明显高于概率模型。从数学上来看，不确定理论为加速退化试验提供的是新的数学模型和运算法则，实践证明这套算法能够提高精度。但是，从物理上来看，这是因为小样本带来的是认知不确定性问题，而从这类不确定性的量化和处理上看，不确定理论确实更加适合。

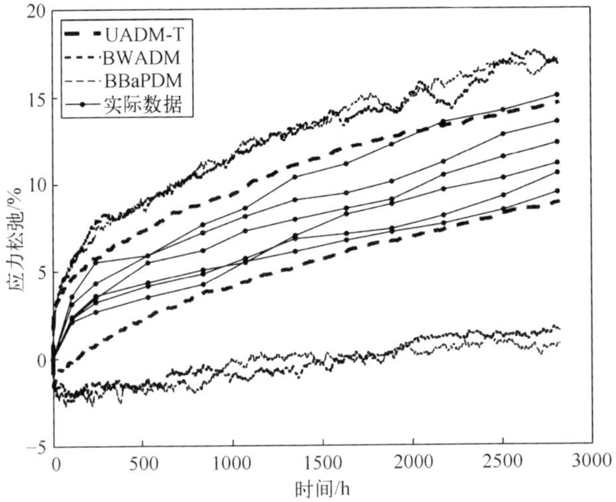

图 12.3 应力松弛退化上下界预测(65℃)

实际上,笔者针对可靠性实验中认知不确定性的三维度两特征问题,已经开展了基于不确定理论的部分研究[152-155]。已开展的研究结果表明,不确定理论将实现对可靠性实验中认知不确定性问题的系统性解决。这些系统性研究将在作者后续出版的新书《可靠性科学实验》中进行全面的介绍。

是的,可靠性中,不仅有随机不确定性,还有认知不确定性;处理认知不确定性,除了贝叶斯理论,还有不确定理论;而且,不仅有不确定性,还有确定性;不仅有试验,还有实验……一如生活,除了眼前的苟且,还有诗和远方。而这不正应验了"无论欣赏艺术,还是领悟科学,我们最终得到的将是美的享受和看待世界的全新视角"[156]?

12.2.3 自由控制,道法自然!

人们固然需要在浩渺的宇宙中叩问苍穹,这是人们永无止境对未知的好奇、渴望和探索之路。然而工业总要进步,实践中的应用问题总要解决。并且这些需求迫在眉睫,不可能等到"大统一"的零号方程和一号方程发现之后。其实,当我们拥有看待世界的全新视角之后,新的观察和逻辑推理结果就能转换到应用中,解决实际世界的问题了。这就是科学和技术之间相互成就的良性互动。那么在可靠性科学原理的指导下,并且有了可靠性实验之后,纵观产品设计研发过程中对试验或测试的需求,我们能做什么变革?

产品设计阶段需要达到的目标是设计出能够满足要求的产品,包括功能要求、接口要求、尺寸要求、重量要求、能耗要求等,当然必须还有可靠性要求。为了达到这些要求,设计师需要在各种技术可行、研发成本、研发周期范围内(即设计约束)，明确设计变量和设计空间，建立设计模型。具体而言，设计中需确定的内容(即设计变量)包括产品自身的系统结构、组成、几何尺寸、材料、元部件的选型等；产品与外部的交互关系包括连接关系、工作条件、环境应力(环控)等；产品不确定性的控制包括产品各类物理属性的容差/公差、工作应力和环境应力的波动范围等；产品可靠性方面包括可靠寿命(包括工作寿命和贮存寿命)、可靠度以及与维修性、测试性、安全性、保障性相关的内容等。通过求解设计模型，确定上述设计变量的取值或取值范围，最终输出满足要求的产品样机以及相应的设计规范，包括设计图纸、测试方法、工艺要求、元部件外购要求等，并转入批生产阶段。

通过上述对设计过程简要的介绍可知，设计模型的准确性是保证产品能否达到要求的决定性基础，设计得到的产品样机是否能满足设计要求又是批产品能否被成功接收的关键性基础。而保证设计模型和设计样机正确性和符合性的唯一方法就是实验验证。由式(12.2)中的四个方程可知，通过零号学科方程，设计变量的取值范围不同将直接影响产品的可靠性，由此，可靠度与上述设计变量直接相关，且可靠性学科与专业学科实现了有机融合。而需要实验验证的设计模型就是各变量的取值范围以及考虑不确定性的学科方程和退化方程。进一步地，如果这些变量和方程都通过了验证并且符合要求，则设计样机的符合性也达到了要求。

结合式(12.2)中的四个方程和 12.1 节的可靠性实验介绍，可知设计阶段可以通过可靠性实验验证并确认的输出是：性能函数 $F_{\vec{t}}(\cdot)$；物理属性 $\boldsymbol{X}$ 取值，外界应力变量 $\boldsymbol{S}$、退化时间变量 $\vec{t}$ 和性能阈值变量 $\boldsymbol{Y}_{\text{th}}$ 的取值范围；物理属性 $\boldsymbol{X}$、外界应力 $\boldsymbol{S}$ 和性能阈值变量 $\boldsymbol{Y}_{\text{th}}$ 的不确定性。

1. $F_{\vec{t}=0}(\cdot)$ 的验证以及 X、S 和 Y_{th} 取值范围的确定——可靠域实验

为了帮助读者全面理解可靠域实验，现以前述低通滤波电路(图 12.1)为例进行说明。低通滤波电路由一个电阻和一个电容组成，考虑到环境温度对电路的影响，通过电路原理和材料原理(电阻随温度的升高而降低、电容随温度的升高而升高)可直接得到 $F_{\vec{t}=0}(\cdot)$。再根据市场上的标准电阻/电容体系可确定具体电阻和电容的选择范围，这是物理属性 $\boldsymbol{X}$ 的取值范围。电路能够承受的输入电压、历经的环境温度和振动应力范围是多少，这是外界应力 $\boldsymbol{S}$ 的取值范围。若滤波电路的性能阈值未给定，若其下一级电路为其提出的要求是滤除掉要求频率范围的交流信号，为了了解性能阈值的变化范围，那么应该对下一级电路的输入进行确认；若其下一级电路未知(比如 1.5 节所述的“5 号电池”代表的情景)，则低通滤波电路生产厂需要对市场应用情况进行调研了解。

由此可见，首先，对于性能阈值变量 $\boldsymbol{Y}_{\text{th}}$ 的取值范围而言，分为 3 种情况：

①已知:这种情况无需开展实验;②产品未来应用对象已知:则针对应用对象的输入,开展确认性能阈值变量 $\boldsymbol{Y}_{\text{th}}$ 的取值范围的可靠域实验;③产品未来应用对象未知:开展市场调研。其次,由于不同的 $F_{\vec{t}=0}(\cdot)$ 和 $\boldsymbol{X}$ 对应不同的设计样机,因此针对不同的设计样机,采取步进(步降)应力的施加方式,在一定时间范围内,结合性能阈值 $\boldsymbol{Y}_{\text{th}}$ 的要求,开展可靠域实验探寻并确认 $F_{\vec{t}=0}(\cdot)$ 以及由物理属性 $\boldsymbol{X}$、外界应力 $\boldsymbol{S}$ 和退化时间 $\vec{t}$ 构成的可靠域。换句话说,明确哪些产品设计是可靠的选择,及其能够承受的外界应力范围和保持功能的时间范围分别是多少。

2. $F_{\vec{t}}(\cdot)$ 的验证——加速退化律实验

由于系统级产品性能的退化主要来自基础件的退化,因此只要有了基础件的退化模型,将其代入零号方程即可得到系统级产品的退化函数 $F_{\vec{t}}(\cdot)$。然而这样的理论推导是否正确,需要通过可靠性实验中的退化律实验来进行验证。但是工程研制有研发成本和周期的限制,因此应该采取"加速"的手段,针对通过可靠域实验确认可靠的设计样机,开展退化律实验。换句话说,开展加速退化律实验(定义详见 12.1.2 节的特例 9)验证产品退化函数 $F_{\vec{t}}(\cdot)$ 的正确性。需要注意的是,由于产品保持功能的持续时间就是产品退化时间 $\vec{t}$ 的取值范围,考虑工程实际对产品研发成本和时间的限制,原则上应基于可靠域实验的方法将加速退化律实验做到产品失效,从而实现基于可靠域实验探寻退化时间 $\vec{t}$ 取值范围的目的。

3. 物理属性 $\boldsymbol{X}$、外界应力 $\boldsymbol{S}$ 和性能阈值变量 $\boldsymbol{Y}_{\text{th}}$ 的不确定性量化与控制

可靠性科学原理表明,产品的不确定性来源于物理属性 $\boldsymbol{X}$、外界应力 $\boldsymbol{S}$ 和性能阈值变量 $\boldsymbol{Y}_{\text{th}}$,而不确定性的存在使得产品物理属性 $\boldsymbol{X}$、外界应力 $\boldsymbol{S}$ 和性能阈值变量 $\boldsymbol{Y}_{\text{th}}$ 具有各种可能的不同取值。因此,不确定性的量化意即了解这些"不同"如何不同,实验手段是必须通过多个、多次、反复的观测。而不确定性的控制亦即对不确定性提出要求,比如提出上述"不同"的变化范围等。下面结合产品设计阶段的特点分析设计阶段如何处理不确定性。

- 物理属性 $\boldsymbol{X}$。对于系统级产品,其组成部件包括自研和外购。设计阶段,外购类部件每种都可以有多个,而自研部件只有较少量,系统级产品更是少之又少,这意味着设计阶段针对系统的可靠性实验样机只有 1 个。从不确定性量化的角度,外购部件的物理属性可以通过测试多个外购部件来量化其不确定性,但自研部件和系统均不能通过实际测量来量化其不确定性。从不确定性控制的角度,即对不确定性提出要求,比如几何尺寸的公差、标称值的浮动范围等,这些是对外购件质量管控的要求,也是对自研的部件和系统的生产制造要求。

- 外界应力 $\boldsymbol{S}$。产品的外界应力，或者从系统科学的角度表述为系统的环境，包括与产品有物质、能量和信息交换的电应力、机械力、热应力等。从不确定性量化的角度，设计阶段对外界应力的不确定性只能通过对实际环境（包括工作应力、自然/诱发环境应力）的多次测试来量化。从不确定性控制的角度，设计阶段应对外界条件的不确定性变化范围提出要求，比如输入电压的波动范围、环境温度的波动范围等，这些是对上一级产品提出的要求，也是对环境控制提出的要求。
- 性能阈值变量 $\boldsymbol{Y}_{\rm th}$。由于性能阈值是产品使用方对产品提出的要求，不属于研究对象本身特性，因此对性能阈值变量 $\boldsymbol{Y}_{\rm th}$ 只有量化而不存在控制，且量化的方法为在针对 $\boldsymbol{Y}_{\rm th}$ 的可靠域实验中对多个对象进行测试获取。

通过理论设计模型与上述可靠域实验、加速退化律实验以及相关测试结果，我们可以明确式(12.2)所示的四个方程，结合设计要求和设计约束则可实现产品设计的螺旋式迭代，最终得到的就是符合功能要求、可靠性要求、接口要求、尺寸要求、重量要求、能耗要求等要求的可靠产品及其四个方程和可靠域。

由上述分析可看出，为了开展系统退化方程的验证，我们首先需要基于基础件的退化律模型和零号学科方程构建系统退化方程。这意味着，可靠性实践中应针对基础件建立经过失效物理实验检验过的退化律的模型库以及构建零号学科方程的能力，如仿真计算能力或系统建模能力。其次，可靠域实验与工程中目前常用的高加速寿命试验（HALT）以及可靠性强化试验的应力施加方式是类似的。

如此一来，传统可靠性鉴定试验“做了个寂寞”的问题终于得解，从可靠性角度对设计是否合格下定论的目标真正达成。

在11.2.2节中，我们已经讨论过生产制造环节的任务是将产品设计蓝图实物化的过程，因此生产制造的目标是使实物与设计保持高度的一致性，而由此带来的问题就是个体差异性。具体而言，制造过程给基础件的物理属性 $\boldsymbol{X}$ 带来了个体差异，而组装调试给性能函数 $F_{\vec{t}}(\cdot)$ 带来了个体差异。下面先具体分析3种个体差异对产品可靠性的影响。

首先，如果批产品中某些产品的部件物理属性 $\boldsymbol{X}$ 取值不在设计过程中验证过的可靠域内，显然产品的可靠性不会达标。如果批产品中某些产品的性能函数 $F_{\vec{t}=0}(\cdot)$ 与设计验证的性能函数差异较大，则在由给定物理属性 $\boldsymbol{X}$ 取值、外界应力变量 $\boldsymbol{S}$ 和性能阈值变量 $\boldsymbol{Y}_{\rm th}$ 构成的可靠域内，产品性能不能达标。比如设计确认的温度应力可靠域为-60～+120℃，批产品中的某些产品的温度应力可靠域为-30～+50℃，因此在-60～-30℃和+50～+120℃产品本该可靠的温度范围，批生产过程却使得这些产品不可靠了。同样，如果批产品中某些产品的

退化函数 $F_{\vec{t}}(\cdot)$ 与设计验证的退化函数差异较大,则在由给定物理属性 $\boldsymbol{X}$ 取值、外界应力变量 $\boldsymbol{S}$、退化时间变量 $\vec{t}$ 和性能阈值变量 $\boldsymbol{Y}_{\mathrm{th}}$ 构成的可靠域内,产品性能不能达标,比如,产品在退化时间 $\vec{t}$ 的可靠域内提前失效等。

尽管物理属性的个体差异会对产品可靠性有影响,但是由于设计阶段对物理属性提出了不确定性的要求,比如几何尺寸的公差、标称值的浮动范围等,因此可以直接通过质量管控和检验的方法来判定其是否符合要求。所以,可靠性验收的关键是对性能函数 $F_{\vec{t}}(\cdot)$ 的验收,而根据上面的分析可知,本质上还是对产品可靠域和退化律的验收。而验收方法还是可靠域实验和加速退化律实验,只是此时需要改名为可靠域验收测试和加速退化律验收测试。

可靠域验收测试的测试方法与可靠域实验类似,但由于可靠域的确认具有破坏性,因此对于批量产品而言,仍需采取抽样验收的方法,即在批次产品中抽取一些产品进行可靠域测试。加速退化律验收测试方法也与加速退化律实验类似,只是同样需基于抽样验收的方法进行退化律的测试。这样一来,由于在新的可靠性实验体系中,我们检验的是已知可靠域和退化律,由此可规避 11.2.2 节讨论的可靠性验收抽样前提不成立的问题。在 12.2.2 节中我们分析了大样本和小样本带来的是不同类型的不确定性问题,即随机不确定性和认知不确定性,而目前处理认知不确定性的较为合适的理论是不确定理论。因此关于 11.2.2 节讨论的样本代表性的问题,则亟需我们从可靠性的角度,在概率统计领域和不确定统计领域分别开展深入的研究。

参 考 文 献

[1] BRENNAN R L. An Essay on the History and Future of Reliability from the Perspective of Replications [J]. Journal of Educational Measurement, 2001, 38(4): 295-317.

[2] SALEH J H, MARAIS K. Highlights from the early (and pre-) history of reliability engineering[J]. Reliability Engineering & System Safety, 2006, 91(2): 249-256.

[3] WEIBULL W. A statistical theory of the strength of materials[J]. Ingenjörs Vetenskaps Akademiens Handlingar, 1939, 151: 1-45.

[4] LAWLESS J F. Statistical Methods in Reliability[J]. Technometrics, 1983, 25(4): 305-316.

[5] 康锐,等. 确信可靠性理论与方法[M]. 北京: 国防工业出版社, 2020.

[6] KANG R. Belief Reliability Theory and Methodology[M]. Singapore: Springer, 2021.

[7] EBEL G H. Reliability physics in electronics: A historical view[J]. IEEE Transactions on Reliability, 1998, 47(3): SP379-SP389.

[8] BIRNBAUM Z W, SAUNDERS S C. A New Family of Life Distributions[J]. Journal of Applied Probability, 1969, 6(2): 319-327.

[9] MEEKER W Q, ESCOBAR L A. Statistical methods for reliability data[M]. New York: John Wiley & Sons, 1998.

[10] NELSON W. Accelerated testing: Statistical models, test plans, and data analysis[M]. Hoboken: John Wiley & Sons, 2009.

[11] NELSON W. Analysis of Performance-Degradation Data from Accelerated Tests[J]. IEEE Transactions on Reliability, 1981, R-30(2): 149-155.

[12] CAREY M B, KOENIG R H. Reliability assessment based on accelerated degradation: A case study [J]. IEEE Transactions on Reliability, 1991, 40(5): 499-506.

[13] CARNAP R. Foundations of logic and mathematics[J]. Bulletin of the American Mathematical Society, 1939, 45: 821-822.

[14] HAMADA M S, WILSON A, REESE C S. Bayesian reliability[M]. New York: Springer, 2008.

[15] LINDLEY D V. Understanding uncertainty[M]. Hoboken: John Wiley & Sons, 2013.

[16] LI M, MEEKER W Q. Application of Bayesian Methods in Reliability Data Analyses[J]. Journal of Quality Technology, 2014, 46(1): 1-23.

[17] BOMA N B. Fondamenti logici del ragionamento probabilistico[J]. Bollettino dell'Unione Matematica Italiana, 1930(5): 1-3.

[18] LIU X. Planning and inference of sequential accelerated life tests[D]. Singapore: National University of Singapore, 2009.

[19] SHI Y, ESCOBAR L A, MEEKER W Q. Accelerated destructive degradation test planning[J]. Technometrics, 2009, 51(1): 1-13.

[20] SHI Y, MEEKER W Q. Bayesian methods for accelerated destructive degradation test planning[J].

IEEE Transactions on Reliability, 2011, 61(1): 245-253.

[21] JIN G, MATTHEWS D E, ZHOU Z B. A Bayesian framework for on-line degradation assessment and residual life prediction of secondary batteries inspacecraft[J]. Reliability Engineering & System Safety, 2013, 113(1): 7-20.

[22] GUAN Q, TANG Y, XU A. Objective Bayesian analysis accelerated degradation test based on Wiener process models[J]. Applied Mathematical Modelling, 2016, 40(4): 2743-2755.

[23] PAN Z Q, BALAKRISHNAN N. Multiple-steps step-stress accelerated degradation modeling based on Wiener and Gamma processes[J]. Communications in Statistics-Simulation and Computation, 2010, 39 (7): 1384-1402.

[24] PENG W W, LI Y F, YANG Y J, et al. Inverse Gaussian process models for degradation analysis: A Bayesian perspective[J]. Reliability Engineering & System Safety, 2014, 130: 175-189.

[25] PENG W W, LI Y F, YANG Y J, et al. Bayesian degradation analysis with inverse Gaussian process models under time-varying degradation rates[J]. IEEE Transactions on Reliability, 2017, 66(1): 84-96.

[26] ZADEH L A. Fuzzy sets[J]. Information and control, 1965, 8(3): 338-353.

[27] ZADEH L A. Fuzzy sets as a basis for a theory of possibility[J]. Fuzzy sets and systems, 1978, 1(1): 3-28.

[28] GONZÁLEZ-GONZÁLEZ D S, PRAGA-ALEJO R J, CANTÚ-SIFUENTES M, et al. A non-linear fuzzy regression for estimating reliability in a degradation process[J]. Applied Soft Computing, 2014, 16: 137-147.

[29] GONZÁLEZ-GONZÁLEZ D S, PRAGA-ALEJO R J, CANTÚ-SIFUENTES M. A non-linear fuzzy degradation model for estimating reliability of a polymeric coating[J]. Applied Mathematical Modelling, 2016, 40(2): 1387-1401.

[30] LIU L, LI X Y, ZHANG W, et al. Fuzzy reliability prediction of rotating machinery product with accelerated testing data[J]. Journal of Vibroengineering, 2015, 17(8): 4193-4210.

[31] MOORE R E. Interval analysis[M]. Englewood Cliffs: Prentice-Hall, 1966.

[32] ZHANG H, MULLEN R L, MUHANNA R L. Interval monte carlo methods for structural reliability[J]. Structural Safety, 2010, 32(3): 183-190.

[33] FERSON S, KREINOVICH V, HAJAGOS J, et al. Experimental uncertainty estimation and statistics for data having interval uncertainty (Sandia Report SAND2007-0939)[R]. Albuquerque:Sandia National Laboratories,2007.

[34] JIANG C, LONG X Y, HAN X, et al. Probability-interval hybrid reliability analysis for cracked structures existing epistemic uncertainty[J]. Engineering Fracture Mechanics, 2013, 112(11): 148-164.

[35] 刘乐, 李晓阳, 姜同敏. 采用区间分析的加速退化试验评估方法[J]. 北京航空航天大学学报, 2015, 41(12): 2225-2231.

[36] YE Z S, CHEN N, SHEN Y. A new class of Wiener process models for degradation analysis[J]. Reliability Engineering System Safety, 2015, 139: 58-67.

[37] LAWLESS J, CROWDER M. Covariates and Random Effects in a Gamma Process Model with Application to Degradation and Failure[J]. Lifetime Data Analysis, 2004, 10(3): 213-227.

[38] PENG C Y. Inverse Gaussian processes with random effects and explanatory variables for degradation data[J]. Technometrics, 2015, 57(1): 100-111.

[39] HAO S, YANG J, BERENGUER C. Degradation analysis based on an extended inverse Gaussian process model with skew-normal random effects and measurement errors[J]. Reliability Engineering System Safety, 2019, 189: 261-270.

[40] BOULANGER M, ESCOBAR L. Experimental Design for a Class of Accelerated Degradation Tests[J]. Technometrics, 1994, 36(3): 260-272.

[41] YU H F. Designing an accelerated degradation experiment with a reciprocal Weibull degradation rate [J]. Journal of Statistical Planning and Inference, 2006, 136(1): 282-297.

[42] YU H F. Designing an accelerated degradation experiment by optimizing the estimation of the percentile [J]. Quality and Reliability Engineering International, 2003, 19(3): 197-214.

[43] YU H F, CHIAO C H. Designing an Accelerated Degradation Experiment by Optimizing the Interval Estimation of the Mean-Time-To-Failure[J]. Journal of the Chinese Institute of Industrial Engineers, 2002, 19(5): 23-33.

[44] YANG G, YANG K. Accelerated degradation-tests with tightened critical values[J]. IEEE Transactions on Reliability, 2002, 51(4): 463 - 468.

[45] PARK S J, YUM B J. Optimal design of accelerated degradation tests under step-stress loading[J]. Bulletin of The International Statistical Institute, 2001, 3: 353-354.

[46] PARK S J, YUM B J, Balamurali S. Optimal design of step-stress degradation tests in the case of destructive measurement[J]. Quality Technology & Quantitative Management, 2004, 1(1): 105-124.

[47] TANG L C, YANG G, XIE M. Planning of step-stress accelerated degradation test[C]. Annual Symposium Reliability and Maintainability, 2004-RAMS, Piscataway: IEEE, 2004: 287-292.

[48] LI X, JIANG T. Optimal design for step-stress accelerated degradation testing with competing failure modes[C]. 2009 Annual Reliability and Maintainability Symposium, Piscataway: IEEE, 2009: 64-68.

[49] KULLBACK S, LEIBLER R A. On Information and Sufficiency[J]. The Annals of Mathematical Statistics, 1951, 22(1): 79-86.

[50] TEREJANU G, UPADHYAY R R, MIKI K. Bayesian experimental design for the active nitridation of graphite by atomic nitrogen[J]. Experimental Thermal and Fluid Science, 2012, 36: 178-193.

[51] LI X, REZVANIZANIANI M, GE Z, et al. Bayesian optimal design of step stress accelerated degradation testing[J]. Journal of Systems Engineering and Electronics, 2015, 26(3): 502-513.

[52] ZHANG Y, MEEKER W Q. Bayesian Methods for Planning Accelerated Life Tests[J]. Technometrics, 2006, 48(1): 49-60.

[53] PENG W, LIU Y, LI Y F, et al. A Bayesian optimal design for degradation tests based on the inverse Gaussian process[J]. Journal of Mechanical Science and Technology, 2014, 28(10): 3937-3946.

[54] LIU X, TANG L C. A Bayesian optimal design for accelerated degradation tests[J]. Quality and Reliability Engineering International, 2010, 26(8): 863-875.

[55] 葛蒸蒸．基于性能退化信息的加速试验优化设计方法研究[D]．北京:北京航空航天大学, 2012.

[56] 韩少华, 葛蒸蒸, 姜同敏, 等．基于 D 优化方法的 CSADT 设计[J]．装备环境工程, 2012, 9(4): 82-87.

[57] ZHAO X, PAN R, XIE M. Bayesian planning of step-stress accelerated degradation tests under various optimality criteria[J]. Applied Stochastic Models in Business and Industry, 2019, 35(3): 537-551.

[58] DUAN F, WANG G. Optimal design for constant-stress accelerated degradation test based on gamma process[J]. Communications in Statistics-Theory and Methods, 2019, 48(9): 2229-2253.

[59] YU Y, HU C, SI X, et al. Modified Bayesian D-Optimality for Accelerated Degradation Test Design With Model Uncertainty[J]. IEEE Access, 2019, 7: 42181-42189.

[60] OMSHI E M, SHEMEHSAVAR S. Optimal Design for Accelerated Degradation Test Based on D-Optimality[J]. Iranian Journal of Science and Technology, 2019, 43(4): 1811-1818.

[61] NELSON W B. A bibliography of accelerated test plans[J]. IEEE Transactions on Reliability, 2005, 54(2): 194-197.

[62] NELSON W B. A bibliography of accelerated test plans part II-references[J]. IEEE transactions on Reliability, 2005, 54(3): 370-373.

[63] NELSON W B. An updated bibliography of accelerated test plans[C]. 2015 Annual Reliability and Maintainability Symposium (RAMS), Piscataway: IEEE, 2015: 1-6.

[64] ZHANG J, ZHANG Q, KANG R. Reliability is a science: A philosophical analysis of its validity[J]. Applied Stochastic Models in Business and Industry, 2019, 35(2): 275-277.

[65] REL F F. 伯克利物理学教程(SI 版):第 5 卷 统计物理学[M]英文影印版. 北京: 机械工业出版社, 2011.

[66] STEPHEN J B, KATHERINE M B. 热物理概念(第 2 版):热力学与统计物理学[M]. 鞠国兴, 译. 北京: 清华大学出版社, 2015.

[67] WHITMORE G A, SCHENKELBERG F. Modelling accelerated degradation data using Wiener diffusion with a time scale transformation[J]. Lifetime Data Analysis, 1997, 3(1): 27-45.

[68] LIU L, LI X Y, ZIO E, et al. Model uncertainty in accelerated degradation testing analysis[J]. IEEE Transactions on Reliability, 2017, 66(3): 603-615.

[69] HAO S H, YANG J, BERENGUER C. Nonlinear step-stress accelerated degradation modelling considering three sources of variability[J]. Reliability Engineering & System Safety, 2018, 172: 207-215.

[70] LI X Y, WU J P, MA H G, et al. A random fuzzy accelerated degradation model and statistical analysis[J]. IEEE Transactions on Fuzzy Systems, 2018, 26(3): 1638-1650.

[71] ARRHENIUS S. Über die Reaktionsgeschwindigkeit bei der Inversion von Rohrzucker durch Säuren[J]. Zeitschrift für Physikalische Chemie, 1889, 4(1): 226-248.

[72] ALAM M A, KUFLUOGLU H, VARGHESE D, et al. A comprehensive model for PMOS NBTI degradation: Recent progress[J]. Microelectronics Reliability, 2007, 47(6): 853-862.

[73] SCHULLER S, SCHILINSKY P, HAUCH J, et al. Determination of the degradation constant of bulk heterojunction solar cells by accelerated lifetime measurements[J]. Applied Physics A, 2004, 79(1): 37-40.

[74] WISE J, GILLEN K T, CLOUGH R L. An ultrasensitive technique for testing the Arrhenius extrapolation assumption for thermally aged elastomers[J]. Polymer Degradation and Stability, 1995, 49(3): 403-418.

[75] YE Z S, CHEN L P, TANG L C, et al. Accelerated degradation test planning using the inverse Gaussian process[J]. IEEE Transactions on Reliability, 2014, 63(3): 750-763.

[76] EYRING H. The Activated Complex in Chemical Reactions[J]. The Journal of Chemical Physics, 1935, 3(2): 107-115.

[77] MCPHERSON J W. Stress Dependent Activation Energy[C]. 24th International Reliability Physics Symposium, Piscataway: IEEE, 1986: 12-18.

[78] MCPHERSON J W, BAGLEE D A. Acceleration Factors for Thin Oxide Breakdown[J]. Journal of The

Electrochemical Society, 1985, 132(8): 1903-1908.

[79] BLACK J R. Physics of Electromigration[C]. 12th International Reliability Physics Symposium, Piscataway: IEEE, 1974: 142-149.

[80] PECK D S. Comprehensive Model for Humidity Testing Correlation[C]. 24th International Reliability Physics Symposium, Piscataway: IEEE, 1986: 44-50.

[81] ZHURKOV S N. Kinetic Concept of the Strength of Solids[J]. International journal of fracture mechanics, 1965, 1(4): 311-323.

[82] MANSON S S. Fatigue: a complex subject—some simple approximations[J]. Experimental mechanics, 1965, 5(4): 193-226.

[83] PARIS P, ERDOGAN F. A Critical Analysis of Crack Propagation Laws[J]. Journal of Basic Engineering, 1963, 85(4): 528-533.

[84] PARIS P C. A rational analytic theory of fatigue[J]. The Trend in Engineering, 1961, 13: 9.

[85] ARCHARD J F. Contact and Rubbing of Flat Surfaces[J]. Journal of Applied Physics, 1953, 24(8): 981-988.

[86] YE Z S, XIE M. Stochastic modelling and analysis of degradation for highly reliable products[J]. Applied Stochastic Models in Business and Industry, 2015, 31(1): 16-32.

[87] ESARY J, MARSHALL A. Shock models and wear processes[J]. The annals of probability, 1973, 1(4): 627-649.

[88] VAN NOORTWIJK J M. A survey of the application of Gamma processes in maintenance[J]. Reliability Engineering & System Safety, 2009, 94(1): 2-21.

[89] YE Z S, XIE M, TANG L C, et al. Semiparametric estimation of Gamma processes for deteriorating products[J]. Technometrics, 2014, 56(4): 504-513.

[90] SINGPURWALLA N D, WILSON S P. Failure models indexed by two scales[J]. Advances in Applied Probability, 1998, 30(4): 1058-1072.

[91] WASAN M. On an inverse Gaussian process[J]. Scandinavian Actuarial Journal, 1968, 1968(1-2): 69-96.

[92] YE Z S, CHEN N. The inverse Gaussian process as a degradation model[J]. Technometrics, 2014, 56(3): 302-311.

[93] PENG C Y, TSENG S T. Mis-specification analysis of linear degradation models[J]. IEEE Transactions on Reliability, 2009, 58(3): 444-455.

[94] WANG X. Wiener processes with random effects for degradation data[J]. Journal of Multivariate Analysis, 2010, 101(2): 340-351.

[95] SI X S, WANG W, HU C H, et al. Remaining useful life estimation based on a nonlinear diffusion degradation process[J]. IEEE Transactions on Reliability, 2012, 61(1): 50-67.

[96] LI X, JIANG T, SUN F, et al. Constant stress ADT for superluminescent diode and parameter sensitivity analysis[J]. Eksploatacja I Niezawodnosc-Maintenance and Reliability, 2010(2): 21-26.

[97] LIM H, YUM B J. Optimal design of accelerated degradation tests based on Wiener process models[J]. Journal of Applied Statistics, 2011, 38(2): 309-325.

[98] PARK C, PADGETT W J. Stochastic degradation models with several accelerating variables[J]. IEEE Transactions on Reliability, 2006, 55(2): 379-390.

[99] WANG L, PAN R, LI X, et al. A Bayesian reliability evaluation method with integrated accelerated

degradation testing and field information[J]. Reliability Engineering & System Safety, 2013, 112: 38-47.

[100] TANG S, GUO X, YU C, et al. Accelerated degradation tests modeling based on the nonlinear Wiener process with random effects[J]. Mathematical Problems in Engineering, 2014, 2014: 560726.

[101] SI X S, WANG W, HU C H, et al. A Wiener-process-based degradation model with a recursive filter algorithm for remaining useful life estimation[J]. Mechanical Systems and Signal Processing, 2013, 35(1-2): 219-237.

[102] WANG X, BALAKRISHNAN N, GUO B. Residual life estimation based on a generalized Wiener degradation process[J]. Reliability Engineering & System Safety, 2014, 124: 13-23.

[103] WANG X, JIANG P, GUO B, et al. Real-time reliability evaluation with a general Wiener process-based degradation model[J]. Quality and Reliability Engineering International, 2014, 30(2): 205-220.

[104] CHHIKARA R. The Inverse Gaussian distribution: theory, methodology, and applications[M]. New York: Marcel Dekker, 1988.

[105] LAGARIAS J C, REEDS J A, WRIGHT M H, et al. Convergence properties of the Nelder—Mead simplex method in low dimensions[J]. SIAM Journal on optimization, 1998, 9(1): 112-147.

[106] BURNHAM K P, ANDERSON D R. Multimodel inference: understanding AIC and BIC in model selection[J]. Sociological Methods & Research, 2004, 33(2): 261-304.

[107] TAGUCHI G, YOKOYAMA Y,WU Y. Taguchi methods: design of experiments[M]. Michigan: American Supplier Institute, 1993.

[108] CHALUVADI V N H. Accelerated life testing of electronic revenue meters[D]. Clemson: Clemson University, 2008.

[109] LIU B, LIU Y K. Expected value of fuzzy variable and fuzzy expected value models[J]. IEEE transactions on Fuzzy Systems, 2002, 10(4): 445-450.

[110] LIU Y K. Convergent results about the use of fuzzy simulation in fuzzy optimization problems[J]. IEEE Transactions on Fuzzy Systems, 2006, 14(2): 295-304.

[111] LI X. Credibilistic Programming[M]. Berlin: Springer, 2013.

[112] LI X. A numerical-integration-based simulation algorithm for expected values of strictly monotone functions of ordinary fuzzy variables[J]. IEEE Transactions on Fuzzy Systems, 2015, 23(4): 964-972.

[113] LIU B. Theory and practice of uncertain programming[M]. Berlin: Springer, 2009.

[114] LIU Y K, LIU B. Random fuzzy programming with chance measures defined by fuzzy integrals[J]. Mathematical & Computer Modelling, 2002, 36(4): 509-524.

[115] LIU Y K, LIU B. Expected value operator of random fuzzy variable and random fuzzy expected value models[J]. International Journal of uncertainty, fuzziness and knowledge-based systems, 2003, 11(02): 195-215.

[116] WEISBERG S. Applied linear regression[M]. Hoboken: John Wiley & Sons, 2005.

[117] 李晓阳, 姜同敏, 黄涛, 等. 微波电子产品贮存状态的SSADT评估方法[J]. 北京航空航天大学学报, 2008(10): 1135-1138.

[118] WANG H W, XU T X, WANG W Y. Remaining Life Prediction Based on Wiener Processes with ADT Prior Information[J]. Quality and Reliability Engineering International, 2016, 32(3): 753-765.

[119] BHATTACHARYYA G, FRIES A. Fatigue Failure Models—Birnbaum-Saunders vs. Inverse Gaussian

[J]. IEEE Transactions on Reliability, 1982, 31(5): 439-441.

[120] PARK C, PADGETT W J. Accelerated degradation models for failure based on geometric Brownian motion and gamma processes[J]. Lifetime Data Analysis, 2005, 11(4): 511-27.

[121] HOETING J A, MADIGAN D, RAFTERY A E, et al. Bayesian model averaging: A tutorial[J]. Statistical science, 1999, 14(4): 382-401.

[122] NTZOUFRAS I. Bayesian modeling using WinBUGS[M]. Hoboken: John Wiley & Sons, 2009.

[123] LIU L, LI X Y, JIANG T M, et al. Utilizing Accelerated Degradation and Field Data for Life Prediction of Highly Reliable Products[J]. Quality and Reliability Engineering International, 2016, 32(7): 2281-2297.

[124] YU I T, CHANG C L. Applying Bayesian Model Averaging for Quantile Estimation in Accelerated Life Tests[J]. IEEE Transactions on Reliability, 2012, 61(1): 74-83.

[125] RAFTERY A E, MADIGAN D, HOETING J A. Bayesian model averaging for linear regression models [J]. Journal of the American Statistical Association, 1997, 92(437): 179-191.

[126] LINDLEY D V. On a Measure of the Information Provided by an Experiment[J]. The Annals of Mathematical Statistics, 1956, 27(4): 986-1005.

[127] MÜLLER P, PARMIGIANI G. Optimal design via curve fitting of Monte Carlo experiments[J]. Journal of the American Statistical Association, 1995, 90(432): 1322-1330.

[128] Wikipedia contributors. Bayesian experimental design[EB/OL]. (2021-6-18)[2021-7-15]. https://en.wikipedia.org/wiki/Bayesian_experimental_design.

[129] DETTE H, NEUGEBAUER H M. Bayesian D-optimal designs for exponential regression models[J]. Journal of Statistical Planning and Inference, 1997, 60(2): 331-349.

[130] YANG G. Life cycle reliability engineering[M]. Hoboken: John Wiley & Sons, 2007.

[131] LI X, HU Y, ZIO E, et al. A Bayesian optimal design for accelerated degradation testing based on the inverse Gaussian process[J]. IEEE Access, 2017, 5: 5690-5701.

[132] ROY S, MUKHOPADHYAY C. Bayesian D-optimal Accelerated Life Test plans for series systems with competing exponential causes of failure[J]. Journal of Applied Statistics, 2016, 43(8): 1477-1493.

[133] DEB K, PRATAP A, AGARWAL S, et al. A fast and elitist multiobjective genetic algorithm: NSGA-II[J]. IEEE Transactions on Evolutionary Computation, 2002, 6(2): 182-197.

[134] HAGAN M T, DEMUTH H B, BEALE M. Neural network design[M]. Boston: PWS Publishing Co., 1997.

[135] YE Z S, TANG L C, XIE M. Bi-objective burn-in modeling and optimization[J]. Annals of Operations Research, 2014, 212(1): 201-214.

[136] CHALONER K, VERDINELLI I. Bayesian Experimental Design: A Review[J]. Statistical Science, 1995, 10(3): 273-304.

[137] 李晓阳，姜同敏，肖良华．成败型一次抽样检验方案算法的等价变形[J]．北京航空航天大学学报，2005(08)：904-907.

[138] LI X, GAO P, SUN F. Acceptance sampling plan of accelerated life testing for lognormal distribution under time-censoring[J]. Chinese Journal of Aeronautics, 2015, 28(3): 814-821.

[139] LI X, CHEN W, SUN F, et al. Bayesian accelerated acceptance sampling plans for a lognormal lifetime distribution under Type-I censoring[J]. Reliability Engineering & System Safety, 2018, 171: 78-86.

[140] CHEN D, LI X, KANG R, et al. Accelerated acceptance sampling plan with asymmetrical information

[C]. 2017 2nd International Conference on System Reliability and Safety (ICSRS), Piscataway: IEEE, 2017: 250-254.

[141] CURTISS J H. Acceptance Sampling by Variables, With Special Reference to the Case in Which Quality Is Measured by Average or Dispersion! [J]. Journal of research of the National Bureau of Standards, 1947, 39(3): 271-290.

[142] 姜同敏. 可靠性与寿命试验[M]. 北京: 国防工业出版社, 2012.

[143] 金观涛, 华国凡. 控制论与科学方法论[M]. 北京: 新星出版社, 2005.

[144] 吴国盛. 什么是科学[M]. 广州: 广东人民出版社, 2016.

[145] 高继华, 狄增如. 系统理论及应用[M]. 北京: 科学出版社, 2018.

[146] 吴金闪. 系统科学导引:第 I 卷 系统科学导论[M]. 北京: 科学出版社, 2018.

[147] 涂子沛. 数据之巅:大数据革命,历史、现实与未来[M]. 北京: 中信出版社, 2014.

[148] 陈颖. 故障物理学[M]. 北京: 北京航空航天大学出版社, 2020.

[149] 李大庆. 关键基础设施网络的故障规律[M]. 北京: 电子工业出版社, 2017.

[150] DU Y M, MA Y H, WEI Y F, et al. Maximum entropy approach to reliability[J]. Physical Review E, 2020, 101(1): 012106.

[151] DU Y M, CHEN J F, GUAN X, et al. Maximum Entropy Approach to Reliability of Multi-Component Systems with Non-Repairable or Repairable Components[J]. Entropy, 2021, 23(3): 348.

[152] LI X Y, WU J P, LIU L, et al. Modeling Accelerated Degradation Data Based on the Uncertain Process [J]. IEEE Transactions on Fuzzy Systems, 2019, 27(8): 1532-1542.

[153] WU J P, KANG R, LI X Y. Uncertain accelerated degradation modeling and analysis considering epistemic uncertainties in time and unit dimension[J]. Reliability Engineering & System Safety, 2020, 201: 106967.

[154] LI X Y, TAO Z, WU J P, et al. Uncertainty theory based reliability modeling for fatigue[J]. Engineering Failure Analysis, 2021, 119: 104931.

[155] LI X Y, CHEN W B, LI F R, et al. Reliability evaluation with limited and censored time-to-failure data based on uncertainty distributions[J]. Applied Mathematical Modelling, 2021, 94: 403-420.

[156] 卡洛·罗韦利. 七堂极简物理课[M]. 文铮,陶慧慧,译. 长沙: 湖南科学技术出版社, 2016.

[157] LI X Y, CHEN W B, KANG R. Performance margin-based reliability analysis for aircraft lock mechanism considering multi-source uncertainties and wear[J]. Reliability Engineering & System Safety, 2021, 205: 107234.

[158] LI Y, TONG B A, CHEN W B, et al. Performance Margin Modeling and Reliability Analysis for Harmonic Reducer Considering Multi-Source Uncertainties and Wear[J]. IEEE Access, 2020, 8: 171021-171033.

[159] 李晓阳, 陶昭, 张慰. 基于不确定微分方程的疲劳可靠性建模[J/OL]. (2021-8-18)[2021-9-10]. https://kns.cnki.net/kcms/detail/11.1929.V.20210817.1013.012.html.

后　　记

此书的初稿原本只有前 10 章。当时写完之后我即呈交给康锐教授,敬请他的斧正。怀着忐忑和期待的心情,收到了康教授对书的肯定和认可,这自然让我备受鼓舞。然而他也一针见血、毫不客气地指出,此书有虎头蛇尾之嫌。确实,初稿中我投入了很大的精力,试图从历史发展的脉络来复盘可靠性之路,发掘可靠性提出的初衷,玩味可靠性变迁的逻辑,希望能够以史为鉴,寻找可靠性突破的边界,建立加速退化试验研究的统一框架。于是,初稿告罄,我也黔驴技穷,只能胡乱写写对未来的展望。正当我心生惭愧和迷茫之时,康教授又出手相救,建议我可以在未来展望中写可靠性的"四个方程"以及我近两年一直在琢磨的"可靠性实验",并且还帮我清晰地梳理和界定了本书与下一部专著之间的区别和联系。又是醍醐灌顶!于是立刻撸起袖子,开始笔耕不辍。

本书前 10 章关于加速退化试验的研究,其实是在前人研究基础上的体系化修补工作,按照我在第 11 章的评价叫作"人畜无害"。但是如果我要摇旗呐喊"可靠性中不仅有试验还有实验",这大概就会"人神共愤"了。因为有人会说可靠性中压根儿没有"科学实验",抑或说可靠性中的科学实验就是失效物理实验,更有可能会说的是我在炒作概念。其实这些正是我这两年"摇旗呐喊"得到的反馈,也是我面临的另一方面的"灵魂拷问"。这些拷问已经让我回答得张口结舌,总是让我自己的脸憋得通红,气得够呛。这次同样,我以为自己能够文若春华、思若涌泉,谁知道却语无伦次、言不及义。

十天的辗转反侧、冥思苦想,想好的行文构思被自己一遍遍推翻。深刻反省后意识到,其实是因为我不知道什么是"可靠性实验"才使得这个"未来展望"的撰写变成了一个如此难以完成的任务。但是,这显然也是一个突破自我的契机。既然想不明白如何回答,不如先分析揣摩一下关于可靠性实验的"灵魂拷问"究竟是如何被提出来的。首先,为什么会有人质疑"可靠性实验"的提法是炒作?炒作意味着夸大、不切实际、无中生有。要回答这个问题自然需要证明可靠性实验不是夸大而是现实存在。其根本是要说清楚与现有可靠性试验的本质区别,以及为什么需要可靠性实验。其次,为什么有人否认可靠性中存在"科学实验"?科学实验意味着存在能够被实践检验的客观因果规律。显然要回答这个问题必须证明可靠性中存在这样的客观因果规律。最后,为什么可靠性科学实验会被认为特指失效物理实验？在我们可靠性人的脑海中，说到失效物理就会联想到疲劳、腐蚀、磨损、电迁移等失效机理。然而现实是，发现这些机理并成功给出数学描述是各传统学科的成就，比如固体力学、材料学、半导体物理、电化学等，它们并不属于可靠性学科。不论是于公于私还是于情于理，失效物理实验大概是不能等同于可靠性实验的。因此，说清楚这个问题的前提是必须明晰可靠性的核心是什么。

通过对问题的解剖，打开了我的写作思路。因此，我选择首先对现有加速退化试验和可靠性统计试验从理论基础和实践目的两个角度进行全面地分析和论述，找出理论的缺憾以及对标现实的差距。写作过程中，我常常假装自己站在读者或者提问方的角度，不断质疑每一步的分析和结论。不能直击要害时，便不断补充文献查阅，力求每一个结论都不是“我觉得”。进展很慢，但是很多问题在这样剥洋葱式的盘问下，我第一次有了全新的认知和透彻的理解，这就包括我对传统可靠性统计试验的“寂寞”“错付”和“迷途”的认识，以及为什么这些问题只有从把握科学规律的角度才能被解决。

接下来需要说清楚的是可靠性的核心和科学规律是什么。康锐教授在2018年提出可靠性科学的三大原理（详见1.5节）之后，我们便基于该原理针对不同的具体对象，研究可靠性建模的一般方法[154,157-159]。通过这些研究我们发现，一号退化方程与基于学科原理的产品功能应是息息相关的，只有建立了描述产品性能的学科因果规律方程，才有性能的因果退化方程。更重要的是，才能真正定量化地回答产品是否能完成规定的功能。于是康锐教授果断提出了零号学科方程，而我们也才随之深刻认识并理解了可靠性的核心是系统功能，我也才明白可以尝试从系统科学的角度来解释可靠性中的四个方程，并提出可靠性实验的定义，给出与现有各类工程试验的关系，从而实现有理有据地回答大家关于可靠性实验的“灵魂拷问”。

2010年，在我博士导师姜同敏教授的支持和鼓励之下，我开设了研究生专业课《加速试验技术》。为了说清楚“试验是什么”，我会花上半节课的时间和同学们一起以人类对世界的认知为主线，从古希腊苏格拉底时期开始回顾“试验”的发展史。直到2017年，我才意识到我研究的“试验”和我上课探讨的“试验”不是一回事。我研究的是真“试验”，而上课讲的是假“试验”——真“实验”。于是小心翼翼地思考着是不是需要做真“实验”？直到某一天，康锐教授对我说：“你应该研究‘可靠性实验’”！当即心潮澎湃，毕竟能够与“大牛”不谋而合是一件不容易的事。随着看过的书籍和文献越来越广泛、越来越丰富，一些对科学实验的零星认知逐渐拼凑起来。然而拼凑的结果甚是浅薄，因为我竟然一度嫌弃自己研究了十多年的加速退化试验。所幸的是，国防工业出版社的白天明编辑不忍我的拖沓,从 2020 年底就开始不断催促我写书完稿。我遂不得不沉下心来梳理可靠性的发展史,并且重新审视和定位自己所做过的所有研究,这才意识到:忘记历史等于背叛！只有有了局限处理表象的过去,才会有深度接近真理的未来。在此,感谢白编辑!

最后,我想说,每一段历史都值得被铭记,每一个成果都值得被尊重,每一次勇敢的突破都值得被保护,每一颗好奇的灵魂都值得被欣赏!

是以为记。

李晓阳

2022 年 2 月 26 日